镍铝青铜合金
组织结构优化及腐蚀疲劳性能

吕维洁　王立强　著

科 学 出 版 社
北 京

内 容 简 介

镍铝青铜是一种广泛应用于海洋工程领域的耐腐蚀合金，尤其是在船舶螺旋桨叶片、泵体和阀门等部件上有着广泛而重要的应用。本书以显微组织与合金性能的响应关系为主线，总结归纳近年来镍铝青铜合金领域的最新研究成果，主要内容包括镍铝青铜合金的组织调控与力学性能的响应关系、镍铝青铜合金的腐蚀行为、镍铝青铜合金的应力腐蚀行为、镍铝青铜合金的疲劳和腐蚀疲劳性能、镍铝青铜合金的表面改性及其耐腐蚀性能等。

本书可供船舶、机械、材料等领域的工程技术人员参考，也可以为高等院校相关专业的师生和科研工作者提供参考。

图书在版编目(CIP)数据

镍铝青铜合金组织结构优化及腐蚀疲劳性能/吕维洁，王立强著. —北京：科学出版社，2018.5

ISBN 978-7-03-056711-6

Ⅰ. ①镍…　Ⅱ. ①吕…　②王…　Ⅲ. ①铜镍合金－铝合金－结构性能－研究　②铜镍合金－铝合金－腐蚀疲劳－研究　Ⅳ. ①TG146.1　②TG178.2

中国版本图书馆 CIP 数据核字（2018）第 044563 号

责任编辑：王钰 / 责任校对：马英菊
责任印制：吕春珉 / 封面设计：东方人华设计部

科学出版社 出版
北京东黄城根北街 16 号
邮政编码：100717
http://www.sciencep.com

北京中科印刷有限公司印刷
科学出版社发行　各地新华书店经销
*
2018 年 5 月第　一　版　开本：B5（720×1000）
2018 年 5 月第一次印刷　印张：13 1/4　插页：4
字数：258 000

定价：90.00 元

（如有印装质量问题，我社负责调换〈中科〉）
销售部电话 010-62136230　编辑部电话 010-62135763-2015

前　言

21 世纪是海洋世纪，随着陆地资源的不断耗尽、人口数量的膨胀和陆地环境的污染恶化，世界各国都把海洋领域的发展放在越来越重要的位置。海洋对国家的工业经济发展、主权利益维护和国土安全保障都有着极为重要的战略意义。我国具有漫长的海岸线，海洋资源丰富，同时海上岛屿众多，海洋领土争端不少。党的十八大报告从战略高度对我国海洋事业的发展做出了全面部署，明确指出我国将要建设成世界性的“海洋强国”。这对推动经济可持续健康发展，对维护国家主权、安全、发展利益，对实现全面建成小康社会目标进而实现中华民族伟大复兴，都具有重大而深远的意义。抓住机遇，进一步关心海洋、认识海洋、经略海洋，推动建设符合世界发展潮流和中国特色的“海洋强国”，成为一项紧迫的国家战略任务。

要建设“海洋强国”，海洋装备的自主化、现代化便是实现这一目标的关键所在，而其中，镍铝青铜合金作为一种广泛应用于海洋装备的耐腐蚀合金，对设备的持久、稳定、高效运行和服役，提供了重要保障。镍铝青铜合金由于具有良好的机械和耐腐蚀性能，在船舶螺旋桨叶片和泵体、阀门等部件上有着广泛的应用。1942 年，英国海军首次将按标准牌号生产的镍铝青铜合金作为鱼雷快艇螺旋桨的主要材料；美国在 20 世纪 50 年代使用该合金成功制造出直径长达 6m 的舰船用螺旋桨；日本于 20 世纪 50 年代中期开始研制镍铝青铜螺旋桨并迅速将其进行工业化规模生产，目前成为生产镍铝青铜螺旋桨较多的国家之一；荷兰的利普斯公司也在该时期研制出了被称为“库尼尔”合金的镍铝青铜合金，用于生产直径为 6.5～7m 的大型船舶螺旋桨，且生产量每年都在增长。我国在镍铝青铜合金领域发展起步较晚，20 世纪 70 年代后期才开始研制自己的镍铝青铜螺旋桨材料，但受技术限制，大型船舶螺旋桨尤其是用于海洋平台的全回转推进器螺旋桨仍需大量进口。

近年来，随着我国在海洋事业上的不断发展，国内在镍铝青铜合金领域的研究、生产和工程应用方面都得到了越来越多的关注。为了进一步推动我国海洋用镍铝青铜耐腐蚀合金的长足发展，不断提升我国海洋材料的使用性能与服役寿命，迫切需要为广大科研人员、院校师生及工程应用工作者提供有关镍铝青铜合金的专业书籍，有鉴于此，我们组织撰写了本书。

本书以镍铝青铜合金的显微组织与性能的响应关系为主线，系统深入地总结了上海交通大学金属基复合材料国家重点实验室吕维洁及其研究团队近几年来在镍铝青铜合金方面的最新研究成果。本着“技术+科学”的指导思想，在镍铝青铜合金的组织演变、静态腐蚀性能、应力腐蚀、腐蚀疲劳及表面改性新技术等方面进行了系统而详细的介绍。全书共 6 章。第 1 章综述了镍铝青铜合金的国内外研究现状及其相关的基本知识，明确了镍铝青铜合金在使用服役过程中的主要失效方式。第 2 章讨论了合金的组织演变规律，建立了合金不同微观组织与其机械性能的响应关系，其中包括热处理、搅拌摩擦加工及热轧制等加工处理方式。第 3～5 章试图建立组织与合金静态腐蚀、应力腐蚀、腐蚀疲劳性能间的关系，分析合金在腐蚀环境下的各种失效破坏机制。第 6 章讨论了几种表面改性新技术在镍铝青铜合金上的应用与探索，并对其相应的耐腐蚀性能变化进行了分析研究，为提高合金的耐腐蚀性能提供了新思路。

本书内容得到了国家重点基础研究发展计划（“973”计划）的支持，在此表示衷心感谢！

在撰写本书过程中，参考了众多著作和文献资料，在此向原作者表示衷心感谢！

本书由吕维洁组织撰写，王立强负责统稿、修改和定稿工作。丁阳、吕玉廷、秦真波、赵蓉、罗芹、赵冰洁等为本书有关章节提供了宝贵的材料，并承担了书稿的一部分编排、校对工作，在此也向他们表示衷心感谢。

本书围绕镍铝青铜合金的几个科学问题深入浅出地进行介绍，语言简明扼要，内容涉及广泛。其中有些内容是作者的最新研究成果，而有些内容则涉及仍在研究的工作，对一些问题的理解还不够深入，加之学术水平和知识面有所局限，故书中难免存在不足之处，敬请读者批评指正。

作　者

2017 年 11 月

目 录

第1章 绪　论

1.1 引　言

1.1.1 镍铝青铜合金的发展与应用

近几十年来，随着经济全球化的发展，国与国之间的贸易交流不断加深，海洋船舶运输由于其较低的运输成本，逐渐成为货品运输的主要方式之一。据报道，在我国由远洋舰队（如油船、天然气船、散装货船等）运输的进出口贸易商品占比高达 90%。另外，我国具有辽阔的海域，其面积约占陆地面积的一半，大小岛屿 1.1 万余个；同时，我国的大陆海岸线长达 1.8 万 km，海洋资源丰富，随着海洋战略的发展，在水域开发及海防方面也需要各种工作船及军舰。因此，船舶行业在我国具有很好的发展潜力。

螺旋桨是船舶的主要部件之一，它不仅是船舶前进的动力构件，也是定位导向的关键部件。由于螺旋桨长期工作在高腐蚀性的复杂海洋环境下，材料构件容易受到电化学腐蚀及冲刷腐蚀等多种腐蚀而发生破坏[1, 2]。另外，由于螺旋桨特殊的外形构造，根部截面处厚度较大，在螺旋桨旋转工作时，流动的液体在压力降低到临界蒸气压以下时，会导致其内部溶解的气体析出，形成气泡并长大；而在压力增大时，气泡会被压缩，直至爆破[3]。空泡破灭时会产生冲击波或微射流，对螺旋桨叶片（以下简称桨叶）表面重复打击，从而引起空泡腐蚀。因此，船舶螺旋桨在复杂的海洋环境下会受到多种腐蚀的耦合作用。据报道，在海洋中使用的大型桨叶 90%的破坏是由腐蚀作用引起的。开发制备力学性能良好、耐腐蚀性能优异且价格低廉的螺旋桨材料成为提高海洋装备服役性能的关键因素之一。

在过去的一个多世纪中，高强度黄铜由于其较高的强度、较好的耐腐蚀和耐疲劳性能，一直是制造螺旋桨的主要材料，但是高强度黄铜的相对密度较大，腐蚀疲劳强度偏低，而且容易发生应力腐蚀开裂。此外，黄铜还容易发生脱锌腐蚀，对材料产生较大的破坏。因此，传统的高强度黄铜合金并不能满足现代高服役性能海洋装备的制造要求，开发具有更好力学性能和耐腐蚀性能的螺旋桨材料迫在眉睫。早在 1910 年，人们发现铝青铜具有较好的力学性能和耐腐蚀性能，具有替代黄铜的潜力，但是由于当时的铸造水平有限，在熔炼铝青铜的过程中容易混入空气，使铝氧化生成 Al_2O_3 而形成夹杂物，极大降低了合金的力学性能和耐腐蚀性能。同时，在铝青铜的铸造过程中，当合金缓慢冷却到 565℃时会发生共析转变，产生离散或网状分布的γ_2相。γ_2相的铝含量较高，会与基体相形成电偶腐蚀对，从而明显增加铝青铜合金的腐蚀敏感性。此外，γ_2相是一种硬质脆性相，因此在铝青铜的铸造过程中形成的γ_2相对合金的力学性能和耐腐蚀性能都有着不利影响。随着铸造技术的不断发展，材料学工作者在铝青铜中加入了适量的镍、铁、锰等合金元素对其进行成分优化，成功避免了γ_2相的形成，这实际上是利用调整成分配比的方法来防止这一共析转变的进行，比较常用的方式有两种[4]：其一是加入多量的锰元素，推迟β相的共析转变，从而在室温下获得稳定的α+β相组织，抑制共析转变生成γ_2相，这就是高锰铝青铜；其二是加入多量的镍元素，使α/(α+β)相的溶解限向铝侧移动，避免β相的存在，从而在α相内生成各种细小而弥散的κ相，这便是高强度镍铝青铜。镍铝青铜中镍、铁、锰等合金元素的存在使其组织变得异常复杂，典型的铸造镍铝青铜主要由α相、β′相（残余马氏体β相）及κ_{I}相、κ_{II}相、κ_{III}相和κ_{IV}相组成[5]。

镍铝青铜螺旋桨材料是以铝青铜合金为基础，向其中加入镍、铁、锰等合金元素开发而来的，具有优异的综合性能：①较高的抗拉强度和海水腐蚀疲劳强度；②优异的耐海水腐蚀和耐空泡腐蚀性能；③高强度镍铝青铜制造的螺旋桨，其转动惯量比黄铜材料制造的螺旋桨降低 15%～19%，在船用发动机功率相同的情况下，提高了螺旋桨的承载能力。基于上述几个优点，镍铝青铜合金已经取代高强度黄铜合金、铝青铜合金，成为主要的船用螺旋桨材料[6]。

1942 年，英国海军首次使用标准牌号大量生产镍铝青铜合金，将其用作鱼雷快艇螺旋桨的主要材料；美国于 20 世纪 50 年代使用镍铝青铜合金制造直径高达 6m 的舰船用螺旋桨，之后将其推广并广泛使用；日本和荷兰均于 20 世纪 50 年代中期开始，相继研制自己牌号的镍铝青铜合金，并将其用来生产直径为 6.5～7m 的大型螺旋桨；而中国在船用螺旋桨合金方面的研究起步较晚，发展比较落后，于 20 世纪 70 年代后期才正式对镍铝青铜合金进行研究开发，并在 80 年代初期将其广泛应用于海洋船舶工业中。中国船级社对镍铝青铜合金铸件的化学成分做出了详细规定，如表 1.1 所示。

表 1.1 中国船级社规定的镍铝青铜合金铸件的化学成分 （单位：%）

元素	Cu	Al	Ni	Fe	Mn	Zn	Sn	Pb
化学成分（质量分数）	77～82	7.0～11.0	3.0～6.0	2.0～6.0	0.5～4.0	0.1	0.1	0.03

1.1.2 镍铝青铜合金在工业中面临的问题和挑战

目前，镍铝青铜合金是大型船舶及海洋装备全回转推进器螺旋桨的主要材料。

例如，用于海洋石油“981”钻井平台的全回转推进器螺旋桨如图1.1所示。这种桨叶结构复杂，尺寸较大（直径大于4m），高速运转时，单个桨叶承载的推力高达十几吨，并且螺旋桨在严苛的海洋环境服役过程中会受到极端恶劣条件（高温、高盐、大风、巨浪及洋流等）的影响。此外，由于液体内部压力的起伏变化，液体蒸气及溶于液体中的气体形核、生长及溃灭的空化过程会在桨叶表面形成空蚀作用，气泡破灭瞬时冲击速度可达500m/s，瞬时高压可达1000MPa，对材料产生极大的破坏[7, 8]。铸态镍铝青铜合金的组织较为复杂，典型微观组织包括α相、β'相和κ相（κ_{I}、κ_{II}、κ_{III}、κ_{IV}），铸态组织较为粗大，力学性能较低；粗大的κ_{I}相和κ_{II}相容易和基体产生相间残余应力，在熔铸冷却和变形加工后容易诱发残余应力的生成，从而容易在服役过程中发生合金的应力腐蚀开裂；片层的共析组织由于电位电势的不同，容易诱发合金选相腐蚀，一般而言，镍铝青铜合金的选相腐蚀起始于$\alpha+\kappa_{III}$共析组织结构中的α相。作为桨叶的主要结构材料，镍铝青铜合金在海洋腐蚀环境和交变应力载荷，以及洋流冲击的综合作用下，常常发生合金的腐蚀疲劳破坏。另外，绝大多数的镍铝青铜螺旋桨是非真空铸造，在铸造的过程中容易混入杂质，从而形成空洞缺陷，对合金的力学性能和耐腐蚀性能产生不利影响。

（a）钻井平台

（b）镍铝青铜螺旋桨示意图

图1.1 镍铝青铜合金在海洋石油“981”钻井平台的应用

1.2 镍铝青铜合金的组织结构与相变规律

1.2.1 合金元素对镍铝青铜合金组织的影响

铝在铜中的溶解度理论上可达8.5%（300℃）。铝含量越高，高温时氧化越严重，产生的氧化铝或分散或集中存在于铜液中，很难上浮，浇铸时会带入铸件造成疏松，使铸件的致密性下降。图 1.2 为 Cu-Al 系相图，由 Cu-Al 二元相图［图 1.2（a）］可见，在铸造铝青铜的过程中，当缓慢冷却降至低温 565℃时，Cu-Al 二元合金会发生共析转变，产生γ_2相，会明显增加铝青铜合金的腐蚀敏感性和脆性，因而对合金的力学性能和耐腐蚀性能产生不利影响。另外，γ_2相的分布状态也会对合金的耐腐蚀性能产生较大影响。其中，当该γ_2相分布为连续的网状结构时，会明显削弱合金的耐腐蚀性能；而当γ_2相不连续分布时，合金的腐蚀只发生在γ_2相的表面，不会深入合金的内部。因此，铝青铜合金生成的γ_2相不利于合金的力学性能和耐腐蚀性能。由 5% Ni 和 5% Fe 时 Cu-Al-Ni-Fe 系相图截面图［图 1.2（b）］可知，铁和镍的加入可以抑制γ_2相的形成，形成$\alpha+\kappa$相，从而改善铝青铜合金的力学性能和耐腐蚀性能。

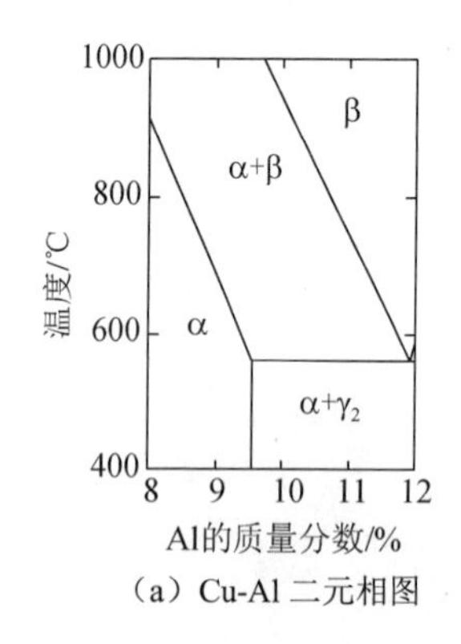

（a）Cu-Al 二元相图

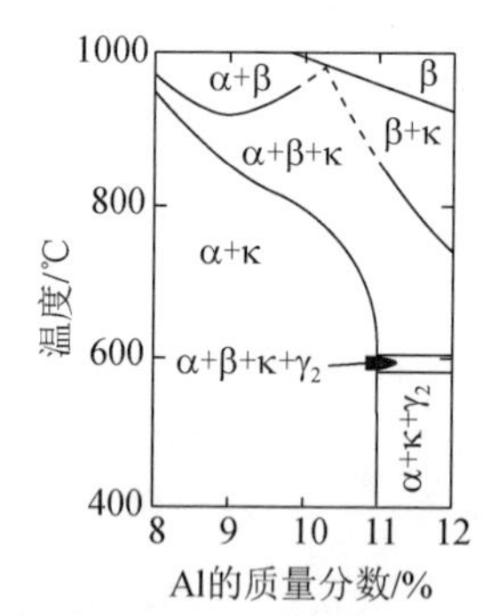

（b）5% Ni 和 5% Fe 时 Cu-Al-Ni-Fe 系相图截面图

图 1.2　Cu-Al 系相图（一）[9]

铁元素的加入对 S 曲线的影响如图 1.3 所示，几乎没有改变 525℃附近的共析转变速率，仅对低温转变开始的时间有所推迟。加入铁元素使α相区稍微扩大，如图 1.3（a）所示，而当铁含量超过固溶限时，则析出κ相（Fe-Al 相）。铁含量超过包晶点（约 3.5%）时呈枝状初晶，使β相细化；但铁含量超过 5%时κ相增多，使合金耐蚀性恶化。在镍铝青铜中，铁元素和镍元素的加入一起避免了γ_2相的生成。另外，铁可以细化合金的晶粒，而且高镍时铁的加入并不会使延伸率过于下降，富铁的κ相一般呈枝状初晶，对力学性能影响也不大。因此，镍铝青铜合金中通常要加入与镍等量的铁，一般是 4%～5%。

加入镍元素会使铝固溶限先减少后增加，因此，使α相区扩大。镍元素和铁元素的加入量各在 4%以上时才能避免γ_2相的析出，但此时合金会析出κ相（Ni-Al 相）。另外，相的形态随着镍和铁含量的比例不同也不一致。当加入的合金元素是高镍低铁时，κ相（Ni-Al 相）聚集，呈层状析出，力学性能下降；而当合金元素是低镍高铁时，κ相（Fe-Al 相）为初次晶，呈枝状析出，耐腐蚀性能不佳。

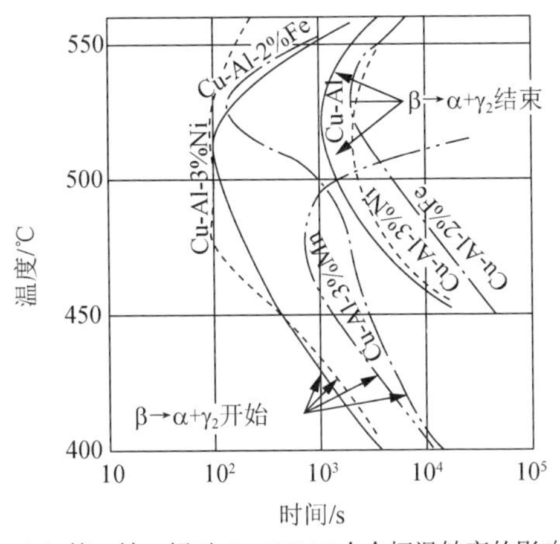

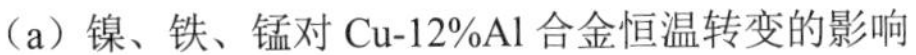
（a）镍、铁、锰对 Cu-12%Al 合金恒温转变的影响

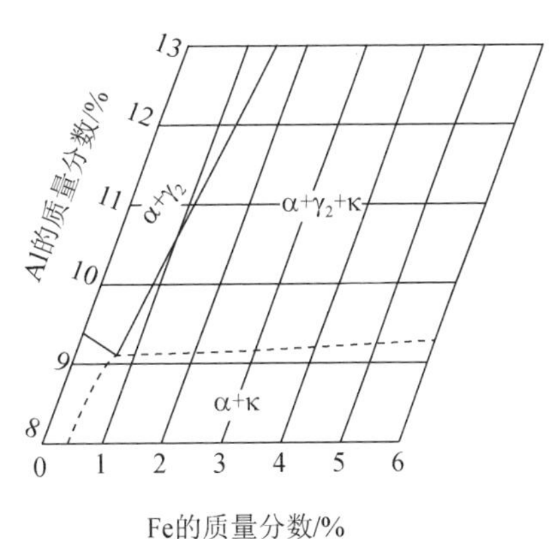

（b）Cu-Al-Fe 系缓冷铸造件状态图

图 1.3　Cu-Al 系相图（二）

锰是熔炼过程中添加的一种脱氧剂，可提高熔体的流动性。加入锰元素使铝青铜的共析转变显著减慢。锰元素降低了铝在 α 相中的溶解度，但锰元素可以大量溶入 α 相基体中，作为固溶强化元素增加合金的力学性能。另外，加入过量的锰有使镍铝青铜合金的组织产生粗化的倾向，因此一般仅加入少量的锰（<3.5%）。

1.2.2　其他元素对镍铝青铜合金组织的影响

为进一步提高镍铝青铜合金的服役性能和使用寿命，科研工作者和工程人员在镍铝青铜合金中添加锆、锶、钪等元素，对其进行微合金化，以期获得更高性能的镍铝青铜合金材料。由 Cu-Zr 二元相图[10]可以发现，965℃时锆元素在铜中的固溶度为 0.15%，并且随着温度下降其固溶度急剧降低，500℃时锆元素在铜中的固溶度只为 0.01%。因此，锆具有强化作用，其强化相为 Cu_5Zr 或 Cu_3Zr。此外，锆还可与铝在合金凝固过程中形成 Al_3Zr（熔点 1580℃）等高熔点物相，对合金的后续凝固起到非均质形核作用，细化合金组织，同时还可以改善合金的“缓冷脆性”。锶是一种活性元素，向镍铝青铜合金中加入微量锶元素可以有效净化熔体，去除杂质，改善铸造镍铝青铜合金的质量。许晓静等[11, 12]成功制备了含有 0.045%锆、0.057%钪和 0.029%锶的镍铝青铜合金。图 1.4 为微合金化前后镍铝青铜合金的微观组织形貌，比较两者可以看出，微合金化后的镍铝青铜合金组织中 β′ 相、$κ_{Ⅰ}$ 相和 $κ_{Ⅱ}$ 相没有明显变化；α 相显著细化，晶粒大小只有原来的几分之一；同时层片状的 $κ_{Ⅲ}$ 相长度大大缩短，但数目却增加许多；此外，α 相内 $κ_{Ⅳ}$ 相也明显变少，这些都说明微合金化元素起到了细化组织的作用。通过进一步研究发现，微合金化后镍铝青铜合金的耐浸泡腐蚀性能、耐电化学腐蚀性能及耐磨性方面都有了显著提升[12]。

（a）未微合金化(一)

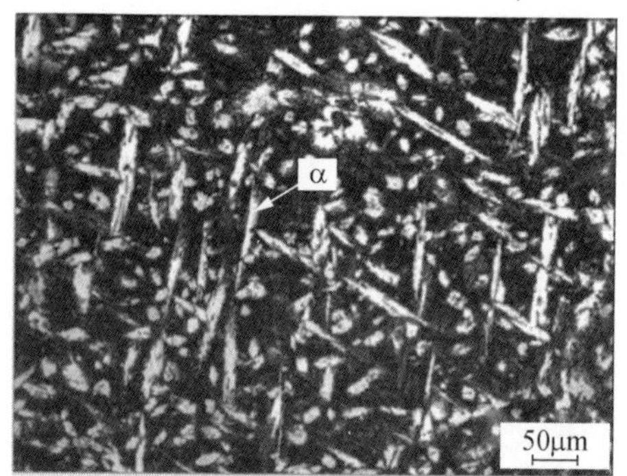

（b）微合金化后(一)

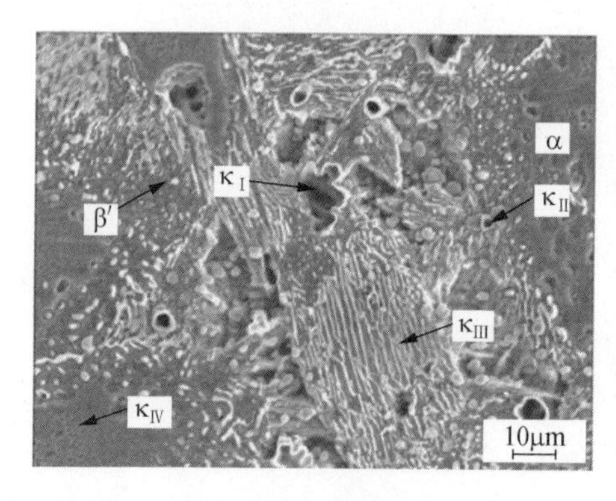

（c）未微合金化(二)

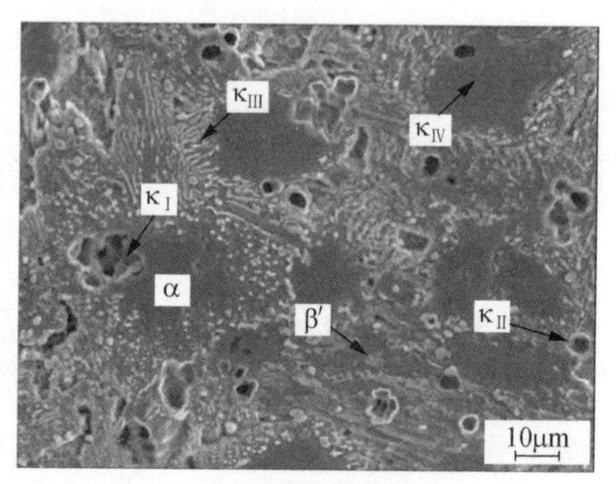

（d）微合金化后(二)

图 1.4　微合金化前后镍铝青铜合金的微观组织形貌

1.2.3　镍铝青铜合金的显微组织

在平衡冷却条件下，镍铝青铜合金的典型微观组织包括 α 相、β′ 相和 κ 相（κ_{I}、κ_{II}、κ_{III}、κ_{IV}），如图 1.5 所示。图 1.5（a）中白色的基体为面心立方结构的 α 相，它是合金元素在铜中形成的固溶体，其晶格参数为（3.64±0.04）Å。

镍铝青铜合金中位于 α 相中间呈较大花形的为 κ_{I} 相，它一般在铁的含量高于 4.5%时才会形成，直径为 20～50μm，该相具有较高的铁含量，而铝含量少于 25%。在其中心部分还包含富铜的析出物，该相不具有单晶结构，可能包含无序富铁的 bcc 结构固溶体、以 Fe_3Al 为基的 DO_3 结构和以 FeAl 为基的 B2 结构[13]。κ 相具有较高的铁含量，在电化学腐蚀中容易作为阳极而被腐蚀破坏，对合金的耐腐蚀性能产生不利影响，因此，镍铝青铜合金中铁的含量一般低于 4.5%。κ_{II} 相一般呈球状或者花形，它一般在层状共析产物的周围，直径为 5～10μm，晶体结构为以 Fe_3Al 为基的 DO_3 结构，其中镍、铜和锰取代铁，硅取代铝，晶格参数为（5.71±0.06）Å。β 相发生共析反应会生成球状或者层片状的 κ_{III} 相，它一般位于 α 相与β′相界面，它是基于NiAl的B2结构，晶格参数为（2.88±0.03）Å，其中铁和锰可以取代铝。在α基体上分布的是细小的κ_{IV}相，其晶粒直径小于2μm，κ_{IV}相和κ_{II}相具有相似的晶体结构，都具有以Fe_3Al为基的DO_3结构，晶格参数为（5.77±0.06）Å。κ_{I}、κ_{II}和κ_{III}相与基体具有Kurdjumov-Sachs位向关系；而κ_{IV}相与基体的位向关系较为复杂，在Nishiyama-Wasserman和Kurdjumov-Sachs位向关系之间[9, 13]。

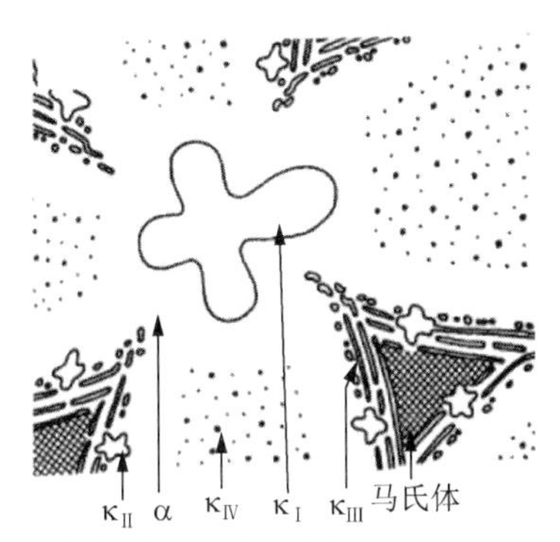

（a）镍铝青铜合金的典型微观组织示意图[13]

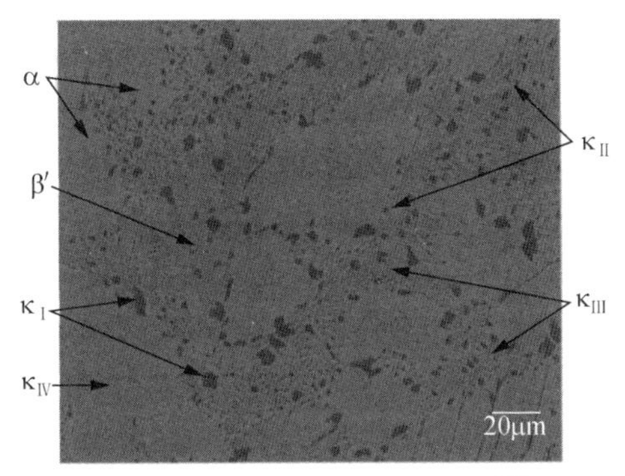

（b）镍铝青铜合金电子背散射照片[14]

图1.5 镍铝青铜合金的显微组织

如图1.5（b）所示，黑色的为β′相，它是液态的β相经过非平衡快速冷却而形成的，其结构与高温的β相有着明显的差异，因此被称为残余马氏体β相或β′相。它具有3R或2H结构，其中还包括高密度具有B2结构的析出物，该析出物的大小取决于合金的冷却速率，晶格参数为（2.85±0.03）Å。

1.2.4 镍铝青铜合金的相变规律

镍铝青铜合金由于具有较多的合金元素，在热处理过程中其显微组织转变较为复杂。一般来说，镍铝青铜合金从1070℃缓慢冷却（～10^{-3}℃/s）至室温的相变过程如图1.6所示，合金在加热至1030℃以上时完全转变为具有体心立方结构的β相，当温度逐步降低至1030℃时，β相发生同素异构转变，α相开始从β相中析出，形成初生α相，即$\beta \rightarrow \alpha + \beta$反应。随着温度的进一步降低，当低于930℃左右时，富铝的球状中间化合物κ_{I}或κ_{II}开始从β相中析出。当合金中铁元素配比含量大于4.5%时，组织中会析出κ_{I}相；当铁元素配比含量小于4.5%时，则析出κ_{II}相，即$\beta \rightarrow \alpha + \kappa_{I}/\kappa_{II}$。当温度在860℃以下时，由于铁元素在基体中溶解度的变化，铁的含量处于过饱和状态，富铁的细小颗粒状κ_{IV}相逐渐从基体中析出，弥散分布在α相中，即$\beta \rightarrow \alpha + \kappa_{IV}$。继续降低温度到800℃时，剩余的β相发生共析反应，形成层片状的α/κ_{III}共析组织，即$\beta \rightarrow \alpha + \kappa_{III}$。因此，在缓慢平衡冷却情况下，镍铝青铜合金的显微组织主要由α相、κ相（κ_{I}、κ_{II}、κ_{III}、κ_{IV}）组成。

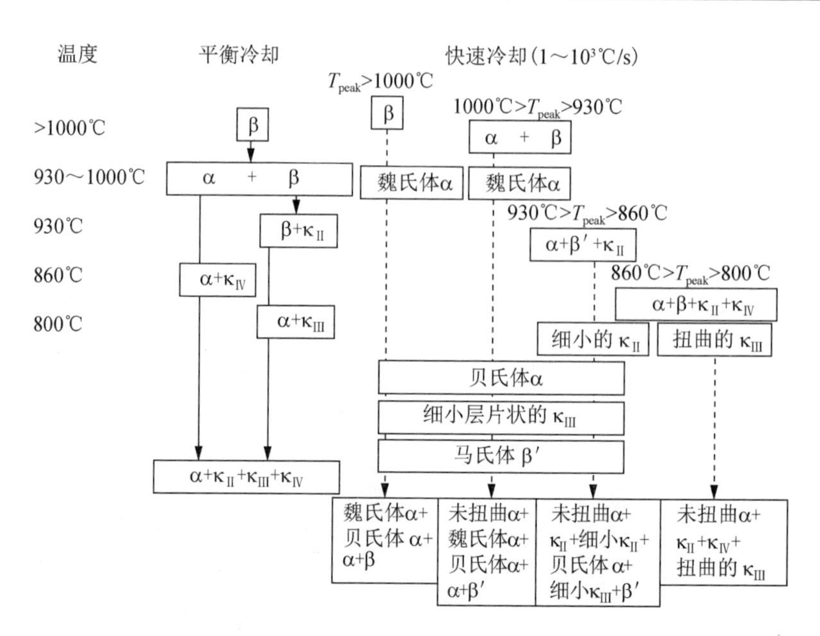

图 1.6　镍铝青铜合金热处理的转变产物[15]

在较快的冷却速率下（1～10^3℃/s），镍铝青铜合金的显微组织变化较大，其中最主要的特征是因为过高的冷却速率，β相无法完全发生共析转变形成α/$\kappa_{\rm III}$共析组织，所以在室温组织中会存在一定量的β′相。镍铝青铜合金从不同温度进行非平衡快速冷却时，在室温下会形成不同的微观组织，从较高的温度（930～1000℃）冷却时，合金会形成魏氏体α相、贝氏体α相和较多的β′相。在930℃以下快速冷却不会形成魏氏体α相，在860～930℃快速冷却则可以形成细小的$\kappa_{\rm II}$相、贝氏体α相和β′相，而在800～860℃快速冷却会形成细小的$\kappa_{\rm II}$、$\kappa_{\rm III}$和$\kappa_{\rm IV}$相。

Anantapong 等[15]研究了在热加工过程中镍铝青铜合金显微组织的演变规律，他们认为加热温度对镍铝青铜合金显微组织的影响较大，在750～800℃热处理后，合金的显微组织主要由α相、$\kappa_{\rm II}$相、$\kappa_{\rm III}$相和$\kappa_{\rm IV}$相组成；在870～900℃热处理后，合金的显微组织由α相、细小的$\kappa_{\rm II}$相和β′相组成；在950～1000℃热处理后，合金的显微组织由魏氏体α和β′相组成。从较高的温度冷却可以形成较多的β′相，使合金的硬度明显增加；变形之后冷却速率越高，越可以明显增加β′相和细小魏氏体α相的含量，这样有助于提高合金的硬度。变形和未变形的合金可以从合金的组织上明显地区分出来，在热压缩的过程中，只有当温度较高时，合金才能发生动态再结晶，且这种动态再结晶形成的细晶强化对显微硬度的贡献不如冷却速率的效果明显。

Mcdonald 等[16]在400℃和600℃时对镍铝青铜合金进行等径弯角挤压（equal channel angular pressing，ECAP）实验，研究了大塑性变形ECAP对镍铝青铜合金层状组织的影响。他们认为，ECAP 改变了共析组织的层厚、位向和形貌，大塑性变形折弯或破碎了合金的形貌，层厚被增大或减小。ECAP 处理能形成两种主要的层状结构：一种是倾斜角为0～45°的层，其形貌为细长或破碎的，层厚也明显减小；另一种是折弯的层，其倾斜角为45°～180°，而层厚明显增大。增加ECAP的道次可以进一步球化层状的共析组织，在大塑性变形的过程中，温度也同时被提高，这进一步球化了层状的共析组织，但是在这一过程中可以使晶粒直径有所增加，继续增加ECAP的道次可以获得镍铝青铜合金的超细晶组织。

Chen 等[17]研究了热处理对热挤压镍铝青铜合金的显微组织和力学性能的影响。他们发现，在900℃淬火可以使β相完全变成β′相，750℃退火可以将β′相转变为α相和κ相，900℃淬火后400℃时效可以将κ相从β′相中析出。淬火、退火及再时效可以提高合金的拉伸性能，但是塑性下降；而750℃退火可以提高合金的延伸率，抗拉强度和硬度则相应下降。

Wu 等[18]研究了热处理对镍铝青铜合金组织和性能的影响。他们发现，920℃正火组织包括粗大的魏氏体α相和较多的细小的κ相，920℃淬火后550℃退火的组织包括较多细小的κ相和退火α相，这两种热处理工艺具有较好的力学性能。

1.3 腐蚀环境中的镍铝青铜合金

1.3.1 镍铝青铜合金的静态腐蚀

由于镍铝青铜合金具有复杂的显微组织，合金的腐蚀行为也较为复杂，大量文献[19-22]对镍铝青铜合金的腐蚀行为进行了报道，他们认为镍铝青铜合金在含 Cl^- 溶液中的腐蚀较为明显，合金具有较好耐腐蚀性能的主要原因是合金表面与腐蚀溶液相互作用，形成了很好的保护膜。但镍铝青铜合金的组织较为复杂，相互之间容易发生电化学腐蚀，其中阳极反应过程主要是Cu的阳极溶解而产生 Cu^+，方程式为

$$Cu + 2Cl^- - e \longrightarrow CuCl_2^- \tag{1-1}$$

据报道，当 Cl^- 的浓度在10mmol/L～0.5mol/L时，$CuCl_2^-$ 是最主要的复合产物；继续提高 Cl^- 的浓度到1mol/L，则会出现 $CuCl_2^-$ 和 $CuCl_3^-$ 的复杂复合物[23]，但这种复合物的稳定性不如前者。在静态腐蚀条件下，镍铝青铜合金电化学腐蚀的主要阴极反应为氧的溶解与消耗，其方程式为

$$O_2 + 2H_2O + 4e \longrightarrow 4OH^- \tag{1-2}$$

Cl^- 在铜基合金保护性氧化膜的形成和性能方面有着很重要的作用，Cu_2O 是在含有 Cl^- 的溶液中经过复杂的化学反应过程而形成的，且它的存在程度取决于 Cl^- 的浓度和pH的大小，pH较高时更容易形成 Cu_2O，其形成的化学方程式为[19]

$$2CuCl_2^- + 2OH^- \longrightarrow Cu_2O + H_2O + 4Cl^- \tag{1-3}$$

Cl^-会影响保护性氧化膜的整体性能和稳定性，当 Cl^-与 Cu_2O 进一步相互作用时，会在其内部制造出许多缺陷，从而增加保护膜的半导体性能。因此，形成的 Cu_2O 会加速合金的电化学腐蚀过程，促进内外电子的运输与物质交换，如 O_2 的消耗反应和 Cu 的阳极溶解，从而使氧化膜层的保护性能大幅下降。而且 Cu_2O 保护膜的稳定性与 Cl^-的浓度呈反比，即增加 Cl^-的浓度会减少 Cu_2O 的含量，生成更多的 $CuCl_2^-$ 。

许多学者[24-27]研究了镍铝青铜合金的保护膜的形成原因，认为镍铝青铜合金耐腐蚀性能的最主要原因是形成了铝的氧化物和氢氧化物，而当表面的膜层受到破坏时，也能够快速自我修复。镍铝青铜合金各个相上的膜的厚度随着该相中铝含量的变化而改变。保护膜形成的化学方程式为

$$Al + 4Cl^- \longrightarrow AlCl_4^- + 3e \tag{1-4}$$

$$AlCl_4^- + 3H_2O \longrightarrow Al(OH)_3 + 3H^+ + 4Cl^- \tag{1-5}$$

Schüssler 等[28]认为，在 NaCl 溶液中，镍铝青铜合金会形成包含铝和铜的保护膜双层结构，从而使合金具有较好的耐腐蚀性能。该保护膜的主要成分是 Cu_2O 和 Al_2O_3，厚度为 900～1000nm，这种保护膜被破坏时具有很好的修复能力，长期暴露于海水中还会形成 $Cu_2(OH)_3Cl$ 和 $Cu(OH)Cl$ 等物质[29]。Song 等[30]利用电子探针显微分析（electron probe microanalysis，EPMA）技术表征了镍铝青铜合金在海水腐蚀环境下形成表面氧化膜的结构，验证了上述说法，同时提出合金的表面膜层是由疏松不连续的 Cu_2O、$Cu_2(OH)_3Cl$ 和连续致密的 Al_2O_3、$Al(OH)_3$ 构成的。

Schüssler 等[28]研究了镍铝青铜合金在海水中的电化学腐蚀速率，揭示了在流动状况下腐蚀保护膜的形成过程。他们发现，镍铝青铜合金在海水中形成的保护膜可以使其腐蚀速率减小为原来的 1/30～1/20。这种保护膜既能减少合金的阳极反应，也可以减少合金的阴极反应。在腐蚀过程中形成的 Al_2O_3 相能够阻碍离子通过保护膜，使合金发生阳极钝化；在外层形成的 Cu_2O 可以减少氧电子的转移，减少合金的阴极反应。他们还研究了含硫化物污染物的镍铝青铜合金的腐蚀行为[26]，硫化物的存在改变了合金钝化层的结构，加快了镍铝青铜合金在海水中的腐蚀速率。腐蚀保护膜是多孔结构，里面还有大量的 CuS，它可以明显加速氧减少的电子转移反应，因此整个腐蚀过程是由阴极反应控制的，并且对流动速率很敏感。

Sabbaghzadeh 等[31]通过钨电极惰性气体保护焊多道次焊接了镍铝青铜合金，研究了它在中性 3.5%（质量分数，以下不再标注）NaCl 溶液中的腐蚀行为。他们发现在焊接过程中，显微组织发生了很大改变，α 相减少，β′ 相增多，而 κ 相的含量基本没有变化。由于焊接合金 β′ 相的含量较多，焊接试样展现为阳极行为；由于基体为铜的固溶体，基体展现为阴极行为。为了研究阳极极化和阴极极化对

铸态和焊接态合金腐蚀保护膜稳定性的作用，他们研究了不同浸泡时间和不同腐蚀电位（E_{corr}和E_{corr}±100mV）的动电位极化（potentiodynamic polarization，PDP）曲线和电化学交流阻抗谱（electrochemical impedance spectroscopy，EIS），基于镍铝青铜合金保护膜的成分及极化曲线和交流阻抗的结果，做出了合金腐蚀的等效电路，如图1.7（a）和（b）所示。他们认为，在没有极化的E_{corr}的条件下浸泡72h，焊接后的合金会形成薄而致密的保护膜［图1.7（c）］；在E_{ccor}±100mV阳极极化的条件下浸泡72h，焊接后的合金会形成薄而致密的保护膜［图1.7（d）和（e）］。图1.7（c）～（e）中黑色部分为腐蚀保护膜，白点表示膜中的孔洞[31]。刚浸泡的基体和焊接试样很类似，区别不是很大；长时间浸泡使腐蚀保护膜层生长，通过空隙扩散的速率减小，因此合金的耐腐蚀性能增加；72h浸泡以后，焊接的合金由于具有较为均匀的显微组织，比基体具有更好的耐腐蚀性能。

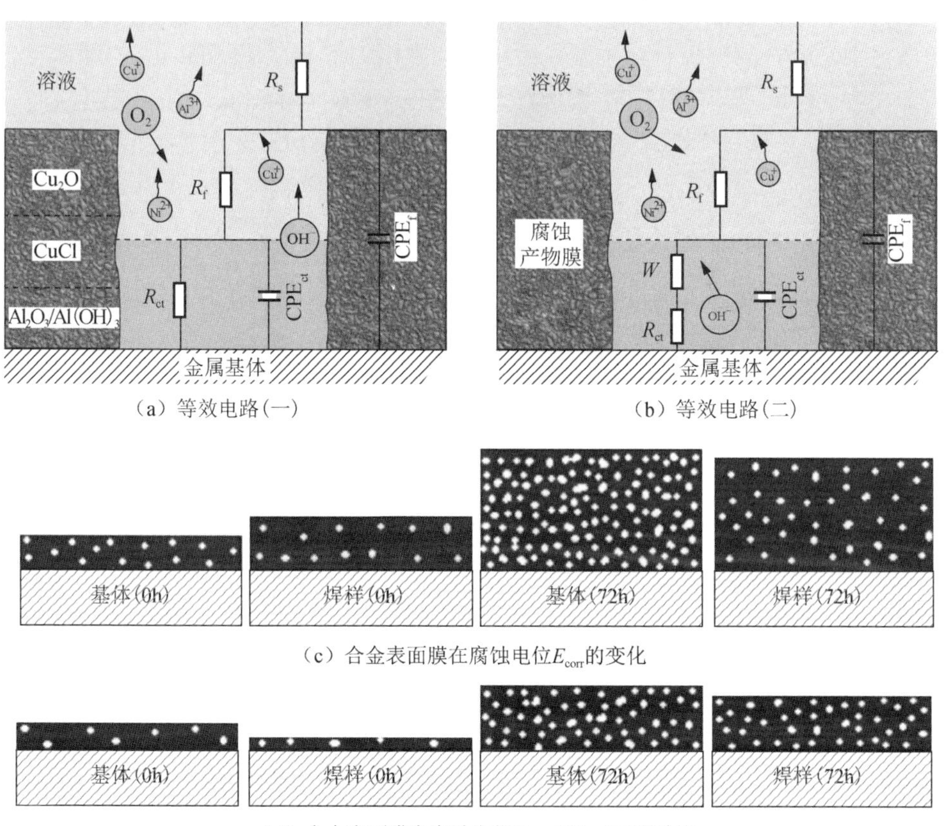

（a）等效电路(一)

（b）等效电路(二)

（c）合金表面膜在腐蚀电位E_{corr}的变化

（d）合金表面膜在腐蚀电位E_{corr}+100mV下的变化

图1.7 金属腐蚀的等效电路

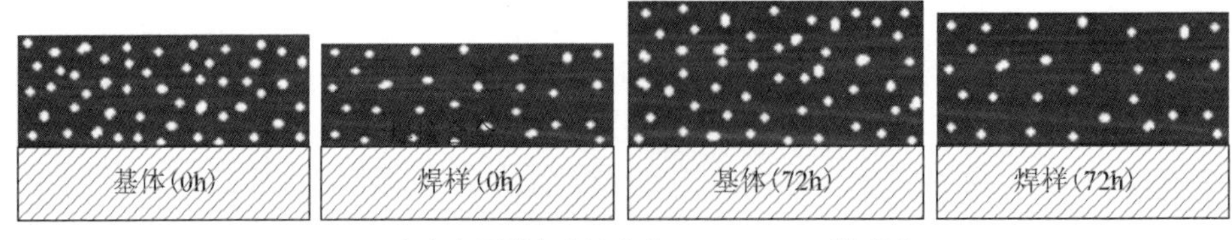

（e）合金表面膜在腐蚀电位E_{corr}-100mV下的变化

图 1.7（续）

R_s—溶液阻抗；R_f—表面膜阻抗；R_{ct}—双电子层电阻；CPE_{ct}—双电子层电容；CPE_f—氧化膜层电容；W—Warburg 元素

Neodo 等[32]研究了 pH 和缓蚀剂苯并三唑对镍铝青铜合金在含 Cl^-溶液中的电化学腐蚀行为。因为镍铝青铜合金的显微组织和其表面的氧化膜在不同 pH 溶液中具有不同的稳定性，所以合金的电化学腐蚀行为对 pH 有依赖性。在 pH 高于 4 的溶液中，镍铝青铜合金的氧化主要是富铜的 α 相的溶解驱动；而在 pH 低于 4 的溶液中，合金的阳极行为主要是铁、镍和富铝的 κ_{I} 相、κ_{II} 相和 κ_{IV} 相的氧化，因此在 pH 为 4 时会有阳极-阴极相行为的反转。电化学的结果表明，苯并三唑在 pH 高于 4 时对镍铝青铜合金具有很好的抑制作用；当 pH 减小到 4 以下时，合金的电化学腐蚀行为变化很大，对腐蚀的抑制作用明显减小。

1.3.2　镍铝青铜合金的选相腐蚀

由于镍铝青铜合金的显微组织较为复杂，不同相中各个元素的含量差别较大，镍铝青铜合金各个相的化学成分如表 1.2 所示。由表 1.2 可见，合金中的 κ 相是富铁相，其中 κ_{III} 相的镍元素含量较高。众所周知，镍的电位高于铁，因此 κ 相的电位大小顺序为 $E_{\kappa_{III}} > E_{\kappa_{IV}} > E_{\kappa_{II}} > E_{\kappa_{I}}$。Nakhaie 等[33]研究了镍铝青铜合金在中性和酸性溶液中的腐蚀行为，并通过带有开尔文探针的原子力显微镜（scanning Kelvin probe force microscopy，SKPFM）测试了合金中各个相的电势，结果如图 1.8 所示[33]。各相的电势值 $E_{\beta} \approx E_{\alpha} > E_{\kappa_{III}} > E_{\kappa_{IV}} > E_{\kappa_{II}} > E_{\kappa_{I}}$，最大的电势差在 α 相与 κ_{I} 相之间，电势差约为 75mV。根据各个相的元素含量，他们计算了各个相的功函数，结果表明功函数与开尔文探针测量的结果基本一致。根据电化学理论，电势低的容易腐蚀，但是在中性溶液中，镍铝青铜合金的 κ 相不被腐蚀，Nakhaie 认为在中性溶液中，κ 相会快速形成很好的保护膜，对其起到保护作用；而在酸性溶液中，κ 相上的保护膜被酸腐蚀掉，因此在酸性溶液中，腐蚀最严重的为 κ 相，而β′ 相具有马氏体结构，化学状态不稳定，也很容易被腐蚀[33]。

表 1.2　镍铝青铜合金各个相的化学成分[9, 13, 18, 33]　（单位：%）

第二相	化学成分（质量分数）				
	Al	Mn	Fe	Ni	Cu
α	6.5～8.4	1.0	2.2～2.8	2.7～3.2	86.0

续表

第二相	化学成分（质量分数）				
	Al	Mn	Fe	Ni	Cu
β	8.2～28.1	1.1～2.5	2.0～20.0	2.8～43.7	23.9～86.0
κ_{I}	9.0～14.0	1.36～3.0	46.9～72.0	3.5～16.2	9.0～21.6
κ_{II}	12.0～17.8	1.2～2.2	29.7～61.0	8.0～24.5	12.1～26.9
κ_{III}	9.0～26.7	1.0～2.0	3.0～13.8	28.3～41.3	17.0～38.5
κ_{IV}	10.5	2.4	73.4	7.3	6.6

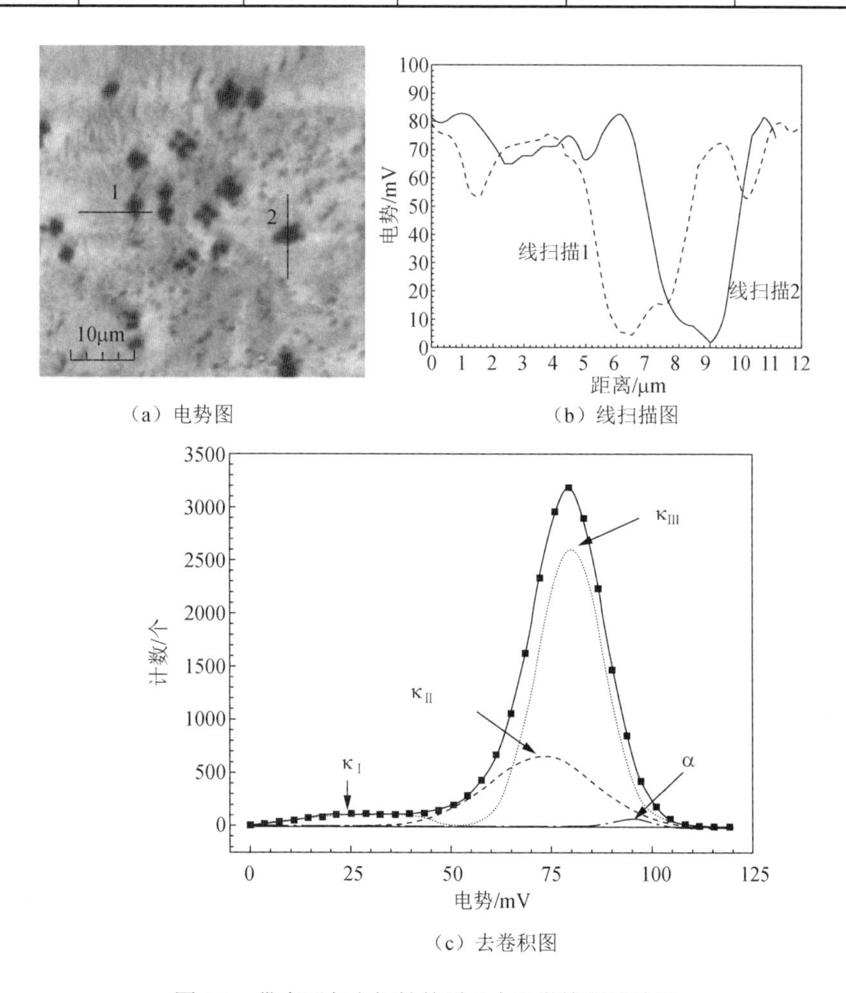

（a）电势图　（b）线扫描图

（c）去卷积图

图 1.8　带有开尔文探针的原子力显微镜测试结果

Neodo 等[32]也报道了镍铝青铜合金的腐蚀具有 pH 依赖性，在中性的含 Cl^{-}溶液中，镍铝青铜合金一般会发生选相腐蚀，腐蚀最严重的区域为共析组织 $\alpha+\kappa_{III}$ 相中的 α 相（图 1.9）。Wharton 等[14]认为，在海水中，镍铝青铜合金的阳极溶解就是铜基体的溶解，即 $Cu - e + 2Cl^- \longrightarrow CuCl_2^-$，因此首先腐蚀的是富铜的α 相。虽然α 相首先发生腐蚀，但是α 相只是轻微地被腐蚀。随着腐蚀的进行，κ 相表面会形成一层致密的保护膜，从而使靠近其周围的基体α 相成为腐蚀阳极相，构成电偶腐蚀对，加速对α 相，特别是共析组织中α 相的腐蚀。

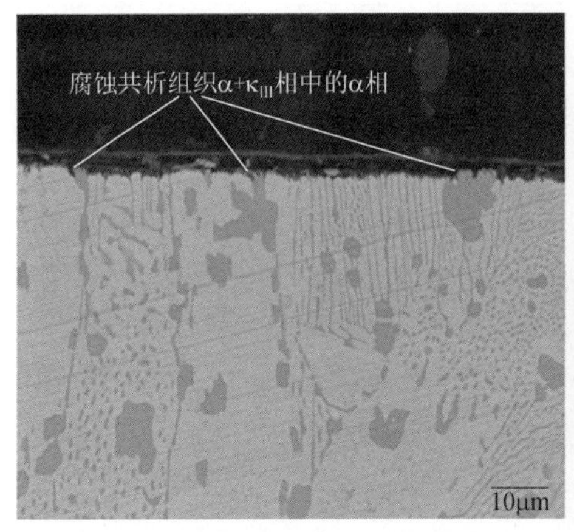

（a）浸泡3.5% NaCl溶液720h纵截面形貌

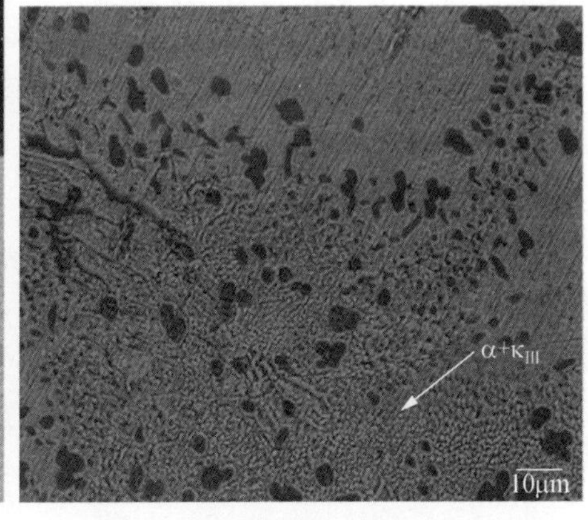

（b）pH为6.2的0.6mol/L NaCl溶液阳极处理600s

图 1.9　镍铝青铜合金腐蚀浸泡后微观形貌扫描电镜背散射图

Al-Hashem 等[34]研究了镍铝青铜合金在海水中的空泡腐蚀性能，他们发现在海水中镍铝青铜合金发生选相腐蚀，最容易受到腐蚀的是κ 相周围富 Cu 的α 相，而κ 相和无κ 相区域没有受到腐蚀。空泡侵蚀使合金的表面更加粗糙，随着空泡时间的增加，空洞的大小和数量明显增加，在毗邻κ 相的α 相有 5～10μm 长的微小裂纹。Wharton 等[14]研究了镍铝青铜合金在海水中的缝隙腐蚀行为。其在裂缝外和缝隙内的腐蚀行为具有很大的不同，在缝隙外，腐蚀最严重的位置为共析组织 $\alpha + \kappa_{III}$ 的α 相；而在缝隙内，腐蚀最严重的位置为β′ 相和共析组织的 κ_{III} 相。他们认为，由于缝隙的存在，裂缝内的溶液由中性变成酸性，κ_{III} 相是连续的，更容易受到腐蚀。Nakhaie 等[33]发现，在 0.1mol/L 的 HCl 溶液中，镍铝青铜合金最容易腐蚀的位置为富铁的κ 相。他们认为，镍铝青铜合金在 pH 小于 4 的含 Cl^-的酸性溶液中，对合金起保护作用的富铝保护膜（氧化铝/氢氧化铝膜）容易受到破坏而被溶解，因此富铁的κ 相变成了阳极，容易受到电化学腐蚀，而富铜的α 相变成了阴极而被保护。Olszewski[35]研究了服役 4 年的螺旋桨，他们认为热处理方式的不当可能导致镍铝青铜合金发生脱铝元素破坏，增加合金中 Ni 的含量或者选择合适的热处理制度都可以减少脱合金腐蚀。Tang 等[36]研究了激光改性锰镍铝青铜合金的腐蚀和耐空泡侵蚀性能，他们发现在 3.5% NaCl 溶液中锰镍铝青铜合金最易腐蚀的位置为κ 相，而经激光表面改性后，合金表面形成单一均匀的马氏体相，能改善合金的耐空泡侵蚀性能。

1.3.3 镍铝青铜合金的侵蚀-腐蚀性能

所有常见的金属和合金都依赖表面生成的保护膜，该保护膜可以防止合金受到进一步的破坏，当保护膜遭到破坏时，它还能迅速地修复。当合金暴露在具有一定流动速度的液体中时，流动的液体可以在合金的表面产生剪切应力，使保护膜遭到破坏[37]。如果合金服役的环境含有一定的粗糙颗粒，如沙子，则这些连续性的破坏使合金很难形成永久性的保护膜，这种类型的破坏称为侵蚀-腐蚀或射流冲击[38-40]。在侵蚀-腐蚀作用下，部件材料的损失一般可用以下公式表示：

$$T=E+C+S \tag{1-6}$$

式中，T 为侵蚀-腐蚀联合造成的最终材料损失；E 为纯机械侵蚀过程造成的材料损失；C 为静态腐蚀造成的材料损失；S 为机械侵蚀和静态腐蚀中由于耦合作用造成的材料损失。因此

$$S=T-(E+C) \tag{1-7}$$

耦合部分 S 又可以分为两部分，即ΔE 和ΔC，ΔE 为腐蚀促进了侵蚀，ΔC 为侵蚀促进了腐蚀，可用以下公式表示[41, 42]：

$$S=\Delta E+\Delta C \tag{1-8}$$

侵蚀可以机械剥落合金的保护膜，把金属暴露在腐蚀液中，即产生ΔC，这部分的速率依赖于保护膜的修复能力。另外，可能的侵蚀促进腐蚀的机制包括：①侵蚀位置的局部酸化，可加速腐蚀和抑制保护膜的形成；②在高速的扰动作用下，促进物质的转移；③通过腐蚀降低疲劳强度；④侵蚀使合金的表面更加粗糙，增加了电化学腐蚀面积，从而加速腐蚀。腐蚀促进侵蚀的机制可能包括：①腐蚀可以去除加工硬化的表面，使基体合金暴露在侵蚀环境下；②腐蚀容易发生在晶界，使晶粒蓬松，最终导致剥离；③腐蚀可能发生点蚀，增加缺陷的应力集中。金属基体塑性变形片由于应力腐蚀开裂而脱落[43, 44]。

Ault[45]研究了镍铝青铜合金在未过滤海水中的流动腐蚀速率，他们发现在7.6m/s 的速率下合金的腐蚀速率为 0.5mm/年；而在 30.5m/s 的流速下，腐蚀速率为 0.76mm/年，局部区域可达 2mm/年；在海洋服役中被记录的最大流速为 5mm/s。镍铝青铜合金暴露在高流速的含沙的液体中，保护膜容易遭受破坏或者剥落，使合金基体完全暴露在溶液中。

Fonlupt 等[46]对镍铝青铜合金进行了不同的热处理，利用慢应变速率拉伸方法研究了第二相对镍铝青铜合金在海水中应力腐蚀开裂的作用。他们发现，合金在没有施加电位和施加阴极电位的模拟海水中应力腐蚀开裂敏感性较强。裂纹路径主要与合金的显微组织和形貌有关，在 α 相边界第二相的含量越多，合金的应力腐蚀敏感性越强。Pidaparti 等[27]通过小波转换和分形理论研究表征了镍铝青铜合

金在不同腐蚀环境和不同应力条件下的腐蚀形貌，并根据实验结果将镍铝青铜合金的缺陷分为点蚀和微裂纹，他们认为这种基于腐蚀形貌的分析方法可以用来分析合金的服役状况和破坏过程。

1.3.4　镍铝青铜合金的腐蚀疲劳性能

镍铝青铜合金作为一种主要的船用螺旋桨材料，其服役环境和使用状态表明合金必将受到严重的腐蚀疲劳侵害。腐蚀疲劳是材料在腐蚀介质和交变载荷联合作用下发生的破坏形式，据有关报道称，桨叶在使用时的折断多由腐蚀疲劳裂纹引起，腐蚀疲劳断裂是造成螺旋桨失效的常见形式之一。李华基等[47]研究了五种不同螺旋桨用铜合金的腐蚀疲劳性能，发现铜合金的耐腐蚀疲劳性能与其强度和塑性的综合力学性能指标密切相关，适当控制合金组织中 α 相和 β' 相的比例，可以获得最佳的耐腐蚀疲劳性能。Taylor 等[48]发现铸造镍铝青铜合金中的缺陷是主要的疲劳裂纹源，缺陷周围形成的应力集中区域使裂纹可以迅速萌生并随之扩展。他们还对比了空气中与海水中镍铝青铜合金的疲劳性能，发现腐蚀介质的引入会明显加快合金的疲劳裂纹扩展速率，同时加载频率、载荷比对腐蚀疲劳性能有着显著影响。Xu 等[49]研究了镍铝青铜合金中第二相对疲劳裂纹扩展的影响，发现铸态和退火态镍铝青铜合金中的层片状 κ_{III} 相会诱导形成平行的二次裂纹，从而加速疲劳扩展；粗大的 κ_{II} 相与基体的界面形成了良好的裂纹扩展通道，促使裂纹在合金内部扩展；此外，弥散分布的细小 κ_{IV} 相会通过增加裂纹尖端的偏移、引入裂纹闭合和降低损伤积累来减小疲劳裂纹扩展速率。

Czyryca 等[50]系统研究了铸态镍铝青铜合金和焊接后的镍铝青铜合金材料在海水中的腐蚀疲劳性能。通过比较不同服役环境和加载频率条件下合金的裂纹扩展速率和疲劳扩展门槛值，发现腐蚀环境和频率对合金稳态扩展区域的影响较大，海水的腐蚀作用会使镍铝青铜合金的耐疲劳性能减弱。随着加载频率的下降，镍铝青铜合金腐蚀疲劳裂纹扩展速率显著上升。研究还发现，焊接后的镍铝青铜合金显示出较大的闭合力，疲劳实验结果表明镍铝青铜合金在焊接处表现出了更好的耐腐蚀疲劳性能，具有较高的疲劳裂纹扩展速率门槛值和较高的裂纹闭合水平，造成这一现象的原因可以归结为焊接冷却过程中形成的残余应力和显微组织晶粒细化。

1.4　镍铝青铜合金表面改性方法

镍铝青铜合金具有优异的力学性能和耐侵蚀-腐蚀性能，但其严苛的服役环境迫使科研工作者为获得性能更为优异的合金而不断尝试新的方法，以延长材料构件的服役使用寿命。腐蚀相关的破坏一般发生在材料表面，因此许多科研工作者尝试通过在工件的表面涂覆镍铝青铜合金来改善合金的耐侵蚀-腐蚀性能，这种方法在工业生产中也具有很好的应用前景。而对于镍铝青铜合金工件，为了进一步提高其耐侵蚀-腐蚀性能，许多科研工作者尝试对合金进行表面覆层和表面改性，由于它们具有很好的应用前景，各国的科研工作者对其进行了大量的研究。

1.4.1 镍铝青铜合金表面覆层

当材料部件损坏或者表面损伤时，大型螺旋桨构件需要在桨叶增加新的涂层材料，以强化或修复原有构件表面。Hanke 等[51]认为可以采用摩擦堆焊的方法对镍铝青铜合金桨叶进行局部修复，他们在镍铝青铜合金的表面覆盖一层镍铝青铜(用于镍铝青铜合金工件的修复)，并研究了新覆层的耐空泡侵蚀-腐蚀性能。结果表明，摩擦堆焊制备的镍铝青铜合金覆层具有细小均匀的显微组织，其中包括两层，靠近表面的上层为层状 $\alpha+\beta'$ 相，下层为球状 $\alpha+\beta'$ 相，细小均匀的组织明显具有更好的耐空泡侵蚀性能，其中合金覆层的失重潜伏期提高了将近 50%，而疲劳率下降了将近 50%。在基体和覆层中裂纹萌生都发生在相边界，而在铸态中的第二相可以减小裂纹扩展速率。覆层能改善镍铝青铜合金在溶液中的疲劳性能主要有两方面原因：一方面，覆层具有较好的韧性，能提高合金的裂纹扩展能力；另一方面，铸态合金的腐蚀较为严重，而覆层主要是以均匀腐蚀为主。

Barik 等[52]将镍铝青铜合金喷涂到 BS4360 钢上，利用超音速火焰喷涂（high velocity oxygen fuel，HVOF）方法研究了覆层的颗粒侵蚀-腐蚀性能，得到以下结论：喷涂的镍铝青铜合金与铸态镍铝青铜合金的耐腐蚀性能相似，而与基体钢相比，覆层的存在会明显提高基体钢的耐侵蚀-腐蚀性能，但覆层的耐侵蚀效果与水流冲刷动能相关。当流水冲刷动能较高时，覆层的耐侵蚀性能明显减小，敏感性增加，这主要是由于高速喷射形成的覆层中会产生高密度的缺陷和疏散粒子，整体力学性能有待提高，使高动能的流水冲刷造成较大的侵蚀损害。因此，镍铝青铜合金火焰喷涂的覆层在高动能的冲刷环境下会呈现正耦合腐蚀，即侵蚀、腐蚀相互加剧；但在较低动能的冲刷情况下，覆层和铸态镍铝青铜合金一样具有负耦合的倾向，这种负耦合提高了耐侵蚀-腐蚀性能。Tan 等[41]也采用超音速火焰喷涂的方法制备了镍铝青铜合金覆层，解释了覆层的侵蚀-腐蚀负耦合原理，认为在低动能时，覆层表面在侵蚀破坏后会重新钝化，迅速形成连续的保护膜，从而阻碍腐蚀作用；同时这种致密的氧化膜又会给机械侵蚀带来困难，从而产生负耦合的效果。

1.4.2 镍铝青铜合金表面改性

激光表面改性是改善材料耐侵蚀-腐蚀性能的一种常见方法，在不同的激光表面处理技术中，激光表面熔融是最普遍、最有效的一种，它可以快速地均匀和细化组织。Tang 等[36, 53]采用激光熔融的方法对锰镍铝青铜合金进行表面改性，研究了表面改性后的合金在 3.5% NaCl 溶液中的耐空泡腐蚀性能和纯侵蚀率（E）、腐蚀率（C）和侵蚀-腐蚀之间的耦合作用（S）在空泡腐蚀中的作用。锰镍铝青铜合金经过激光表面改性后，表面形成了均匀细小的单一 β' 相，这种组织具有较高的显微硬度，因此显著提高了合金的耐空泡腐蚀性能，比未处理的锰镍铝青铜合金和镍铝青铜合金分别提高了 5.8 倍和 2.2 倍，他们认为复杂的显微组织转变为均匀细小的组织，可以明显减少合金的电化学腐蚀。处理前后镍铝青铜合金均出现侵蚀-腐蚀的耦合作用，但铸态镍铝青铜合金的机械腐蚀更明显，因此相对来说它的耦合作用相对较小。

针对镍铝青铜合金选相腐蚀问题，很多学者采取了不同的处理方法。但这些方法都是减少 $\alpha+\kappa_{III}$ 相的含量，并没有从根本上解决该共析组织耐腐蚀性能差的问题。Qin 等[54]通过离子注入技术在镍铝青铜合金上注入镍元素来提高合金的耐腐蚀性能，结果表明，注入镍层厚度为 10nm，注入层原子丧失规则性排列，但仍呈现明显的晶体结构。与基体明显的选相腐蚀相比，表面注入镍元素后，β 相、$\alpha+\kappa_{III}$ 共析组织并没有被腐蚀，说明镍元素注入后，可以改善合金的选相腐蚀。电化学工作站测试结果表明镍铝青铜合金腐蚀电位正移，阻抗谱半径增大，说明注入镍元素后提高了合金的耐腐蚀性能。Luo 等[55]开发利用了一种更适合工业生产的 Ni 热扩散方法，制备出具有梯度变化的 Ni-Cu 固溶体层以提高镍铝青铜合金的耐腐蚀性能，表面化学成分均匀的 Ni-Cu 固溶体层具有更高的腐蚀电势，从而能有效减少合金的选相腐蚀倾向。X 射线光电子能谱分析（X-ray photoelectron spectroscopy，XPS）的实验结果说明，镍热扩散表面容易在 NaCl 溶液中形成 $Ni(OH)_2$ 和 Cu_2O 保护层。

1.4.3　镍铝青铜合金的搅拌摩擦加工

搅拌摩擦加工在表面改性方面具有独特的优势，相较于其他方式，搅拌摩擦加工制备膜层的厚度加大，可调控的参数增多，同时其加工成本较为低廉，非常适合大型工业化生产的螺旋桨，可以被用来处理镍铝青铜合金，因此受到多国科研工作者的关注[56, 57]。Palko 等[58]率先报道了美国海军研究院试图采用这种表面强化方法对桨叶进行局部强化与修复。Oh-Ishi 等[59]最早将搅拌摩擦加工用于镍铝青铜合金的表面处理，他们发现搅拌摩擦加工可以细化和均匀镍铝青铜合金的显微组织，同时消除铸造合金的空洞缺陷，明显提高合金的力学性能。他们认为，可以通过区分 α 相、κ 相及 β 相的分布和含量来估计搅拌摩擦加工镍铝青铜合金局部区域的最高温度。如图 1.10 所示，只存在 β 相时，镍铝青铜合金的局部峰温在 1030℃以上；存在 $\alpha+\beta$ 相时，合金的局部峰温为 930～1030℃；存在 $\alpha+\beta+\kappa_{II}$ 相时，合金的局部峰温为 860～930℃；存在 $\alpha+\beta+\kappa_{II}+\kappa_{IV}$ 相时，合金的局部峰温为 800～860℃。

搅拌摩擦加工核心区域的带状组织是由于材料在 850～930℃（$\alpha+\beta$ 相区）发生大塑性变形形成的，而在搅拌摩擦加工核心区域底部，峰温约为 800℃，在该温度发生大塑性变形，形成了晶粒大小约为 2μm 的高度细化和再结晶的晶粒，这种细小晶粒的形成主要是因为材料以 $\kappa_{II}+\kappa_{IV}$ 粒子为形核位置发生了再结晶。

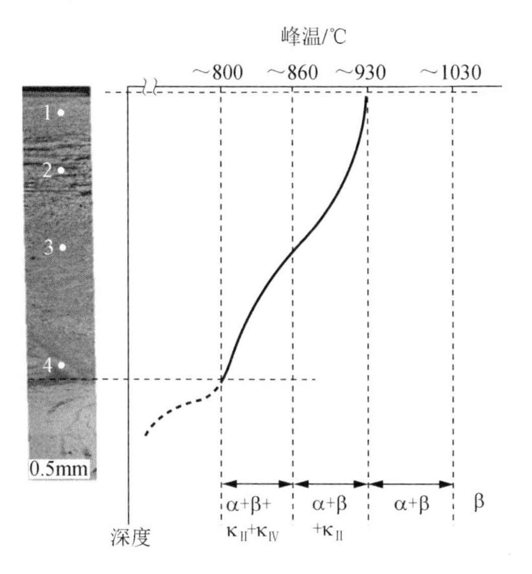

图 1.10　宏观显微组织图及各个区域对应镍铝青铜合金的深度和估计的峰温[59]

Fuller 等[60]先通过熔焊的方法焊接了铸态镍铝青铜合金，然后在焊接的纵向方向上进行了搅拌摩擦加工，研究了制备合金的显微组织和力学性能。他们发现，遭受熔焊和搅拌摩擦加工后的镍铝青铜合金具有更好的强度和韧性，其组织主要由 β 相转变产物和细小的 α 晶粒组成。熔焊的热影响区和搅拌摩擦加工的热机影响区的韧性较差，这主要是由于在该区域内发生了 $\kappa_{III}+\alpha\rightarrow\beta$ 的相变，在接下来的冷却过程中产生了马氏体或者贝氏体组织。

Song 等[30, 61]采用带有开尔文探针的原子力显微镜和电子探针显微分析等技术研究了搅拌摩擦加工镍铝青铜合金各相的电势和元素分布。他们发现，搅拌摩擦加工后的镍铝青铜合金元素分布比铸态镍铝青铜更加均匀。在铸态镍铝青铜合金中，κ_{II} 相由于铝和铁的含量高，有最高的电势，其他相的电势高低依次为 κ_{IV} 相、κ_{III} 相和 α 相；而搅拌摩擦加工镍铝青铜合金得到的细小 κ 相，也由于铝和铁含量高而具有较高的电势，其次为 β′ 和 α 相，如图 1.11 所示[61]。在酸性 3.5% NaCl 溶液中，铸态镍铝青铜合金中粗大的 κ_{II} 相和搅拌摩擦加工后基体中细小的 κ 相由于其更高的活性而被优先腐蚀。此外，搅拌摩擦加工镍铝青铜合金由于其更加均匀的组织、成分，展现出更好的耐腐蚀性能。在中性 3.5% NaCl 溶液中，κ 相与溶液作用，在表面形成了一层致密的 Al_2O_3 保护膜，从而不受腐蚀侵害，此时 κ_{II} 相周围的基体α相和层片状共析组织中的α相腐蚀严重。

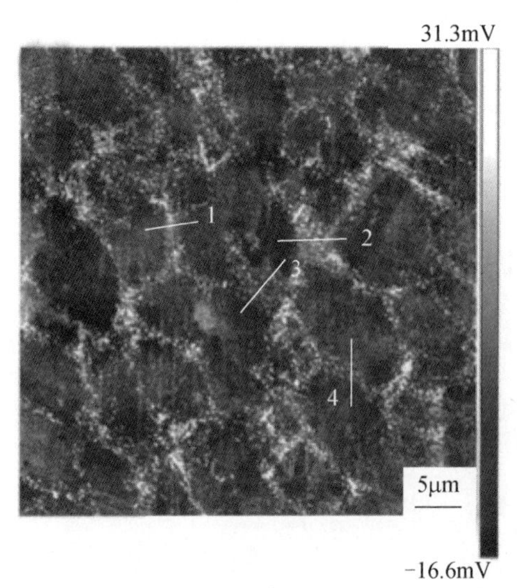

（a）搅拌摩擦加工镍铝青铜合金电势分布图

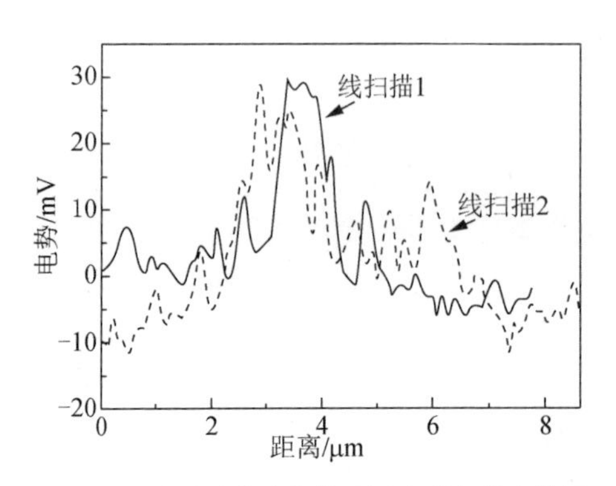

（b）α与β′相内致密分布的κ析出相的扫描电势图

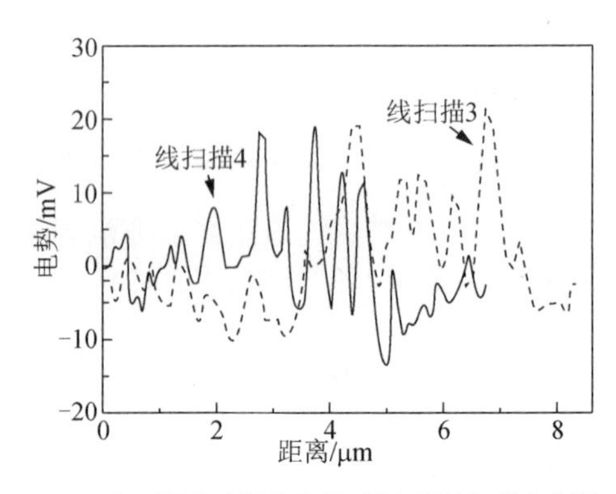

（c）α与β′相内疏散分布的κ析出相的扫描电势图

图 1.11　搅拌摩擦加工镍铝青铜合金电势分布图和对应线扫描电势图

参 考 文 献

[1] FATHOLOLUMI S, HASSANABAD M G. A new perspective on structural, materials, and simulation of flow and cavitation around the propeller with energy saving system[J]. Journal of Crystal Growth, 2016, 455: 117-121.

[2] 钱晓南．船用螺旋桨面空泡损伤[J]．上海交通大学学报，1985，19（1）：72-79.

[3] PETERS A, SAGAR H, LANTERMANN U, et al. Numerical modelling and prediction of cavitation erosion[J]. Wear, 2015, 338-339(4): 189-201.

[4] 张化龙．国内外镍铝青铜螺旋桨材料在舰船上的应用[J]．机械工程材料，1996，20（1）：33-35.

[5] 都春燕．镍铝青铜合金的耐蚀性及表面处理的研究[D]．镇江：江苏科技大学，2014.

[6] 宋德军，胡光远，卢海，等．镍铝青铜合金的应用与研究现状[J]．材料导报，2007，21（11）：450-452.

[7] ZHU Y, ZOU J, ZHAO W L, et al. A study on surface topography in cavitation erosion tests of $AlSi_{10}Mg$[J]. Tribology International, 2016, 102(2016): 419-428.

[8] RYL J, WYSOCKA J, SLEPSKI P, et al. Instantaneous impedance monitoring of synergistic effect between cavitation erosion and corrosion processes[J]. Electrochimica Acta, 2016, 203(2016): 388-395.

[9] CULPAN EA, ROSE G. Microstructural characterization of cast nickel aluminium bronze[J]. Journal of Materials Science, 1978, 8 (13): 1647-1657.

[10] 刘平，任凤章，贾淑果．铜合金及其应用[M]．北京：化学工业出版社，2007.

[11] 张兵，许晓静，陈树东，等．锆和锶对铸态镍铝青铜组织与性能的影响[J]．材料热处理学报，2015，3（36）：62-66.

[12] 许晓静，陈树东，楚满军，等．钪、锆和锶复合微合金化铸态镍铝青铜的显微组织与性能[J]．中国有色金属学报，2013，23（12）：3381-3386.

[13] HASAN F, JAHANAFROOZ A, LORIMER G W, et al. The morphology, crystallography, and chemistry of phases in as-cast nickel-aluminum bronze[J]. Metallurgical and Materials Transactions A, 1982, 8 (13): 1337-1345.

[14] WHARTON J A, STOKES K R. The influence of nickel-aluminium bronze microstructure and crevice solution on the initiation of crevice corrosion[J]. Electrochimica Acta, 2008, 5 (53): 2463-2473.

[15] ANANTAPONG J, UTHAISANGSUK V, SURANUNTCHAI S, et al. Effect of hot working on microstructure evolution of as-cast nickel aluminum bronze alloy[J]. Materials & Design, 2014, 8 (60): 233-243.

[16] MCDONALD D T, BARR C J, XIA K. Effect of equal channel angular pressing on lamellar microstructures in nickel aluminum bronze[J]. Metallurgical & Materials Transactions A, 2013, 12 (44): 5556-5566.

[17] CHEN R P, LIANG Z Q, ZHANG W W, et al. Effect of heat treatment on microstructure and properties of hot-extruded nickel-aluminum bronze[J]. Transactions of Nonferrous Metals Society of China, 2007, 6 (17): 1254-1258.

[18] WU Z, CHENG Y F, LIU L, et al. Effect of heat treatment on microstructure evolution and erosion-corrosion behavior of a nickel-aluminum bronze alloy in chloride solution[J]. Corrosion Science, 2015, 98: 260-270.

[19] KING F, LITKE C D, QUINN M J, et al. The measurement and prediction of the corrosion potential of copper in chloride solutions as a function of oxygen concentration and mass-transfer coefficient[J]. Corrosion Science, 1994, 5 (37): 833-851.

[20] DESLOUIS C, TRIBOLLET B, MENGOLI G, et al. Electrochemical behaviour of copper in neutral aerated chloride solution. I. steady-state investigation[J]. Journal of Applied Electrochemistry, 1988, 3 (18): 374-383.

[21] DRACH A, TSUKROV I, DECEW J, et al. Field studies of corrosion behaviour of copper alloys in natural seawater[J]. Corrosion Science, 2013, 10 (76): 453-464.

[22] KEAR G, BARKER B D, STOKES K, et al. Flow influenced electrochemical corrosion of nickel aluminium bronze-part I. cathodic polarisation[J]. Journal of Applied Electrochemistry, 2004, 12 (34): 1235-1240.

[23] WANG M, ZHANG Y, MUHAMMED M. Critical evaluation of thermodynamics of complex formation of metal ions in aqueous solutions III. the system Cu(I,II) -Cl^- at 298.15 K[J]. Hydrometallurgy, 1997, 1-2 (45): 53-72.

[24] ATEYA B G, ASHOUR E A, SAYED S M. Corrosion of α-Al bronze in saline water[J]. Journal of the Electrochemical Society, 1994, 141(1):71-78.

[25] BENEDETI A V, SUMODJO P T A, NOBE K, et al. Electrochemical studies of copper, copper-aluminium and copper-aluminium-silver alloys: impedance results in 0.5M NaCl[J]. Electrochimica Acta, 1995, 16 (40): 2657-2668.

[26] SCHÜSSLER A, EXNER H E. The corrosion of nickel-aluminium bronzes in seawater-II. the corrosion mechanism in the presence of sulphide pollution[J]. Corrosion Science, 1993, 11 (34): 1803-1811.

[27] PIDAPARTI R M, AGHAZADEH B S, WHITFIELD A, et al. Classification of corrosion defects in NiAl bronze through image analysis[J]. Corrosion Science, 2010, 11 (52): 3661-3666.

[28] SCHÜSSLER A, EXNER H E. The corrosion of nickel-aluminium bronzes in seawater-I. protective layer formation and the passivation mechanism[J]. Corrosion Science, 1993, 11 (34): 1793-1802.
[29] WHARTON J A, BARIK R C, KEAR G, et al. The corrosion of nickel-aluminium bronze in seawater[J]. Corrosion Science, 2005, 12 (47): 3336-3367.
[30] SONG Q N, ZHENG Y G, NI D R, et al. Characterization of the corrosion product films formed on the As-cast and friction-stir processed Ni-Al bronze in a 3.5 wt% NaCl solution[J]. Corrosion -Houston Tx-, 2015, 4 (71): 606-614.
[31] SABBAGHZADEH B, PARVIZI R, DAVOODI A, et al. Corrosion evaluation of multi-pass welded nickel-aluminum bronze alloy in 3.5% sodium chloride solution: a restorative application of gas tungsten arc welding process[J]. Materials & Design, 2014, 6 (58): 346-356.
[32] NEODO S, CARUGO D, WHARTON J A, et al. Electrochemical behaviour of nickel-aluminium bronze in chloride media: Influence of pH and benzotriazole[J]. Journal of Electroanalytical Chemistry, 2013, 8 (695): 38-46.
[33] NAKHAIE D, DAVOODI A, IMANI A. The role of constituent phases on corrosion initiation of NiAl bronze in acidic media studied by SEM-EDS, AFM and SKPFM[J]. Corrosion Science, 2014, 3 (80): 104-110.
[34] AL-HASHEM A, RIAD W. The role of microstructure of nickel-aluminium-bronze alloy on its cavitation corrosion behavior in natural seawater[J]. Materials Characterization, 2002, 1 (48): 37-41.
[35] OLSZEWSKI A M. Dealloying of a nickel-aluminum bronze impeller[J]. Journal of Failure Analysis & Prevention, 2008, 8(6): 505-508.
[36] TANG C H, CHENG F T, MAN H C. Effect of laser surface melting on the corrosion and cavitation erosion behaviors of a manganese-nickel-aluminium bronze[J]. Materials Science & Engineering A, 2004, 1-2 (373): 195-203.
[37] PRATIKNO H. Aging treatment to increase the erosion-corrosion resistance of AA6063 alloys for marine Application [J]. Procedia Earth and Planetary Science, 2015 (14): 41-46.
[38] ZHENG Z B, ZHENG Y G. Effects of surface treatments on the corrosion and erosion-corrosion of 304 stainless steel in 3.5% NaCl solution[J]. Corrosion Science, 2016, 112: 657-668.
[39] ZHAO W, WANG C, ZHANG T, et al. Effects of laser surface melting on erosion-corrosion of X65 steel in liquid-solid jet impingement conditions[J]. Wear, 2016, 362-363: 39-52.
[40] YU B, LI D Y, GRONDIN A. Effects of the dissolved oxygen and slurry velocity on erosion-corrosion of carbon steel in aqueous slurries with carbon dioxide and silica sand[J]. Wear, 2013, 1-2 (302): 1609-1614.
[41] TAN K S, WHARTON J A, WOOD R J K. Solid particle erosion-corrosion behaviour of a novel HVOF nickel aluminium bronze coating for marine applications-correlation between mass loss and electrochemical measurements[J]. Wear, 2005, 1-4 (258): 629-640.
[42] ARIBO S, BARKER R, HU X, et al. Erosion-corrosion behaviour of lean duplex stainless steels in 3.5% NaCl solution[J]. Wear, 2013, 1-2 (302): 1602-1608.
[43] CALDERÓN J A, HENAO J E, GÓMEZ M A. Erosion-corrosion resistance of Ni composite coatings with embedded SiC nanoparticles[J]. Electrochimica Acta, 2014, 4 (124): 190-198.
[44] PEAT T, GALLOWAY A M, TOUMPIS A I, et al. Evaluation of the synergistic erosion-corrosion behaviour of HVOF thermal spray coatings[J]. Surface & Coatings Technology, 2016, 299: 37-48.
[45] AULT J P. Erosion corrosion of nickel aluminum bronze in flowing seawater[M]. Orlando: United States, 1995.
[46] FONLUPT S, BAYLE B, DELAFOSSE D, et al. Role of second phases in the stress corrosion cracking of a nickel-aluminium bronze in saline water[J]. Corrosion Science, 2005, 11 (47): 2792-2806.
[47] 李华基，鲍锡样，李庆春．船用铸造高强度铜合金腐蚀疲劳性能的研究[J]．金属科学与工艺，1984，1（3）：62-72.
[48] TAYLOR D, KNOTT J F. Growth of fatigue cracks from casting defects in nickel-aluminium bronze[J]. Metals

Technology, 2013, 1 (9): 221-228.

[49] XU X, LV Y, HU M, et al. Influence of second phases on fatigue crack growth behavior of nickel aluminum bronze[J]. International Journal of Fatigue, 2016, 82: 579-587.

[50] CZYRYCA E. Corrosion fatigue crack growth thresholds for cast nickel-aluminum bronze and welds[C]//Fatigne Crack Growth Threshods, Endurance Limits, and Design ASTM International, 2000.

[51] HANKE S, FISCHER A, BEYER M, et al. Cavitation erosion of NiAl-bronze layers generated by friction surfacing[J]. Wear, 2011, 1 (273): 32-37.

[52] BARIK R C, WHARTON J A, WOOD R J K, et al. Erosion and erosion-corrosion performance of cast and thermally sprayed nickel-aluminium bronze[J]. Wear, 2005, 1-6 (259): 230-242.

[53] TANG C H, CHENG F T, MAN H C. Improvement in cavitation erosion resistance of a copper-based propeller alloy by laser surface melting[J]. Surface & Coatings Technology, 2004, 2 (182): 300-307.

[54] QIN Z, WU Z, ZEN X, et al. Improving corrosion resistance of a nickel-aluminum bronze alloy via nickel ion implantation[J]. Corrosion -Houston Tx-, 2016, 72 (10): 1269-1280.

[55] LUO Q, WU Z, QIN Z, et al. Surface modification of nickel-aluminum bronze alloy with gradient Ni-Cu solid solution coating via thermal diffusion[J]. Surface & Coatings Technology, 2017, 309: 106-113.

[56] OHISHI K. The Influence of friction stir processing on microstructure and properties of a cast nickel aluminum bronze material[J]. Materials Science Forum, 2003, 4 (426-432): 2885-2890.

[57] NI D R, XUE P, WANG D, et al. Inhomogeneous microstructure and mechanical properties of friction stir processed NiAl bronze[J]. Materials Science & Engineering A, 2009, 1-2 (524): 119-128.

[58] PALKO W A, FIELDER R S, YOUNG P F. Investigation of the use of friction stir processing to repair and locally enhance the properties of large Ni Al bronze propellers[J]. Materials Science Forum, 2013, 426: 2909-2914.

[59] OH-ISHI K, MCNELLEY T R. Microstructural modification of as-cast NiAl bronze by friction stir processing[J]. Metallurgical & Materials Transactions A, 2004, 9 (35): 2951-2961.

[60] FULLER M D, SWAMINATHAN S, ZHILYAEV A P, et al. Microstructural transformations and mechanical properties of cast NiAl bronze: Effects of fusion welding and friction stir processing[J]. Materials Science & Engineering A, 2007, 1 (463): 128-137.

[61] SONG Q N, ZHENG Y G, NI D R, et al. Studies of the nobility of phases using scanning Kelvin probe microscopy and its relationship to corrosion behaviour of Ni-Al bronze in chloride media[J]. Corrosion Science, 2015, 92: 95-103.

第 2 章　镍铝青铜合金的组织调控与力学性能的响应关系

2.1　引　　言

镍铝青铜合金是一种多元合金，其主要组成元素为铜，另外还包含质量分数为 9%～12%的铝、4%～6%的镍和铁，以及 1%～2%的锰。铸态镍铝青铜合金的组织较为复杂，包含基体 α 相、β' 相和 4 种 κ 相。各相在成分和结构上的差别导致了其腐蚀电位的差异，从而使各相之间形成了腐蚀电偶对，使某些相优先腐蚀，即选相腐蚀。此外，各相的硬度和其他力学性能也有差别，微观组织的组成决定了材料的宏观力学性能。

加热温度和冷却速率是影响镍铝青铜合金微观组织及相关性能的主要因素。一般来说，典型镍铝青铜合金的熔点为 1040～1070℃。当温度超过 1030℃时，合金为单一的 β 相。随着温度的降低，一部分 β 相开始转变为 α 相；与此同时，κ_{I} 相在 β 相中析出。随着温度的继续降低，β 相中开始析出 κ_{II} 相，然后 α 相中析出细小弥散的 κ_{IV} 相。接下来，β 相开始发生共析反应，转变生成 $\alpha+\kappa_{\mathrm{III}}$ 共析组织。如果冷却速率不足够缓慢，β 相会因来不及完全转变而部分残留下来，生成 β' 相。由此可见，利用不同的热处理工艺，通过控制加热温度和冷却速率得到不同相组成的微观组织，可以研究镍铝青铜合金不同微观组织的性能。此外，热变形加工也是一种调控镍铝青铜合金微观组织及性能的重要手段。本章通过研究镍铝青铜合金的热处理、搅拌摩擦加工及热轧制等工艺对合金微观组织的影响，有效建立镍铝青铜合金微观组织与性能间的映射关系，为进一步实现对合金组织及性能的有序调控提供理论指导。

2.2　镍铝青铜合金的热处理

热处理是一种广泛运用于金属材料及其构件、调控其微观组织及化学成分分布的改性强化手段，其最终目的是提高金属的综合使用性能。镍铝青铜合金是一种用于制备大型船用螺旋桨的合金，其结构尺寸及工业化生产现状决定了将使用热处理作为其调控合金组织结构、强化力学性能及增强服役使用性能的主要手段。

镍铝青铜合金的热处理，其主要目的是利用合金的相变反应，控制合金中第二相析出物的含量与分布，有效减少β′相的转变，并均匀细化合金组织，以合理控制合金的强度与韧性，有效抑制合金中出现的选相腐蚀，延长材料构件在海洋腐蚀工况下的服役寿命。本节通过改变热处理工艺参数，研究不同热处理合金组织对其力学性能的影响。

2.2.1　热处理工艺的制定

从引言介绍中我们知道，镍铝青铜合金在 1030℃为单一的β相。为了得到这种单一的马氏体组织，将铸态镍铝青铜合金置于马弗炉中加热至 1030℃，保温 1h 以获得单一的β相。取出一部分试样快速放于水中，得到淬火态试样；剩余部分取出后置于室温下冷却，得到正火态试样，由于冷却速率相对于淬火处理较慢，有一部分的β相转变为α相及κ相。为了在淬火态的β相中析出不同体积比例的κ相及α相，将淬火态试样分别重新加热至 450℃和 550℃，并保温 2h，以获得不同温度的时效试样。此外，根据目前的工业化生产，将铸态试样在 675℃下保温 6h，以减少β′相的含量，此为退火态试样。其具体热处理工艺参数如表 2.1 所示。

表 2.1　热处理工艺参数

热处理工艺	温度/℃	时间/h	冷却方式	时效温度/℃	时效时间/h
退火	675	6	马弗炉	—	—
正火	1030	1	空气	—	—
淬火	1030	1	水	—	—
淬火+450℃	1030	1	水	450	2
淬火+550℃	1030	1	水	550	2

2.2.2　热处理后的微观组织

将不同热处理态的试样机械打磨，并抛光至镜面，用腐蚀液（5g $FeCl_3$+2mL HCl+95mL C_2H_5OH）浸渍表面后，在光学显微镜和电子显微镜下观察各试样的微观组织，如图 2.1 所示。

图 2.1（a）～（f）为各试样在光学显微镜下的金相照片，相对应的电镜照片为图 2.1（g）～（l）。如图 2.1（a）和（g）所示，铸态镍铝青铜合金显微组织分布不均匀，主要包含粗大的α相、β′相及 4 种细小的κ相。经过 6h 的退火后，组织变得相对均匀。其中，β′相含量大大减少，而κ_I相和κ_{II}相的尺寸有所变大［图 2.1（b）和（h）］。材料经过正火处理后，一部分β相转变为竹叶状的α相［图 2.1（c）］，另外一部分β相由于冷却速率较快，析出大量的κ相后残留了下来［图 2.1（i）］。淬火后的试样几乎完全保留了单一的β′相，呈现出针状马氏体形态，如图 2.1（d）所示。由于冷却过程不能达到理想的速率，组织中有一些

纳米尺寸的κ相，如图 2.1（j）箭头所标识。淬火后的试样经过时效处理后，β′相发生转变：在 450℃时效处理时，针状马氏体有所粗化，并析出了更多弥散分布的κ相［图 2.1（e）和（k）］；经 550℃时效处理后，大部分β′相转变为α相，组织变得相对均匀［图 2.1（f）和（l）］。

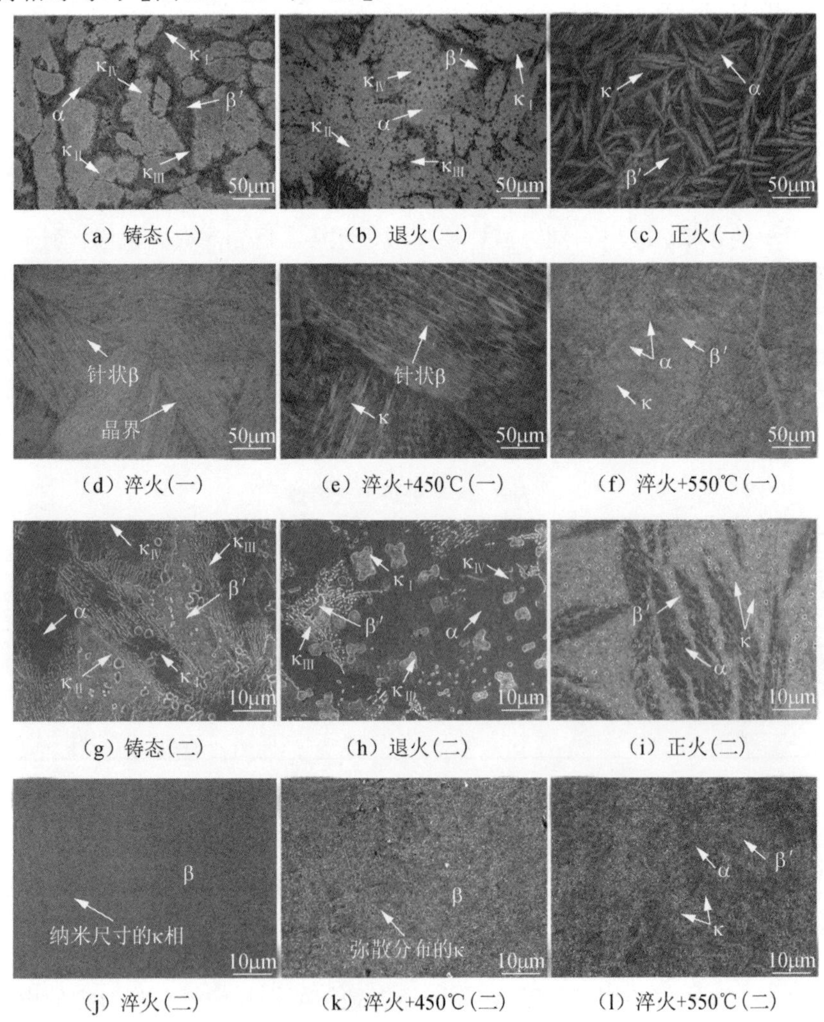

（a）铸态(一)　（b）退火(一)　（c）正火(一)

（d）淬火(一)　（e）淬火+450℃(一)　（f）淬火+550℃(一)

（g）铸态(二)　（h）退火(二)　（i）正火(二)

（j）淬火(二)　（k）淬火+450℃(二)　（l）淬火+550℃(二)

图 2.1　不同热处理态试样的微观组织

2.2.3　热处理后的力学性能

由于各相在成分和结构上的不同，在力学性能方面也有着较大的差异。其中，α 相为面心立方结构，主要成分为铜，具有最低的硬度和优良的延展性；β 相与α 相成分差别不大，但晶体结构为体心立方结构，具有较高的硬度，并表现出较脆的特性；κ 相为铝、镍、铁的中间化合物，为硬质相。热处理后试样微观组织中相含量的不同，导致各试样宏观力学性能表现出较大的差异。

图 2.2 为不同热处理态镍铝青铜合金的应力-应变曲线，相应的各试样的屈服强度、抗拉强度及延伸率等参数列于表 2.2 中。为了研究微观组织对力学性能的影响，表 2.2 中同时加入了试样中各相的质量分数及试样的硬度。

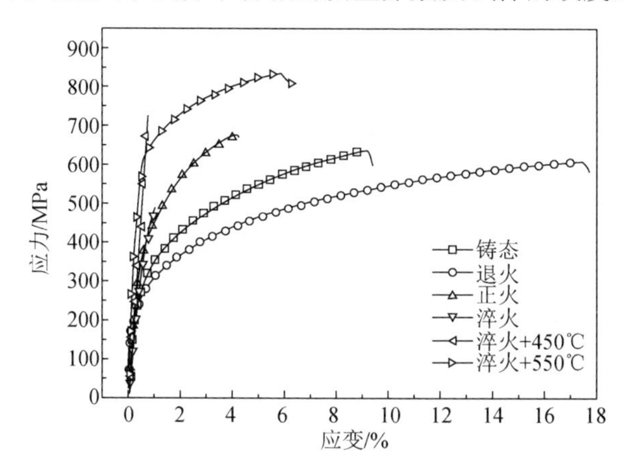

图 2.2 不同热处理态镍铝青铜合金的应力-应变曲线

表 2.2 不同热处理态试样相组成及力学性能对比

参数	铸态	退火	正火	淬火	淬火+450℃	淬火+550℃
α 相的质量分数/%	67.1	81.1	53	5.8	23.7	73.3
β′ 相的质量分数/%	19.7	3.2	31.6	90.8	63.5	13.3
κ 相的质量分数/%	13.2	15.7	15.4	3.4	12.8	13.4
屈服强度/MPa	302	268	329	435	722	651
抗拉强度/MPa	638	613	674	496	722	836
延伸率/%	9.2	17.5	4.2	1.1	0.7	5.8
硬度（HV）	205.1	185.8	262.4	338.8	418.8	252.2

铸态镍铝青铜合金经 675℃退火后，β′ 相含量大大减少，因此强度和硬度也都有所降低，而延伸率有所提高。由于析出相 κ 的含量有所提高，对材料有强化作用，强度下降幅度不太大。正火态试样具有较少量的 α 相，而 β 相和 κ 相含量较高，表现为较高的机械强度和较低的延伸率。经淬火后的试样，微观组织几乎为单一的 β 相，含量比正火的更多，因此具有更高的机械强度和更低的延伸率。淬火后的试样经时效热处理时，在较低的温度下（450℃）析出了弥散分布的 κ 相，对材料起强化作用，因此机械硬度和强度都有较大幅度的提高，而延伸率仍然保持较低数值。当时效温度较高时，部分 β′ 相转变为 α 相和 κ 相，使屈服强度有所

下降，而延伸率增加。

图 2.3 为不同热处理态试样拉伸断口形貌图。由图 2.3（a）和（c）可知，铸态及退火后的试样表现出了明显的韧性断裂特征，断口处出现了大量的大尺寸韧窝。其中，退火后韧窝尺寸更大［图 2.3（d)］，这与其延伸率更大相对应。正火试样与淬火后 550℃时效试样断口形貌相似，存在着解理台阶及一定量的撕裂棱［图 2.3（e）和（k)］，而且包含大量细小的韧窝状浅坑［图 2.3（f）和（l)］。因此正火与淬火后 550℃时效态合金的断口主要呈现出准解理+局部韧性断裂的混合断口特征。可以推断该种断裂机理为介于解理断裂和韧性断裂之间的过渡断裂形式，断裂的原因主要是变形在晶内硬质点（κ 相）处形成微裂纹，微裂纹经扩展、长大，直至相互连接使合金撕裂，并在断口表面留下撕裂棱痕。淬火及淬火后 450℃时效试样具有典型的脆性断裂特征，断口形貌有较为平整的解理面。拉伸断口上的每个晶粒的多面体形貌类似于冰糖块的堆积，还可以清楚地看到三个晶界面相遇的三重结点［图 2.3（g）和（i)］，呈现出典型的沿晶脆断特征。发生沿晶脆断的主要原因是经过淬火固溶处理后，合金元素在晶界处富集，降低了晶界处的表面能，造成晶界弱化，微裂纹会沿着弱化的晶界扩展。断口形貌与材料所表现出来的力学性能参数较为吻合。

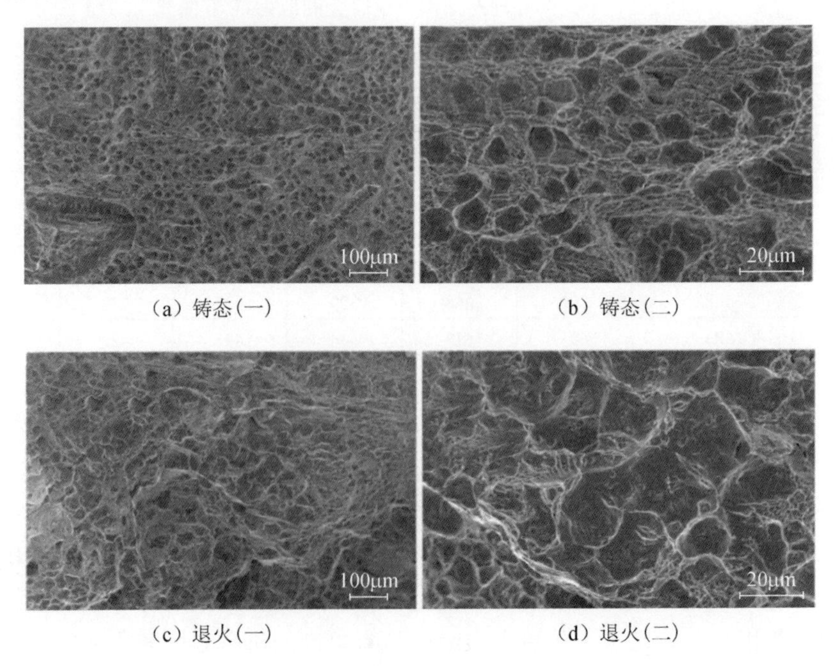

（a）铸态(一)　　（b）铸态(二)

（c）退火(一)　　（d）退火(二)

图 2.3　不同热处理态试样拉伸断口形貌图

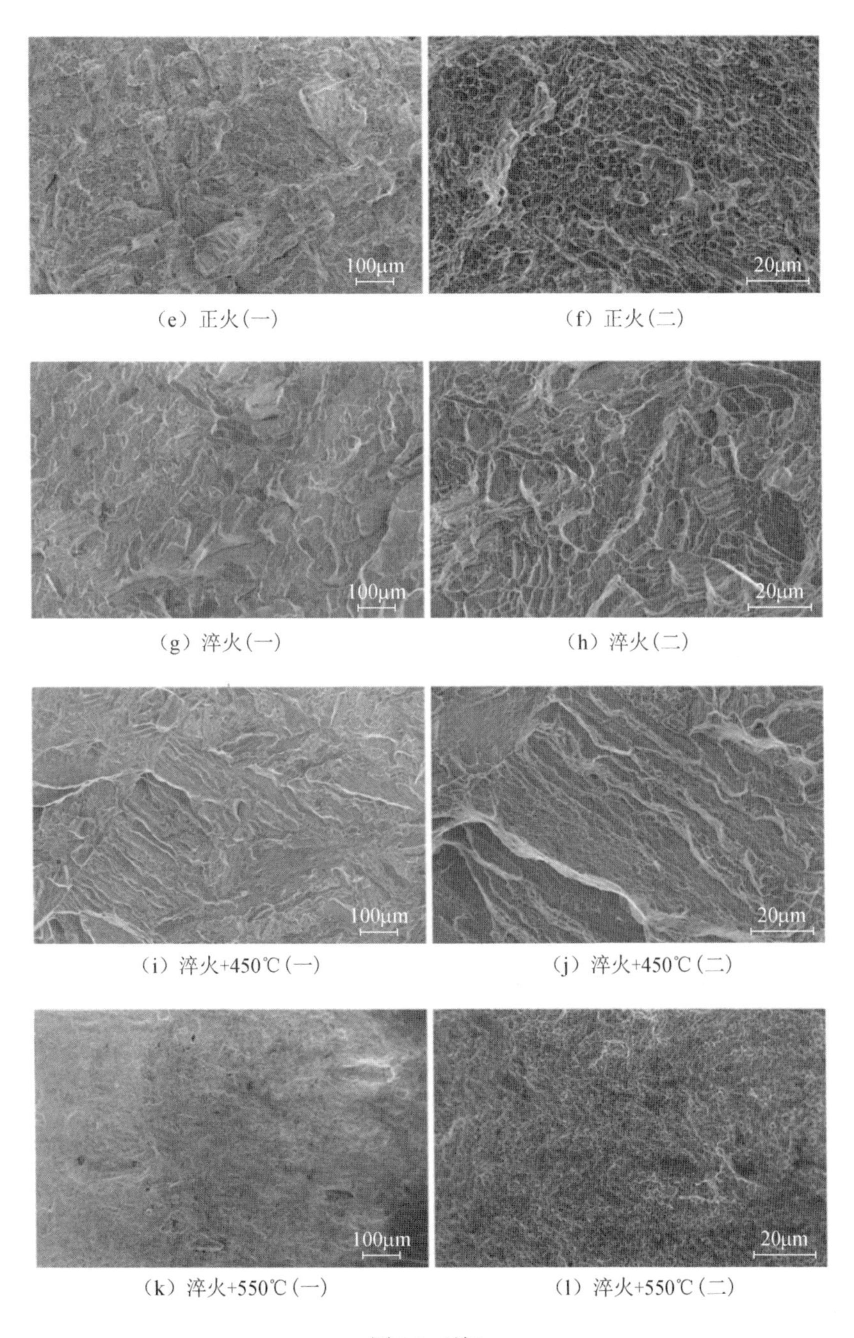

（e）正火(一)　（f）正火(二)

（g）淬火(一)　（h）淬火(二)

（i）淬火+450℃(一)　（j）淬火+450℃(二)

（k）淬火+550℃(一)　（l）淬火+550℃(二)

图 2.3（续）

2.3　镍铝青铜合金的搅拌摩擦加工

镍铝青铜合金由于具有较好的力学性能和耐腐蚀性能而被广泛应用于螺旋桨、泵和阀等。例如，现在的桨叶普遍使用铸态镍铝青铜合金。但是，铸态镍铝青铜合金具有较差的铸造性能，在铸造的过程中容易形成晶粒粗大、偏析和缩孔等缺陷，这毫无疑问会对合金的力学性能和耐腐蚀性能产生不利影响，因此，铸态组织不能满足制造高服役性能海洋装备的要求。

为了进一步提高镍铝青铜合金的力学性能和耐腐蚀性能，最近几年，各国的科研工作者采用许多技术对铸态镍铝青铜合金进行组织调控，如离子注入[1]、激光表面熔覆[2, 3]、搅拌摩擦加工[4, 5]、摩擦表面[6, 7]等。以上研究表明，镍铝青铜合金在不同的热机条件下产生不同的显微组织，从而产生不同的力学性能和耐腐蚀性能。因此，很有必要掌握镍铝青铜合金的组织和性能的响应关系，从而寻找力学性能和耐腐蚀性能较好的目标组织。我们选用搅拌摩擦加工对镍铝青铜合金组织进行调控，试图建立组织与性能的响应关系。镍铝青铜合金在搅拌摩擦加工过程中的组织演变较为复杂，且容易产生空洞缺陷[8-10]。另外，关于搅拌摩擦加工镍铝青铜合金强化机制方面的研究较少，因此本节选取了一系列的工艺参数对镍铝青铜合金进行表面处理，优化了搅拌摩擦加工工艺，深入探讨搅拌摩擦加工镍铝青铜合金缺陷形成的原因，并深入研究了镍铝青铜合金在搅拌摩擦加工中的组织演变和强化机制。

2.3.1　搅拌摩擦加工的工艺设计

本节设计了一系列的搅拌摩擦加工工艺，其中转速ω的范围为 600～1200r/min，前进速度 v 的范围为 100～200mm/min，具体工艺参数如表 2.3 所示，所有试样命名为 FSP+转速/前进速度。

表 2.3　设计的搅拌摩擦加工工艺参数

转速/（r/min）	前进速度 v/（mm/min）		
	100	150	200
600	FSP600/100	—	—
800	FSP800/100	FSP800/150	FSP800/200
1000	FSP1000/100	FSP1000/150	FSP1000/200
1200	FSP1200/100	FSP1200/150	FSP1200/200
800	FSP800/100×2	—	—

图 2.4 为各种工艺制备镍铝青铜合金纵截面的宏观显微组织图。由图 2.4 可

见，搅拌摩擦加工工艺参数对镍铝青铜合金的宏观组织产生了很大的影响，所有的搅拌区都有很宽的上部区域及相似的盆形。在转速为 800r/min 制备的所有合金及转速为 1000r/min、前进速度为 200mm/min 试样的后退侧出现空洞缺陷［图 2.4（b）～（d）和（g）］，且随着前进速度的增加，形成了更多的空洞缺陷。在我们考察的参数内，转速比前进速度对搅拌区的影响更加明显，恒定前进速度下，转速从 600r/min 增加到 1200r/min，搅拌区的面积明显增加；恒定转速下，前进速度从 100mm/min 增加到 200mm/min，搅拌区的面积明显减小。

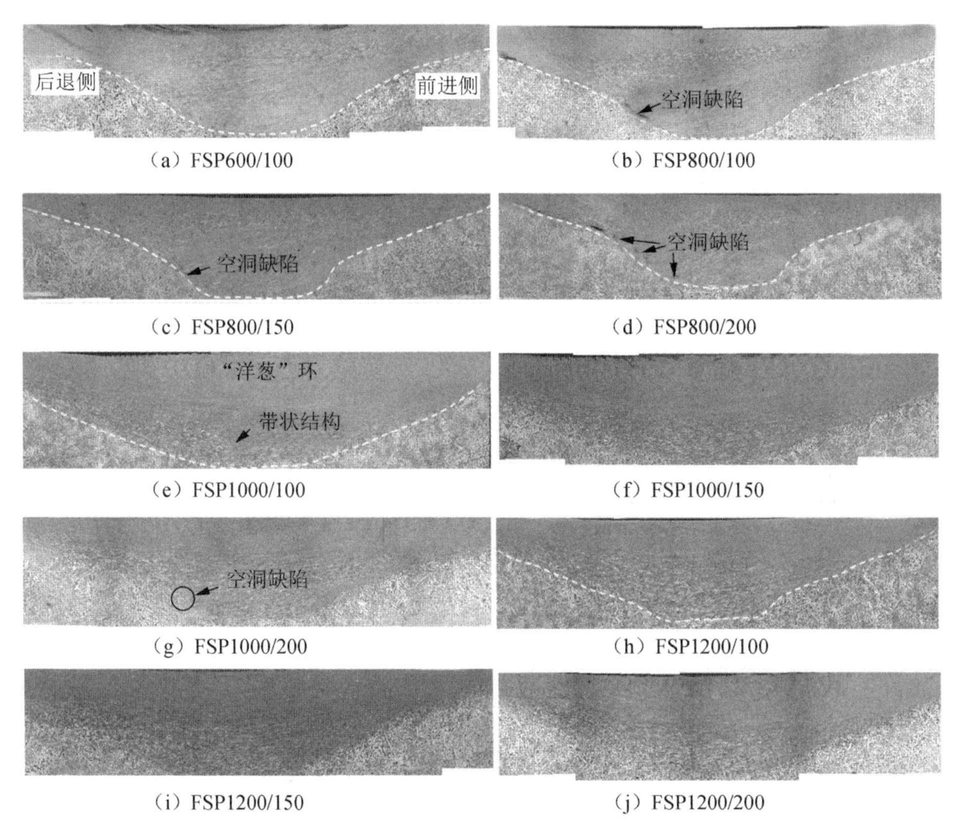

（a）FSP600/100　（b）FSP800/100
（c）FSP800/150　（d）FSP800/200
（e）FSP1000/100　（f）FSP1000/150
（g）FSP1000/200　（h）FSP1200/100
（i）FSP1200/150　（j）FSP1200/200

图 2.4　各种工艺制备镍铝青铜合金纵截面的宏观显微组织图

根据纵截面出现空洞缺陷的情况，可以获得搅拌摩擦加工镍铝青铜合金工艺图，如图 2.5 所示。由图 2.5 可见，实线下方工艺大部分获得了完好的搅拌摩擦加工试样。Arbegast 等[11]建立了搅拌摩擦焊的最大温度（T_{max}，℃）和焊接参数（ω，v）的一般关系，即

$$T_{max}/T_m \propto \omega^2/v \tag{2-1}$$

式中，T_m 为镍铝青铜合金的熔点。可以用伪热指数（ω^2/v）来表示加工过程中热输入的作用，增加该伪热指数可以使合金获得更高的温度。

根据本节设计的搅拌摩擦加工工艺参数，可以计算出相应的伪热指数，结果如表 2.4 所示。当伪热指数的值低于 6400 时，在试样上容易形成空洞缺陷。这可能是由于增加伪热指数可以增加搅拌摩擦加工过程中的塑性变形程度，同时增加了镍铝青铜合金的温度，从而使材料容易发生塑性流动。因此，尽管有些报道表明，减小转速可以减小镍铝青铜合金的晶粒大小，增加合金的力学性能[7, 12]，但是需要保证充足的热输入来避免形成空洞缺陷。

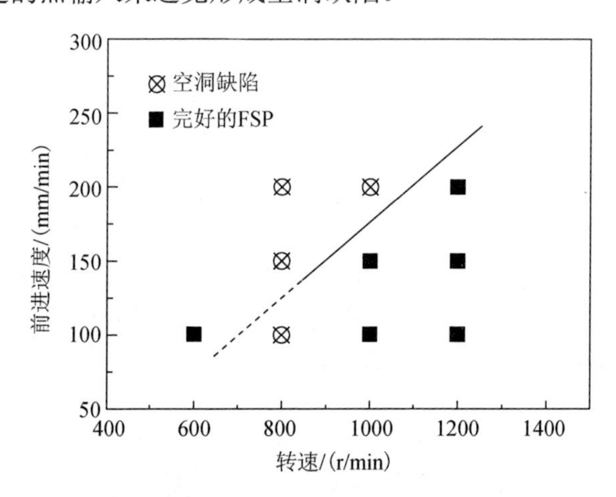

图 2.5　搅拌摩擦加工镍铝青铜合金工艺图

表 2.4　搅拌摩擦加工工艺参数计算的伪热指数（ω^2/v）

转速/（r/min）	前进速度/（mm/min）		
	100	150	200
600	3600	—	—
800	6400	4264	3200
1000	10000	6670	5000
1200	14400	9600	7200

图 2.6 为不同搅拌摩擦加工工艺参数制备镍铝青铜合金的上表面显微组织，可以很明显地看出，显微组织具有很强的加工参数依赖性。较低转速（600r/min 和 800r/min）制备的镍铝青铜合金，没有出现魏氏体 α，其特征组织主要由 α 相、细小的 κ_{II} 相和 β′ 相组成［图 2.6（a）～（d）］。在恒定的前进速度 100mm/min 下，当转速从 600r/min 增加到 800r/min 时，α 相形貌从溪流状转变为带状；而在恒定的转速 800r/min 下，当增加前进速度时，晶粒逐渐减小［图 2.6（b）～（d）］。有学者报道，搅拌摩擦加工镍铝青铜合金的显微组织取决于搅拌摩擦加工过程中合金的最高温度和接下来的冷却速率[13]。由于很难直接测量搅拌区的温度，Oh-Ishi 等[5]提出通过仔细观察搅拌摩擦加工镍铝青铜合金搅拌区和热机影响区的显微组织来推测合金在加工过程中的最高温度。在这次实验中，在 600r/min 和

800r/min 制备的合金中没有发现魏氏体α 相，说明在该两种转速下制备合金的最高温度低于 930℃。当增加转速到 1000r/min 或超过 1000r/min 时，显微组织主要由魏氏体α 相组成［图 2.6（e）～（j）］，这说明在该转速或以上转速制备合金的最高温度超过 1000℃，在这个温度，镍铝青铜合金在完全β 相区，在接下来中速或低速冷却的过程中就形成了魏氏体组织。

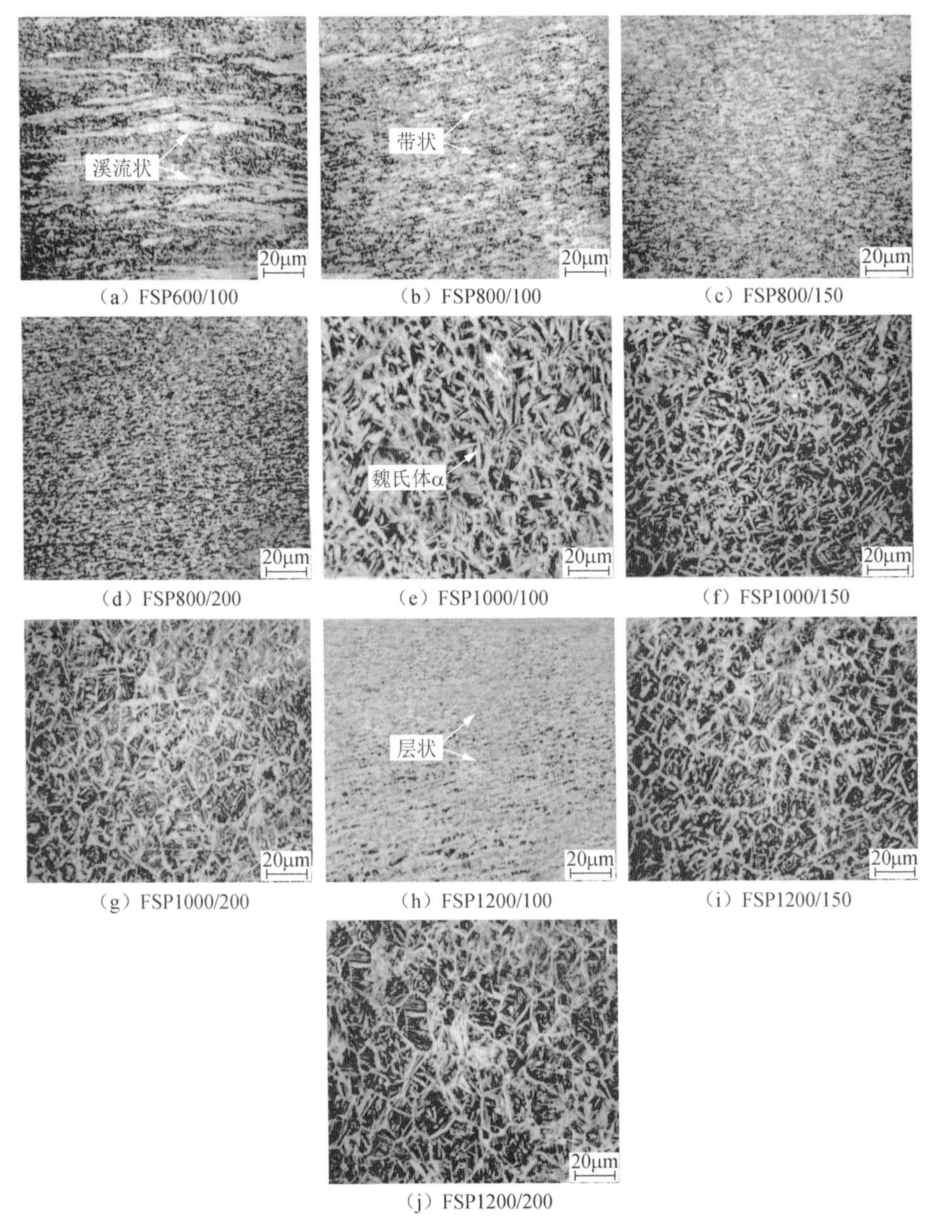

（a）FSP600/100　（b）FSP800/100　（c）FSP800/150
（d）FSP800/200　（e）FSP1000/100　（f）FSP1000/150
（g）FSP1000/200　（h）FSP1200/100　（i）FSP1200/150
（j）FSP1200/200

图 2.6　不同搅拌摩擦加工工艺参数制备镍铝青铜合金的上表面显微组织

2.3.2 搅拌摩擦加工镍铝青铜合金的宏观缺陷及形成原因

在搅拌摩擦加工的过程中，镍铝青铜合金发生了严重的塑性变形，搅拌和摩擦同样会造成材料周期性的流动。搅拌针的形状、合金材料的性能和工艺参数之间复杂的交互作用，很容易使镍铝青铜合金产生缺陷，如在搅拌摩擦加工镍铝青铜合金的过程中会形成空洞缺陷（图 2.4），这种缺陷的形成原因尚不清楚，也很少有人提及。另外，我们发现在转速 800r/min 下制备的镍铝青铜合金中存在空洞缺陷，而600r/min 处理时获得了完好的试样。搅拌摩擦加工过程中 600r/min 和 800r/min 的伪热指数分别为 3600 和 6400，这与我们之前的理论矛盾。因此，本节通过对显微组织的细致观察，来深入研究搅拌摩擦加工镍铝青铜合金空洞缺陷的形成原因。

因为搅拌摩擦加工镍铝青铜合金中的各个亚区经历了不同的热机历史，所以在该过程中可以形成不同的α相形貌，这给我们留下了很好的证据去预测合金在搅拌摩擦加工过程中的材料流动。我们选取 FSP800/100 试样进行了细致的显微组织观察，如图 2.7 所示。图 2.7（a）为该试样的宏观显微组织图，各区域放大后的照片如图 2.8 所示。该工艺制备的镍铝青铜合金所有的区域都有相似的显微组织，主要包括α相、不同形貌的 κ_{II} 相及β′ 相。但是α相具有不同的形貌，在图 2.7（a）的 A 处，可以明显看出材料发生了转向［见图 2.8（a）中的白色箭头］；而在图 2.7（a）的 B 处，材料有明显向右上方移动的痕迹［见图 2.8（b）中的白色箭头］；在图 2.7（a）的 C 处，材料沿着界面从上到下流动［见图 2.8（c）中的白色箭头］；在图 2.7（a）的 D 处，材料很明显在这个地方汇合［见图 2.8（d）中的白色箭头］。因此，我们对材料在搅拌摩擦加工过程中的流动进行了总结，如图 2.7（a）中的白色虚线。由图 2.7（a）可见，搅拌针下部的镍铝青铜合金一部分在Ⅳ区域沿着搅拌针运动或者向上运动与从上面流下来的金属汇合，另一部分经过Ⅱ区域流向Ⅰ区域，而Ⅰ区域的合金在轴肩处进入Ⅲ区域，该区域的合金在轴肩的作用下把材料从前进侧拖拽到后退侧，最终在后退侧向下与Ⅳ区域的材料汇合。当镍铝青铜合金从Ⅲ区域进入Ⅱ区域不能形成很好的填充时就会形成空洞缺陷，这种合金的不充分填充也会造成材料表面的宏观缺陷，如图 2.7（b）所示，搅拌摩擦加工在 800r/min 工作时由于合金不充分填充而造成了表面的宏观缺陷。相似的缺陷在其他合金中也有报道[14, 15]。Arbegast 等指出材料流动相关的缺陷可以通过平衡搅拌针前后的材料流动来避免[16]。

由图 2.4 可见，在相同前进速度、转速为 800r/min 时观察到了空洞缺陷，而在转速为 600r/min 时形成了完好的试样。这是由于，由 FSP600 和 FSP800 两试样的显微组织表明，这两种试样在搅拌摩擦加工的过程中具有相似的最高温度（～860℃），在这种情况下，增加转速会造成更多的材料从前进侧流动到后退侧，容易造成材料填充不充分；另外，在相似最高温度的情况下，高的转速会造成镍铝青铜合金更大的流动应力，从而造成不充分的塑性变形[17]。在恒定的转速（800r/min）下，继续增加前进速度会造成更加不充分的填充，导致更加严重的宏观缺陷［图 2.4（b）～（d）］。

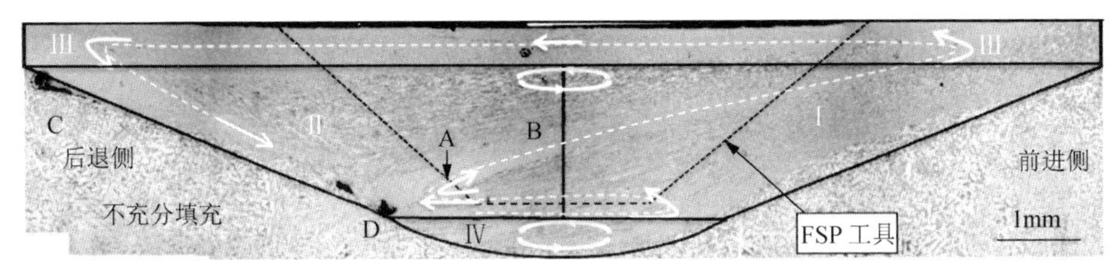

（a）宏观显微组织图

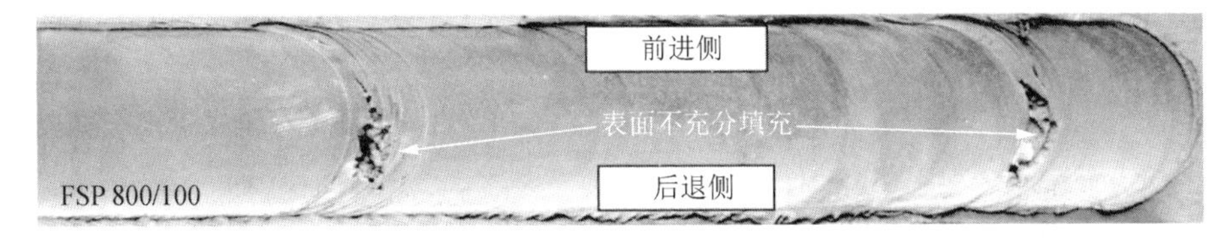

（b）宏观缺陷图

图 2.7　搅拌摩擦加工过程中镍铝青铜合金不充分填充图

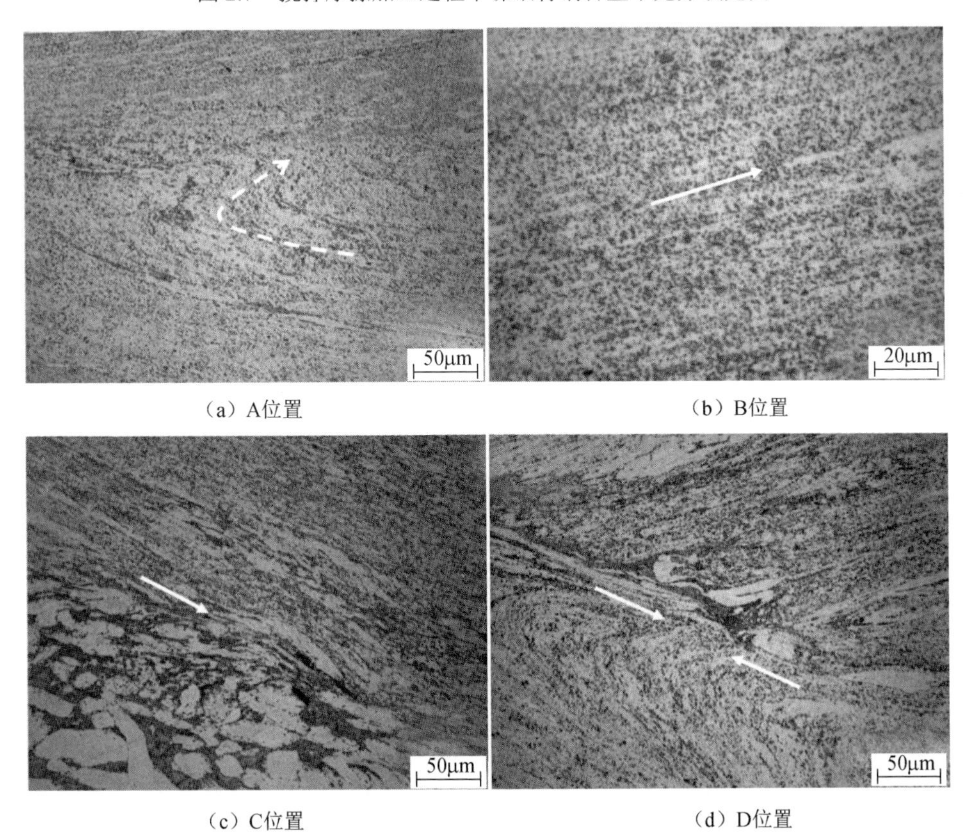

（a）A位置　（b）B位置

（c）C位置　（d）D位置

图 2.8　FSP800/100 试样的光学显微照片

2.3.3 搅拌摩擦加工镍铝青铜合金的显微组织不均匀性

在搅拌摩擦加工的过程中，强塑性变形和高温的共同作用，会造成晶粒的再结晶、形成织构及析出相，在搅拌区内外部析出和粗化。基于显微组织的特征，可将其很明显地可以分为三个区域，即搅拌区、热机影响区和热影响区。但是，2.3.1节和 2.3.2 节的研究表明，对于镍铝青铜合金的搅拌摩擦加工来说，除了形成了以上三个区域外，在搅拌区的内部，合金的显微组织也是不均匀的，因此本节选取FSP1000/100 试样，对搅拌摩擦加工镍铝青铜合金的组织进行细致地研究。

图 2.9 为 FSP1000/100 试样纵截面的宏观显微组织。由图 2.9 可见，搅拌摩擦加工镍铝青铜合金的显微组织明显可以分为三部分，即搅拌区、热机影响区和热影响区。根据搅拌区的显微组织，又可以将搅拌区分为三部分，分别标记为 A、B 和 C 区域。A 区域位于镍铝青铜合金的最上面，其组织主要是粗大的魏氏体α相［图 2.10（a）］；B 和 C 区域的组织都由α相、κ_{II}相和β'相组成，它们的α相形貌区别特别大，B 区域主要是带状的［图 2.10（b）］，而 C 区域主要是溪流状的［图 2.10（c）］。以上结果说明，镍铝青铜合金对变形程度和温度特别敏感，在搅拌摩擦加工的过程中，搅拌区内的不同亚区经历了不同的热机历史，形成完全不同的显微组织。

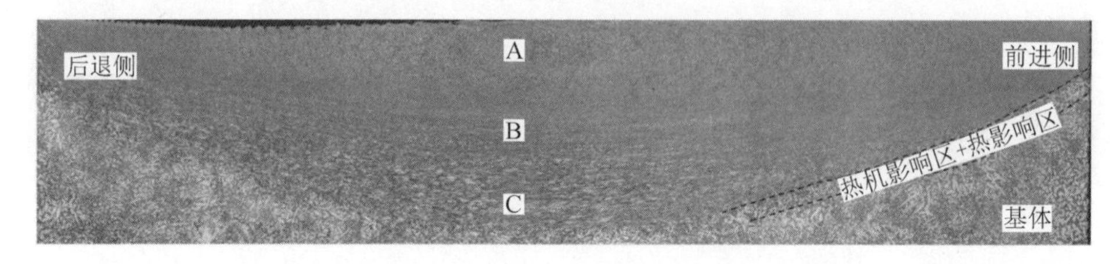

图 2.9　FSP1000/100 试样纵截面的宏观显微组织

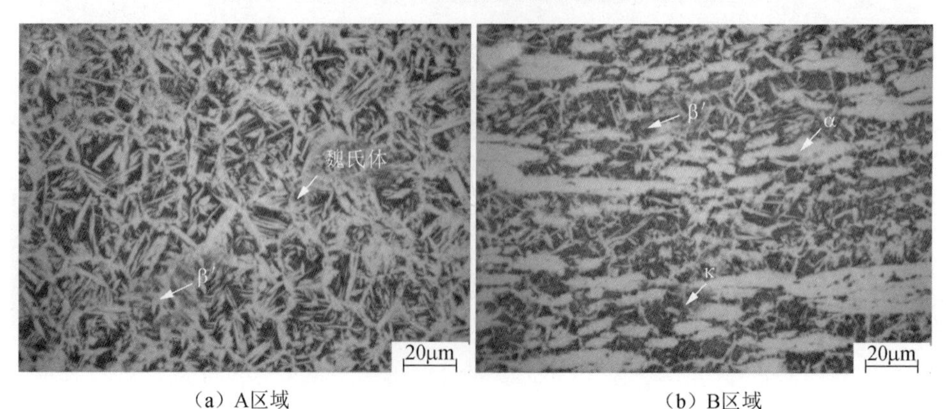

（a）A区域　　（b）B区域

图 2.10　FSP1000/100 试样的不同区域的显微组织

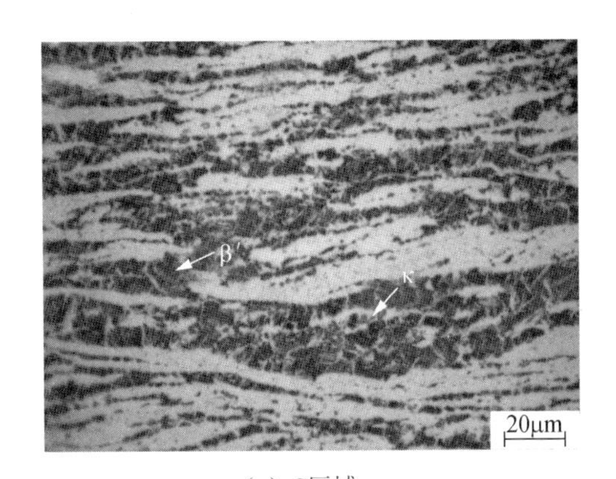

（c）C区域

图 2.10（续）

图 2.11 为 FSP1000/100 试样热机影响区和热影响区的显微组织。由图 2.11 可见，热机影响区也发生了较大的塑性变形，上半部分的晶粒沿着工具旋转的方向分布，尽管该区域经历了塑性变形，但是晶粒没有发现明显的细化和再结晶的迹象［图 2.11（a）］。但是一些大的第二相消失不见且β′相增多，说明由于该处具有较高的温度，大部分第二相和部分α相发生了熔解。热影响区没有经历塑性变形，因此晶粒的形状没有大的变化，但是可以明显地看出κ_{II}相减少而β′相增多。这说明，这部分区域经历了热循环，使部分第二相和α相发生熔解。

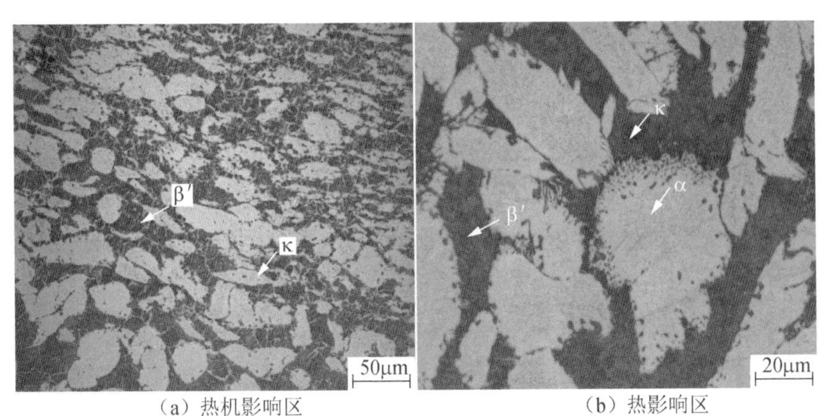

（a）热机影响区　　（b）热影响区

图 2.11　FSP1000/100 试样热机影响区和热影响区的显微组织

对于搅拌摩擦加工的两道次加工，以上现象在搅拌区的三个亚区都存在。但是，对镍铝青铜合金进行两道次搅拌摩擦加工后，不均匀的显微组织明显改善（图 2.12），等轴α相区域明显增加。这说明，增加加工道次可以改善镍铝青铜合金的显微组织，对合金的性能产生有利影响。

由以上显微组织分析可得，搅拌区不同的区域具有不同的温度分布，表面经历了最高的温度，而底部经历了最低的温度。应用 Oh-Ishi 等的显微组织观察法确定峰温范围[5]，再结合我们观察的显微组织，我们认为当转速高于 800r/min 时，表面的温度超过 1030℃，中间的温度约为 930℃，而底部也高于 800℃。在冷却过程中，由相转换温度示意图［图 2.13（b）］[6, 10, 13]可知，表面的温度使镍铝青铜合金处于完全β相区，在接下来的冷却过程中，容易形成魏氏体α相组织［图 2.10（a）］，在搅拌区的中心位置，更少的α相和κ相转换成β相，因此在该区域，保留了较多的α相，在机械的作用下形成了这种带状的形貌。在搅拌区的最下面，基本上没有α相和κ相转换成β相，这种情况下，大部分α相晶粒由于强塑性变形而发生动态再结晶，且被保留了下来，最后沿着机械转动的方向形成了溪流状的组织。另外，冷却速率也会对搅拌区的组织产生很大影响，在冷却过程中，搅拌摩擦加工镍铝青铜合金的各个区域经历了不同的冷却速率。其中，上表面由于加工时有气体保护，具有较快的冷却速率；在下表面，合金与机床平台相靠，冷却速率最快；而搅拌摩擦加工的中心区域冷却相对最慢。因此，快的冷却速率有利于形成更细的组织。

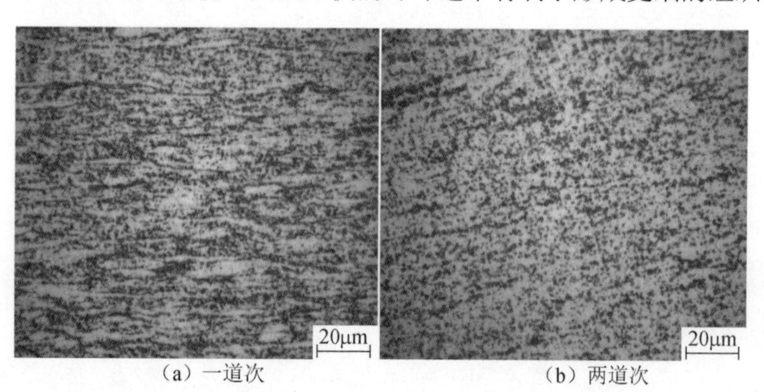

（a）一道次　　（b）两道次

图 2.12　FSP800/100 试样搅拌区中心位置的光学显微组织

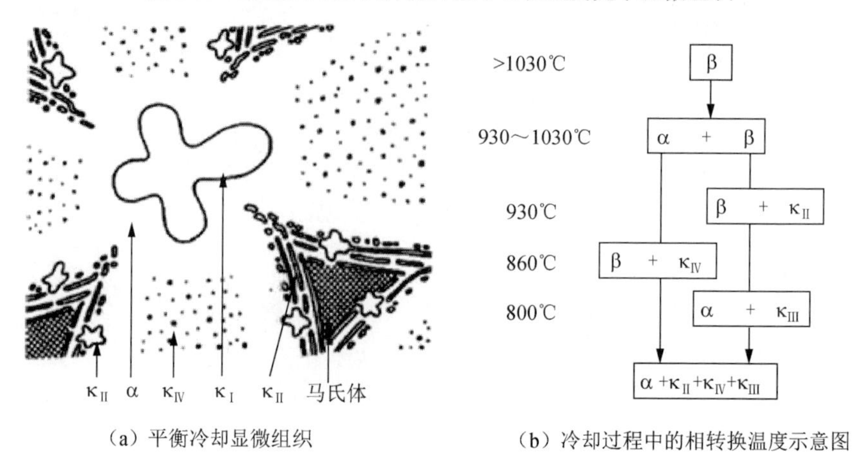

（a）平衡冷却显微组织　　（b）冷却过程中的相转换温度示意图

图 2.13　铸态镍铝青铜合金平衡冷却显微组织和冷却过程中的相转换温度示意图

2.3.4　搅拌摩擦加工镍铝青铜合金的强化机制

为了了解搅拌摩擦加工镍铝青铜合金的强化机制，我们对 FSP1000 试样进行了电子背散射衍射（electron backscattered diffraction，EBSD）和透射电子显微镜（transmission electron microscope，TEM）表征，所有的观察区域均取自于搅拌摩擦加工搅拌区的中心位置。图 2.14（彩图见书末）为 FSP1000 试样的 EBSD 表征结果，由于 κ 相晶粒较小，而 β′ 相具有马氏体结构很难识别，在本节的 EBSD 表征中只标定了α相。图 2.14（a）为 FSP1000 试样的 EBSD-IPF 图，其中彩色的为α相，黑色的为不能识别的 κ 相和 β′ 相，由图 2.14（a）可见，α相发生了严重的变形和破碎。图 2.14（b）中的实线代表搅拌摩擦加工过程中形成的孪晶边界。我们根据这个 EBSD 表征结果对在搅拌摩擦加工过程中形成的 Σ3 边界和 Σ9 边界的百分比进行了统计，结果表明，Σ3 边界和 Σ9 边界的比值分别为 42%和 2.64%。尽管 Σ3 边界被认为是一阶退火边界，但是满足 Brandon 准则的都被称为 Σ3 边界[18]。因此，我们还统计了在 Σ3 边界中共格的〈111〉60° 孪晶边界，结果表明，搅拌摩擦加工镍铝青铜合金的〈111〉60° 孪晶边界的比值为 38.2%。图 2.14（c）为晶粒的位相角度差分布图，表明 50° 以上的高角度边界的比值超过 50%。以上结果表明，在搅拌摩擦加工过程中，粗大的铸态组织明显得到细化，α相晶粒发生了完全的动态再结晶从而形成了新的晶粒，并且形成了较多的共格孪晶边界，但由于在加工的过程中具有较高的峰温，形成了较多的 β′ 相。

（a）EBSD-IPF图

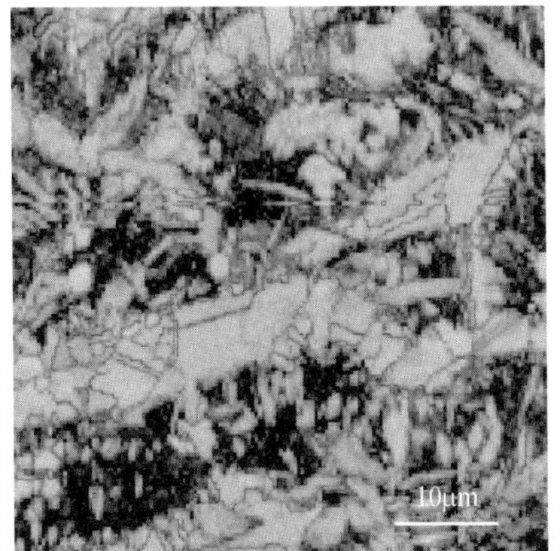

（b）晶粒边界图

图 2.14　FSP1000 试样的 EBSD 表征结果

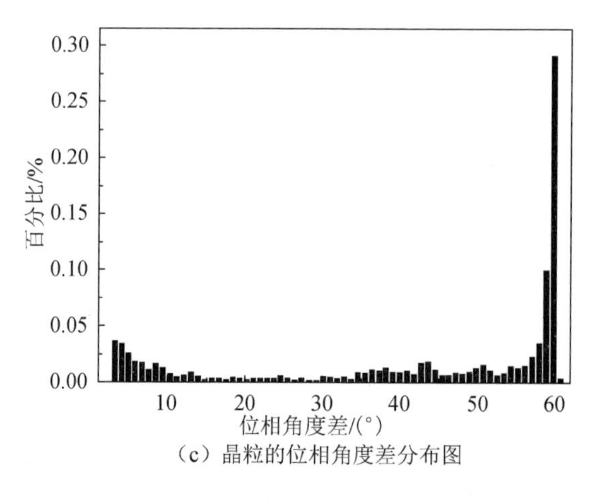

（c）晶粒的位相角度差分布图

图 2.14（续）

图 2.15 为搅拌摩擦加工镍铝青铜合金搅拌区的 TEM 图。由图 2.15（a）可见，搅拌摩擦加工后的镍铝青铜合金含有细小的κ相，这可能是由于在搅拌摩擦加工的过程中，会产生较多热量，形成较高的峰温，粗大的κ相会发生熔解。另外，在机械作用下，粗大的κ相被破碎，这种细小的κ相一方面可以起到第二相强化作用，增加镍铝青铜合金的力学性能；另一方面可能会起到钉扎的作用，从而阻碍晶粒的长大。由图 2.15（b）可见，搅拌摩擦加工镍铝青铜合金含有较多的位错，在位错中间也分布着一些再结晶晶粒，说明在搅拌摩擦加工的过程中形成了较多的高密度位错区，对合金起到加工硬化的作用，从而改善了合金的力学性能。高密度位错区含有较多的储存能，晶粒可能在这里形核和长大，形成新的晶粒。由图 2.15（d）可见，搅拌摩擦加工镍铝青铜合金含有退火孪晶，这和我们的 EBSD 结果相符，这种孪晶边界，特别是共格孪晶边界具有较少的晶界能，可以改善合金的耐腐蚀性能。

在搅拌摩擦加工镍铝青铜合金的组织中，我们发现了较多的纳米孪晶［图 2.15（c）］，尽管镍铝青铜合金的搅拌摩擦加工已经被许多人报道，很少有人提到纳米孪晶，这种纳米孪晶可以明显改善合金的力学性能[19]。镍铝青铜合金中这种纳米孪晶的形成原因至今都不是很清楚。因此本节我们对纳米孪晶的形成原因进行深入的研究。

图 2.15（e）为搅拌摩擦加工镍铝青铜合金典型的纳米孪晶形貌。由图 2.15（e）可见，纳米孪晶的平均厚度在 15～30nm。图中插图为纳米孪晶的衍射斑点，衍射斑点表明，这种纳米孪晶是马氏体相[10]，即马氏体纳米孪晶。Sun 等报道过这种马氏体相为无序的 3R 结构[20]，这种结构是具有长周期堆叠顺序的对称结构[21, 22]。图 2.15（f）为图 2.15（e）中的典型孪晶形貌的高分辨透射电镜（high resolution transmission electron microscopy，HRTEM）图，在上部分，我们发现马氏体纳米孪晶可以分为对称的两部分，分别标注 a 和 b 两个区域，其中 b 区域具有很规则的原子排序，而在 a 区域可观察到有高密度的层错。一般来说，在不全位错的周围是层错，因此我们认为，这些孪晶可能在晶粒的边界形核，然后沿着不全位错向晶内放射形成纳米孪晶[23]。分子动力模拟的结果也表明，孪晶能随着一个层错的形成而形核，这主要是因为当要沿着的这个不全位错具有一样的伯格斯矢量时，形核的孪晶可以在它的毗邻面上放射形成孪晶[24]。而镍铝青铜合金的马氏体相具有 3R 结构，这种结构在它长周期结构中具有复杂的周期性堆垛层错[22]，因此，在搅拌摩擦加工的过程中形成纳米孪晶。需要指出的是，在一些具有较低层错能的金属和合金中，变形孪晶可能是塑性变形的最主要方式，特别是在高的应变速率或者低温下，当形成孪晶的临近剪切应力低于形成位错滑移的应力时，更容易形成变形孪晶[25]。但是，在搅拌摩擦加工镍铝青铜合金中马氏体纳米孪晶的形成机制与其不同，它主要是由于马氏体的特殊结构所造成的。

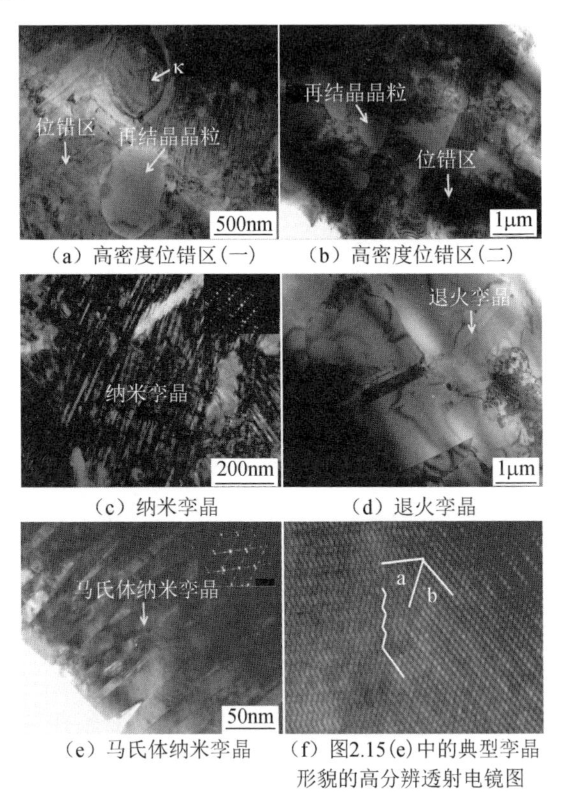

（a）高密度位错区（一）　（b）高密度位错区（二）

（c）纳米孪晶　（d）退火孪晶

（e）马氏体纳米孪晶　（f）图2.15（e）中的典型孪晶形貌的高分辨透射电镜图

图 2.15　搅拌摩擦加工镍铝青铜合金搅拌区的 TEM 图

综上所述，在搅拌摩擦加工的过程中，粗大的α相晶粒被破碎细化，同时发生了动态再结晶，形成了等轴的晶粒；粗大的κ相被破碎或熔解，形成了细小且均匀分布的κ相，在搅拌加工的过程中，在搅拌区形成了较多的高密度位错区。另外，由于马氏体特殊的结构，在高的应变速率下，形成了孪晶马氏体。因此搅拌摩擦加工镍铝青铜合金的强化机制主要涉及晶粒细化、固溶强化、加工硬化、第二相强化和孪晶马氏体强化。

2.3.5　搅拌摩擦加工后热处理镍铝青铜合金

在搅拌摩擦加工过程中，搅拌区的最高温度可以达到1030℃，在该温度镍铝青铜合金全部位于完全的β相区，加工后的冷却速率较快，最终形成了较多的β′相。搅拌摩擦加工过程中产生的β′相对镍铝青铜合金的耐腐蚀性能也会产生不利影响。Lenard等报道了长时间将镍铝青铜合金暴露于海水中，容易在β′相处发生点蚀[26]。Song等也认为β′相具有马氏体结构，且与作为阴极相的第二相毗邻，更容易发生腐蚀破坏[27]。因此，为了提高搅拌摩擦加工镍铝青铜合金的疲劳性能，很有必要减少甚至消除合金中的β′相。另外，在搅拌摩擦加工的过程中，为了保证搅拌处理镍铝青铜合金的稳固性，要对其进行夹紧，这样的夹紧在搅拌摩擦加工区冷却时会产生很大的收缩力，从而在搅拌加工区产生很大的残余应力[7]。残余应力的存在毫无疑问会对搅拌摩擦加工镍铝青铜合金的疲劳性能产生不利影响。在实际的生产中，加工后热处理是一种消除塑性变形过程中形成的残余应力和镍铝青铜合金的β′相的有效方法[28]。

本节以转速为1200r/min、前进速度为150mm/min的搅拌摩擦加工工艺参数制备镍铝青铜合金，然后对其进行675℃保温退火热处理（2h和4h），从而研究热处理时间对搅拌摩擦加工镍铝青铜合金显微组织和力学性能的影响。我们选择了图2.9中的A区域进行细致观察，即距离上表面1mm的区域，结果如图2.16所示。图2.16（b）为退火2h后的显微组织。由图可见，α相晶粒边界和细小的空洞清晰可见，空洞的类型可以分为三类，分别为球形、α相晶粒内部的层状和晶粒边界的三角形。球形和层状的空洞是镍铝青铜合金在退火过程中形成的细小的κ相，而三角形空洞是由于退火时间短而残存下来的少量β′相。以上结果表明，搅拌摩擦加工镍铝青铜合金在675℃退火2h后，大部分的β′相转变为α相和κ相。图2.16（c）为退火4h后的显微组织，由图可见，β′相消失，并且出现了更多的κ相。这表明，搅拌摩擦加工镍铝青铜合金在退火热处理4h后完全转变为α相和κ相。

图2.17为搅拌摩擦加工及后热处理镍铝青铜合金的X射线衍射图谱（XRD图谱）。由图2.17可见，搅拌摩擦加工镍铝青铜合金具有较低的α(Cu)和(Fe,Ni)Al

峰；退火 2h 后，各峰的强度明显增加；继续增加退火时间到 4h，获得了与退火 2h 相似的图谱。这说明，在搅拌摩擦加工镍铝青铜合金退火 2h 后，大部分的β′相转变为α相和κ相；继续增加退火时间，少量的β′相继续转变，这对 XRD 图谱影响不大，与我们之前的显微组织观察完全相符。

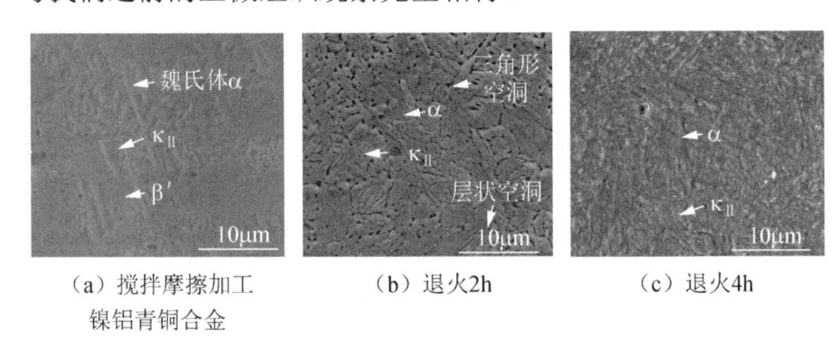

（a）搅拌摩擦加工镍铝青铜合金　（b）退火2h　（c）退火4h

图 2.16　搅拌摩擦加工镍铝青铜合金和热处理后的显微组织

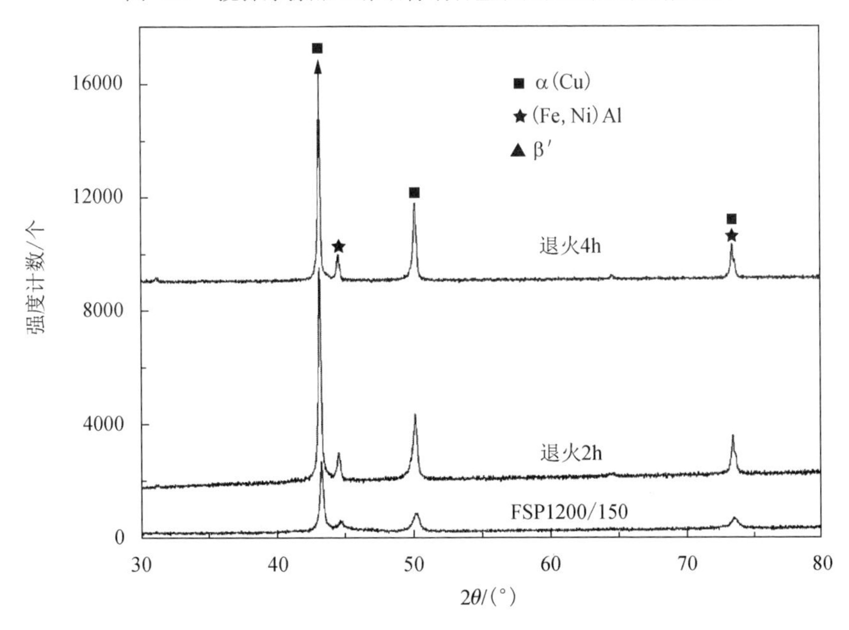

图 2.17　搅拌摩擦加工及后热处理镍铝青铜合金的 X 射线衍射图谱

搅拌摩擦加工后热处理镍铝青铜合金的显微硬度分布如图2.18所示。由图2.18可见，搅拌摩擦加工的搅拌区的显微硬度较高，约为 290HV，而基体约为 240HV，这表明搅拌摩擦加工可以明显改善镍铝青铜合金的显微硬度。退火 2h 后，整个样品的显微硬度明显减少，搅拌区的显微硬度约为 235HV；继续增加退火时间到 4h，搅拌区的显微硬度下降缓慢，这说明镍铝青铜合金的显微硬度已经达到稳定状态。

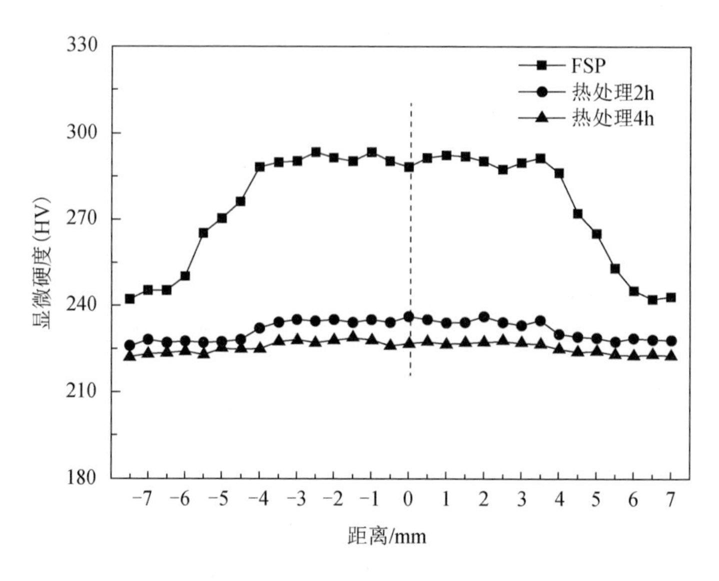

图 2.18　搅拌摩擦加工后热处理镍铝青铜合金的显微硬度分布

图 2.19（彩图见书末）为搅拌摩擦加工后热处理镍铝青铜合金的 EBSD 结果，与之前搅拌摩擦加工镍铝青铜合金相似，在本测试中只标定了α相。图 2.19（a）为样品的 EBSD-IPF 图，彩色的为α相，黑色的为不能识别的为κ相和 β′ 相。图 2.19（b）中的实线代表搅拌摩擦加工后热处理形成的孪晶边界。图 2.19（c）为晶粒的位相角度差分布图，由图可见，所有的边界角都高于 40°，说明在退火的过程中，材料发生了完全的动态再结晶，形成了新的晶粒，且形成了较多的退火孪晶［图 2.19（b）］。

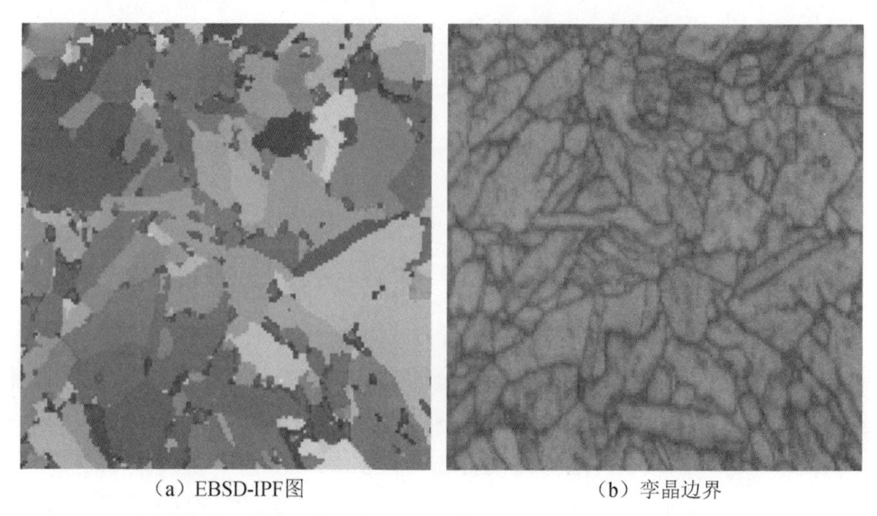

（a）EBSD-IPF图　　（b）孪晶边界

图 2.19　搅拌摩擦加工后热处理镍铝青铜合金的 EBSD 结果

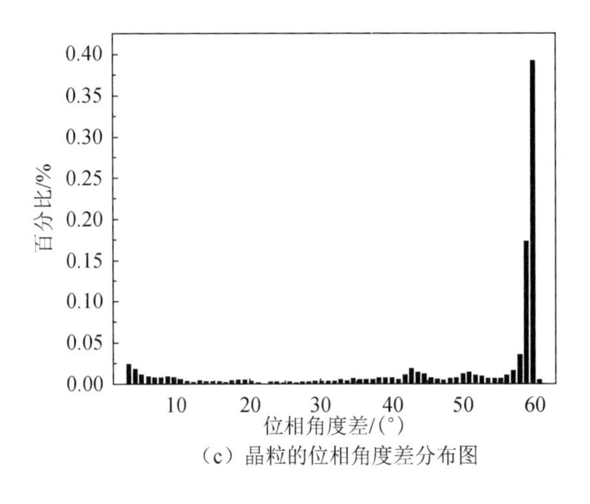

（c）晶粒的位相角度差分布图

图 2.19（续）

为了进一步研究热处理对搅拌摩擦加工镍铝青铜合金组织的影响，我们对热处理前后的组织进行了 TEM 观察，结果如图 2.20 所示。热处理 2h 后，再结晶区域明显增加，加工硬化区域明显减少［图 2.20（a）和（b)]，材料在热处理的过程中发生不连续静态再结晶[29]。马氏体在热处理之后，在基体中有大量的层状和短棒状第二相析出，说明β′ 相在热处理的过程中转变为α相和κ相，这种第二相由晶粒边界迁移而形成的不连续沉淀析出而形成［如图 2.20（c）中灰色箭头所示]，这种析出的第二相会在热处理的过程中继续长大，最终成为粗大的第二相［图 2.20（d)]。继续增加热处理时间到 4h，观察到了粗大的α相晶粒、极少的位错及较多的β′ 相转变产物（α相和κ相）。这样就可以解释随着退火时间的增加，显微硬度逐渐减小的原因。在搅拌摩擦加工的过程中，生成了较多的位错和马氏体纳米孪晶，明显提高了镍铝青铜合金的显微硬度；随着退火时间的增加，发生了动态再结晶和马氏体的分解，使搅拌摩擦加工镍铝青铜合金的显微硬度明显下降。

值得注意的是，在热处理后的镍铝青铜合金中也观察到了孪晶［图 2.20（e)]，这与 EBSD 结果相符（图 2.19)。孪晶边界在晶界工程中被称为特殊边界[30]，金属材料中存在高密度的孪晶边界可以改善合金的耐腐蚀性能，具有非常广泛的应用[18]。为了了解热处理对孪晶边界形成的作用，我们根据 EBSD 结果（图 2.19）对热处理后试样的Σ3 边界和Σ9 边界的百分比进行了统计。结果表明，热处理后它们的比值分别为 58.5%和 1.41%，而 2.3.4 节中搅拌摩擦加工镍铝青铜合金的Σ3 和Σ9 的比值分别为 42%和 2.64%。尽管Σ3 边界被认为是一阶退火边界，但是满足 Brandon 准则的都被称为Σ3 边界[18]。因此，我们还统计了在Σ3 边界中共格的

〈111〉60° 孪晶边界，结果表明，热处理后的〈111〉60° 孪晶边界的比值为 56.3%，而搅拌摩擦加工镍铝青铜合金的〈111〉60° 孪晶边界的比值为 38.2%。这说明热处理后形成了更多的共格孪晶边界，这些共格孪晶边界有利于改善镍铝青铜合金的力学性能和耐腐蚀性能。

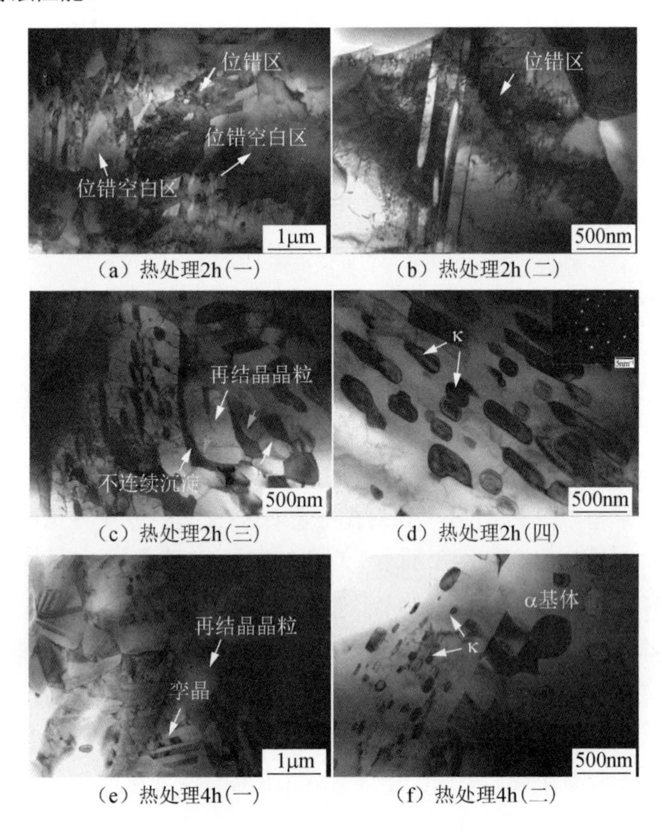

图 2.20　搅拌摩擦加工后热处理镍铝青铜合金的 TEM 图

2.4　镍铝青铜合金的热轧制

本节对锻造态镍铝青铜合金进行轧制，通过控制最终轧制试样的厚度来实现不同的轧制变形量，从而研究镍铝青铜合金在塑性变形过程中的组织演变规律，建立组织与性能的映射关系。本节还重点讨论了镍铝青铜合金在不同轧制量下的强化机制，为镍铝青铜合金的强塑性变形提供了理论基础。

2.4.1 轧制过程中的组织演变规律

该实验设计的轧制变形量分别为 40%、60%、80%、90%和 95%，轧制温度为 850℃，冷却方式为空气冷却。对轧制试样的轧制面进行显微组织观察，由于镍铝青铜合金 850℃处于$\alpha+\beta$相区，在空气冷却条件下，合金的显微组织主要由α相、κ_{II}相、κ_{IV}相和β相转变产物组成。变形后显微组织的扫描电镜图如图 2.21 所示。轧制变形量较小时（40%），显微组织主要由不均匀的α相、κ_{II}相、κ_{IV}相和β相转变产物组成［图 2.21（a）］；随着变形程度的增加，α相由于变形而被拉长［图 2.21（b）］；变形程度达到 80%以上时，α相的边界变得光滑，β相转变产物的放大图表明该产物具有贝氏体形貌［图 2.21（c）～（f）］。另外，值得注意的是，随着变形程度的增加，β相的含量逐渐增加，这种现象在其他文献中也被提到，Su 等[31]发现在搅拌摩擦加工的过程中，塑性变形可以加速$\alpha+\beta\rightarrow\beta$的相转变，这造成了$\beta$相转变产物含量的增加。当轧制变形量小于 60%时，β'相为块状；而当变形量超过 80%时，β'相变为溪流状。这表明在轧制过程中，β相沿着α相边界相互渗透，从而将α相分割［图 2.21（e）中的箭头所示］。

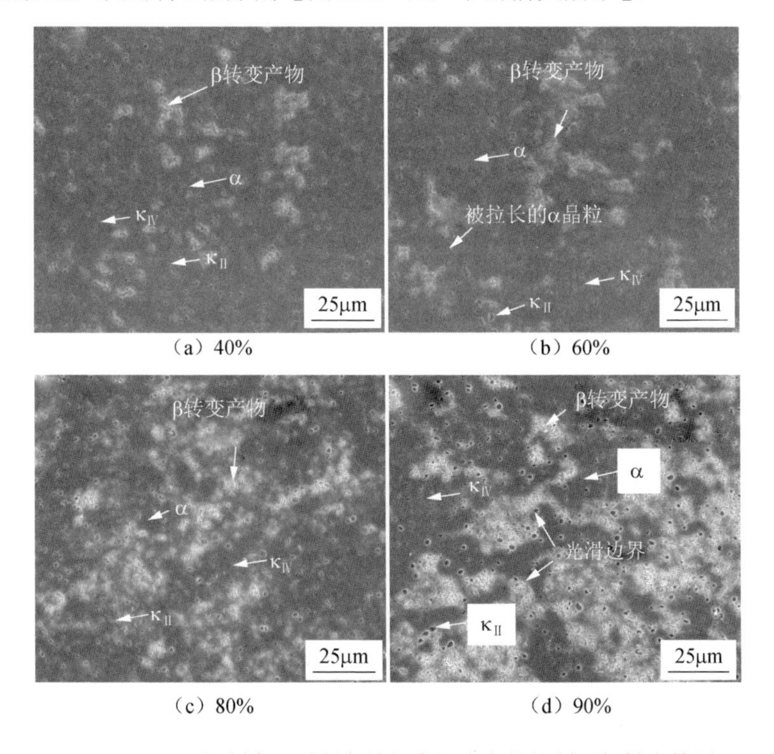

（a）40%　（b）60%

（c）80%　（d）90%

图 2.21　不同轧制变形量制备镍铝青铜合金的轧制面扫描电镜图

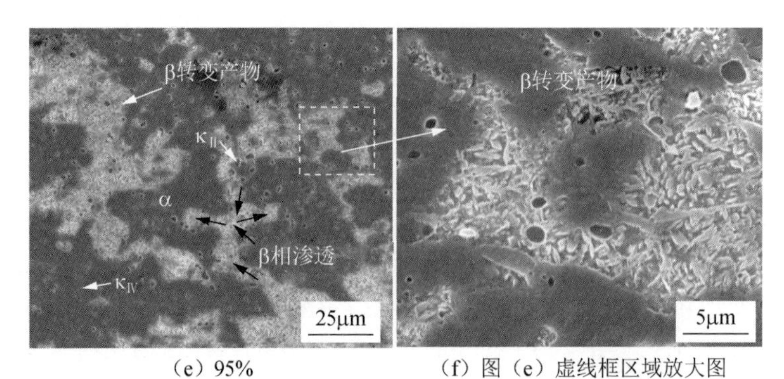

（e）95%　　（f）图（e）虚线框区域放大图

图 2.21（续）

为了研究合金在轧制过程中的显微组织演变规律，对轧制变形程度为 80%和 95%的镍铝青铜合金的轧制面进行 EBSD 表征，结果如图 2.22（彩图见书末）所示。由于镍铝青铜合金的β相不容易被识别，此处只识别了α相。如图 2.22（a）所示，当变形量为 80%时，可以观察到的镍铝青铜合金中的α相晶粒为等轴的且分布均匀，说明合金发生了完全的动态再结晶，形成了新的晶粒。位向角度差分布图［图 2.22（b）和（g）］表明，低角度晶界（<3°）占比约为 60%，这可能是由于在 EBSD 表征中，小角度晶界难识别。变形量为 95%时，可以观察到一些粗大的晶粒，并且分布不均匀［图 2.22（d）］。变形量为 80%时的晶粒大小分布图如图 2.22（c）所示，由图可见，晶粒大小成正态分布，说明在该变形量下镍铝青铜合金晶粒分布较为均匀；而在变形量为 95%时，会出现粗大的晶粒［图 2.22（f）］。

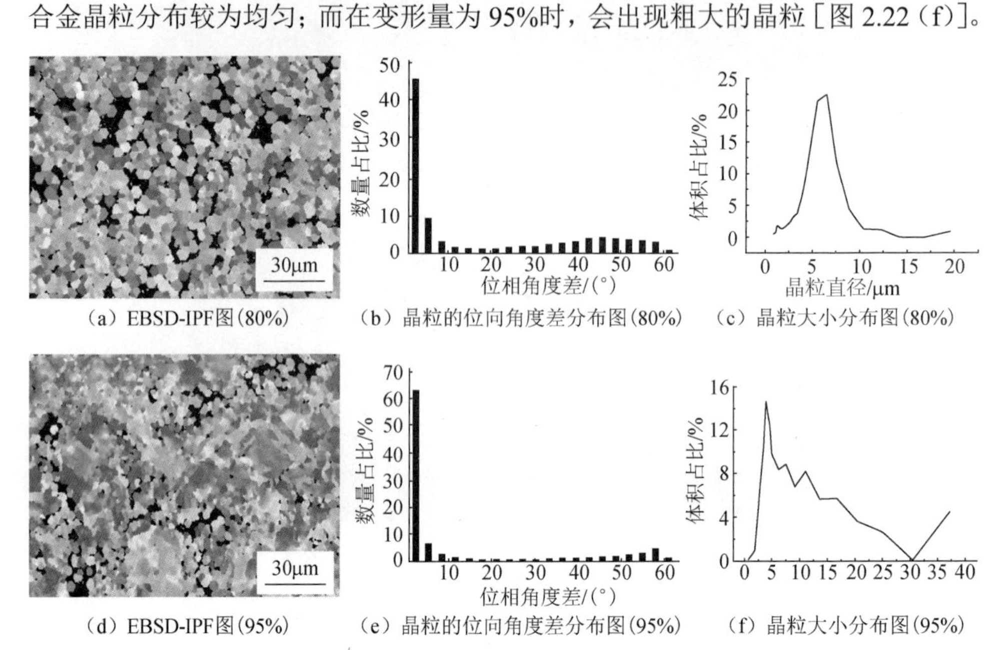

（a）EBSD-IPF图(80%)　　（b）晶粒的位向角度差分布图(80%)　　（c）晶粒大小分布图(80%)

（d）EBSD-IPF图(95%)　　（e）晶粒的位向角度差分布图(95%)　　（f）晶粒大小分布图(95%)

图 2.22　轧制合金轧制面的 EBSD 结果

我们对不同轧制变形量制备镍铝青铜合金的α相晶粒大小进行了统计，结果如图 2.23 所示。由图 2.23 可见，随着变形程度的增加，α相晶粒尺寸逐渐减小，其中在轧制变形量为 90%时获得了最小的晶粒（约 3.6μm）；继续增加轧制变形量到 95%，则会出现一些尺寸大于 30μm 的粗大的晶粒［图 2.21（e）和（f)］。以上结果说明，当轧制变形量超过 90%时，一些晶粒会发生突然长大。这可能是由于，在热轧制的镍铝青铜合金中，细小的第二相（κ_{IV}）是分布不均匀的，如图 2.24 所示。这些细小的第二相可能因为钉扎作用阻碍晶粒边界的迁移，从而抑制晶粒的长大，而一些无第二相区域，亚晶可能会因为有较高的储存能而快速长大，从而形成较为粗大的晶粒。Gholinia 等[32]研究了在轧制过程中细小的第二相对 Al-Mg 合金显微组织演变的作用，他们认为细小的第二相减少了亚晶的大小，抑制了再结晶晶粒边界的迁移。

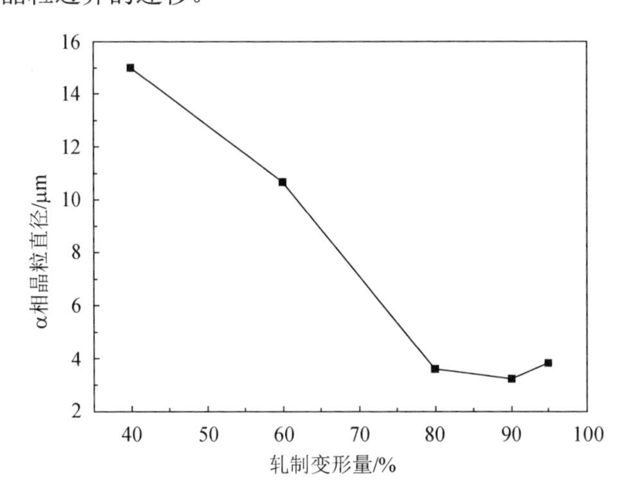

图 2.23　轧制变形量与α相晶粒大小的关系曲线

（a）含有大量的细小κ_{VI}相区域

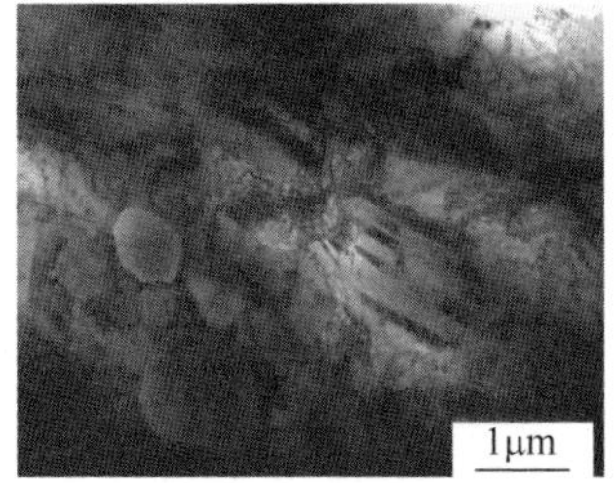

（b）无第二相区域

图 2.24　95%轧制变形量制备镍铝青铜合金的 TEM 图

图 2.25 为轧制变形量为 40%、80%和 95%制备镍铝青铜合金的 TEM 图。在低轧制变形量（40%）时，可以观察到粗大的晶粒，位错密度较低，也可以观察

到一些亚晶［图 2.25（a）和（b）］。轧制变形量为 80%时，可以观察到位错激活和亚晶，这说明在变形量为 80%时发生了动态回复和再结晶［图 2.25（c）和（d）］。加工硬化、回复和再结晶的过程会导致低角度边界和再结晶晶粒的形成[33]，继续增加轧制变形量到 95%，可以明显观察到位错网和高密度位错区［图 2.25（e）和（f）］，说明变形量超过 95%时，加工硬化起到很大的作用。这和之前的 EBSD 结果相符，轧制变形量为 80%时，发生了完全的动态再结晶，明显改善了镍铝青铜合金的力学性能，继续增加变形量会形成加工硬化，降低合金的延伸率。

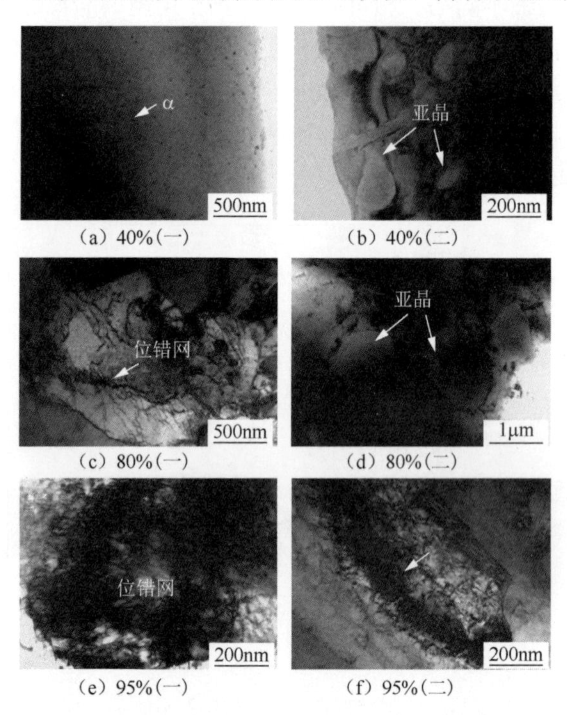

（a）40%（一）　（b）40%（二）
（c）80%（一）　（d）80%（二）
（e）95%（一）　（f）95%（二）

图 2.25　不同轧制变形量制备镍铝青铜合金的 TEM 图

在轧制镍铝青铜合金的显微组织中，除了细小的 κ_{IV} 相外，还包括较为粗大的 κ_{II} 相（1～3μm）。已经在许多合金中观察到，这种大的第二相颗粒通过粒子诱发形核来促进α相晶粒的再结晶。对于镍铝青铜合金，晶格扩散控制镍铝青铜合金的变形和回复，那么能实现粒子诱发形核动态再结晶的应变速率必须满足[34]：

$$\dot{\varepsilon}_{\text{PSN}} \geqslant \frac{K_1}{Td_{\text{p}}^2}\exp\left(-\frac{Q_{\text{D}}}{kT}\right) \tag{2-2}$$

式中，$K_1=\dfrac{\Omega G D_{0,l}}{k}$，$\Omega$为原子体积，$G$ 为剪切模量，$D_{0,l}$ 为晶格扩散的预指数，k 为玻尔兹曼常数；d_{p} 为粒子尺寸；T 为温度；Q_{D} 为晶格扩散的激活能。

对于铜合金来说，$\Omega=1.18\times10^{-29}\text{m}^3$，$G=42\text{GPa}$，$D_{0,l}=0.3\times10^{-4}\text{m}^2/\text{s}$，因此，$K_1=0.913$

（$m^2 \cdot K$）/s，Q_D=197kJ/mol，T=850℃，第二相的平均尺寸约 2μm。因此，粒子诱发形核的应变速率为 $1.6\times10^{-2}s^{-1}$。在这次试样中，平均应变速率可以通过式（2-3）计算[35]。

$$\bar{\dot{\varepsilon}} = \frac{H-h}{H}\frac{v}{\sqrt{R(H-h)}} \tag{2-3}$$

式中，H 为试样最初的厚度；h 为每道次最终的厚度；v 为轧辊圆周速率（183.2mm/s）；R 为轧辊的半径（350mm）。

在轧制变形量为 40%、60%、80%、90%和 95%时，每道次的平均应变速率分别为 $1.14s^{-1}$、$1.6s^{-1}$、$2.7s^{-1}$、$4s^{-1}$ 和 $5.65s^{-1}$，比粒子诱发形核再结晶的应变速率至少高一个数量级。因此我们认为，在镍铝青铜合金的热轧过程中，粒子诱发形核再结晶是一种很有说服力的再结晶机制。

图 2.26 为轧制变形量为 80%和 95%制备镍铝青铜合金的 TEM 图。TEM 观察结果表明，在轧制的过程中会形成孪晶，衍射斑点表明该结果为马氏体，因此在轧制的过程中，马氏体的形貌转变为孪晶，孪晶平均厚度约为 15nm。随着变形程度的增加，孪晶马氏体的含量也逐渐增加，说明在轧制的过程中，应力可以诱发孪晶马氏体的形成。这种孪晶边界可以作为晶粒边界阻碍位错的运动，从而改善镍铝青铜合金的力学性能。这种孪晶马氏体的形成可能是由于镍铝青铜合金具有较低的层错能，层错能低的金属比层错能高的金属具有更大的孪晶倾向。在铜中加入铝可以降低铜的层错能[36]，改变孪晶的能量路径。Zhang 等[37]研究了层错能对超细晶 Cu-Al 合金力学性能的作用，他们指出低的层错能对 Cu-Al 合金较高的力学性能起到了主要作用。

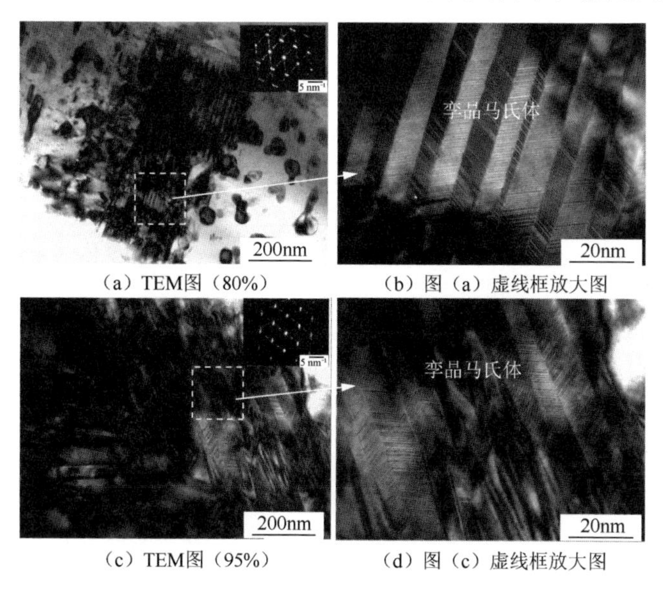

（a）TEM图（80%）　（b）图（a）虚线框放大图

（c）TEM图（95%）　（d）图（c）虚线框放大图

图 2.26　轧制镍铝青铜合金的 TEM 图

2.4.2　轧制合金的力学性能和强化机制

图 2.27 为不同轧制变形量制备镍铝青铜合金的应力-应变曲线，拉伸强度如表 2.5 所示，轧制变形量对镍铝青铜合金的力学性能产生了很大的影响。轧制变形量小于 80%时，随着轧制变形量的增加，抗拉强度逐渐增加，延伸率变化不大；轧制变形量超过 80%时，镍铝青铜合金的抗拉强度逐渐增加，但延伸率下降明显。值得注意的是，在轧制变形量为 80%时获得了最好的拉伸性能，抗拉强度和屈服强度分别为（861.3±8.5）MPa 和（634.5±7）MPa。

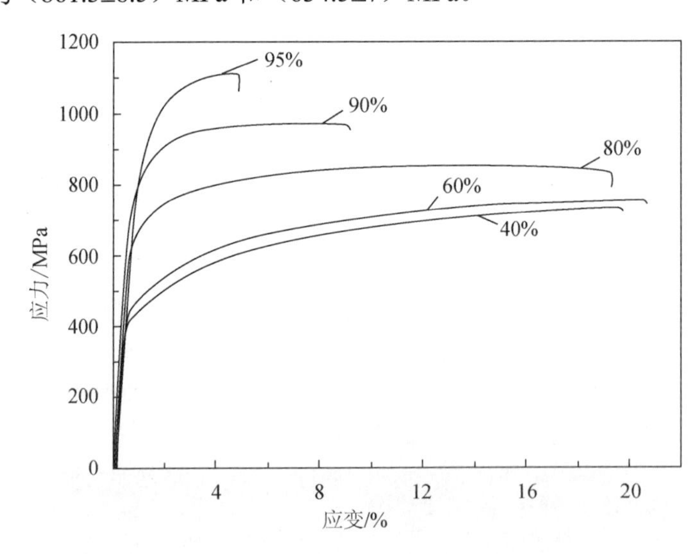

图 2.27　不同轧制变形量制备镍铝青铜合金的应力-应变曲线

表 2.5　轧制镍铝青铜合金的拉伸强度

轧制变形量/%	40	60	80	90	95
屈服强度/MPa	407 ± 3.4	426 ± 13	634.5 ± 7	716 ± 24	842 ± 21
抗拉强度/MPa	728.1 ± 4.6	761 ± 14	861.3 ± 8.5	957.3 ± 28	1134.7 ± 23.5
延伸率/%	18.4 ± 1.3	19.8 ± 2	19.3 ± 0.05	8.7 ± 0.4	5.13 ± 0.2

在轧制的过程中，随着轧制变形量的增加，不均匀的组织开始变形和细化，力学性能也随着轧制变形量的增加而提高。轧制变形量达到 80%时，镍铝青铜合金的α相晶粒完全发生动态再结晶，形成了均匀细小的晶粒（约 3.6μm），并且随着轧制变形量的增加，应变促进了更多的β相的形成，因此获得了最好的力学性能。继续增加轧制变形量，高密度位错区域明显增加，说明加工硬化作用明显，因此虽然镍铝青铜合金的抗拉强度逐渐增加，但是合金的延伸率明显减小，综合力学性能逐渐下降。另外，由于较高的铝含量降低了镍铝青铜合金的层错能，在

塑性变形的过程中，容易使马氏体转变为孪晶马氏体，这种孪晶的边界可以阻碍位错的运动，从而提高镍铝青铜合金的力学性能。

参 考 文 献

[1] QIN Z, WU Z, ZEN X, et al. Improving corrosion resistance of a nickel-aluminum bronze alloy via nickel ion implantation[J]. Corrosion -Houston Tx-, 2016, 10 (72):1269-1280.

[2] TANG C H, CHENG F T, MAN H C. Improvement in cavitation erosion resistance of a copper-based propeller alloy by laser surface melting[J]. Surface & Coatings Technology, 2004, 2 (182): 300-307.

[3] TANG C H, CHENG F T, MAN H C. Effect of laser surface melting on the corrosion and cavitation erosion behaviors of a manganese-nickel-aluminium bronze[J]. Materials Science & Engineering A, 2004, 1-2 (373): 195-203.

[4] SU J, SWAMINATHAN S, MENON S K, et al. The effect of concurrent straining on phase transformations in NiAl bronze during the friction stir processing thermomechanical cycle[J]. Metallurgical & Materials Transactions A, 2011, 8 (42): 2420-2430.

[5] OH-ISHI K, MCNELLEY T R. Microstructural modification of as-cast NiAl bronze by friction stir processing[J]. Metallurgical & Materials Transactions A, 2004, 9 (35): 2951-2961.

[6] HANKE S, FISCHER A, BEYER M, et al. Cavitation erosion of NiAl-bronze layers generated by friction surfacing[J]. Wear, 2011, 1 (273): 32-37.

[7] MISHRA R S, MA Z Y. Friction stir welding and processing[J]. Materials Science & Engineering R Reports, 2005, 1-2 (50): 1-78.

[8] NI D R, XIAO B L, MA Z Y, et al. Corrosion properties of friction-stir processed cast NiAl bronze[J]. Corrosion Science, 2010, 5 (52): 1610-1617.

[9] NI D R, XUE P, WANG D, et al. Inhomogeneous microstructure and mechanical properties of friction stir processed NiAl bronze[J]. Materials Science & Engineering A, 2009, 1-2 (524): 119-128.

[10] NI D R, XUE P, MA Z Y. Effect of multiple-pass friction stir processing overlapping on microstructure and mechanical properties of as-cast NiAl bronze[J]. Metallurgical & Materials Transactions A, 2011, 8 (42): 2125-2135.

[11] ARBEGAST W J, BAKER K S, HARTLEY P J. Fracture toughness evaluations of 2195 Al-Cu-Li autogenous and hybrid friction stir welds[C]//Proceedings of the 5th International of Conference: Trends in Welding Research, Pine Mountain, GA, USA, June (1-5), 1998：541.

[12] KWON Y J, SHIGEMATSU I, SAITO N. Mechanical properties of fine-grained aluminum alloy produced by friction stir process[J]. Scripta Materialia, 2003, 8 (49): 785-789.

[13] SWAMINATHAN S, OH-ISHI K, ZHILYAEV A P, et al. Peak stir zone temperatures during friction stir processing[J]. Metallurgical & Materials Transactions A, 2010, 3 (41): 631-640.

[14] KIM Y G, FUJII H, TSUMURA T, et al. Three defect types in friction stir welding of aluminum die casting alloy[J]. Materials Science & Engineering A, 2006, 1-2 (415): 250-254.

[15] ELANGOVAN K, BALASUBRAMANIAN V. Influences of pin profile and rotational speed of the tool on the formation of friction stir processing zone in AA2219 aluminium alloy[J]. Materials Science & Engineering A, 2007, 1-2 (459): 7-18.

[16] ARBEGAST W J. A flow-partitioned deformation zone model for defect formation during friction stir welding[J]. Scripta Materialia, 2008, 5 (58): 372-376.

[17] DEHGHANI M, AMADEH A, AKBARI MOUSAVI S A A. Investigations on the effects of friction stir welding parameters on intermetallic and defect formation in joining aluminum alloy to mild steel[J]. Materials & Design, 2013, 6 (49): 433-441.

[18] BAIR J L, HATCH S L, FIELD D P. Formation of annealing twin boundaries in nickel[J]. Scripta Materialia, 2014, 81 (81): 52-55.

[19] LU L, CHEN X, HUANG X, et al. Revealing the maximum strength in nanotwinned copper[J]. Science, 2009, 5914 (323): 607.

[20] SUN Y S, LORIMER G W, RIDLEY N. Microstructure and its development in Cu-Al-Ni alloys[J]. Metallurgical Transactions A, 1990, 2 (21): 575-588.
[21] OTSUKA K, REN X. Mechanism of martensite aging effects and new aspects[J]. Materials Science & Engineering A, 2001, 1-2 (312): 207-218.
[22] KAZANC S, OZGEN S, ADIGUZEL O. Pressure effects on martensitic transformation under quenching process in a molecular dynamics model of NiAl alloy[J]. Physica B Condensed Matter, 2003, 3-4 (334): 375-381.
[23] LIAO X Z, ZHAO Y H, SRINIVASAN S G, et al. Deformation twinning in nanocrystalline copper at room temperature and low strain rate[J]. Applied Physics Letters, 2004, 4 (84): 592-594.
[24] YOUSSEF K, SAKALIYSKA M, BAHMANPOUR H, et al. Effect of stacking fault energy on mechanical behavior of bulk nanocrystalline Cu and Cu alloys[J]. Acta Materialia, 2011, 14 (59): 5758-5764.
[25] TAO N R, LU K. Nanoscale structural refinement via deformation twinning in face-centered cubic metals[J]. Scripta Materialia, 2009, 12 (60): 1039-1043.
[26] LENARD D R, BAYLEY C J, NOREN B A. Electrochemical monitoring of selective phase corrosion of nickel aluminum bronze in seawater[J]. Corrosion-Houston Tx-, 2008, 10 (64): 764-772.
[27] SONG Q N, ZHENG Y G, NI D R, et al. Studies of the nobility of phases using scanning Kelvin probe microscopy and its relationship to corrosion behaviour of Ni-Al bronze in chloride media[J]. Corrosion Science, 2015, (92): 95-103.
[28] WHARTON J A, STOLES K R. The influence of nickel-aluminium bronze microstructure and crevice solution on the initiation of crevice corrosion[J]. Electrochimica Acta, 2008, 5 (53): 2463-2473.
[29] SAKAI T, BELYAKOV A, KAIBYSHEV R, et al. Dynamic and post-dynamic recrystallization under hot, cold and severe plastic deformation conditions[J]. Progress in Materials Science, 2014, 1 (60): 130-207.
[30] FANG X, ZHANG K, GUO H, et al. Twin-induced grain boundary engineering in 304 stainless steel[J]. Materials Science & Engineering A, 2008, 1-2 (487): 7-13.
[31] SU J, SWAMINATHAN S, MENON S K, et al. The effect of concurrent straining on phase transformations in NiAl bronze during the friction stir processing thermomechanical cycle[J]. Metallurgical and Materials Transactions A, 2011, 8 (42): 2420-2430.
[32] GHOLINIA A, HUMPHREYS F J, PRANGNELL P B. 2002. Production of ultra-fine grain microstructures in Al-Mg alloys by coventional rolling[J]. Acta Materialia, 2002, 50(18): 4461-4476.
[33] HAN Y, ZENG W, QI Y, et al. The influence of thermomechanical processing on microstructural evolution of Ti600 titanium alloy[J]. Materials Science and Engineering: A, 2011, 29-30 (528): 8410-8416.
[34] OH-ISHI K, ZHILYAEV A P, MCNELLEY T R. a microtexture investigation of recrystallization during friction stir processing of as cast NiAl bronze[J]. Metallurgical and Materials Transactions A, 2006, 7 (37): 2239-2251.
[35] ZHU S Q, YAN H G, CHEN J H, et al. Effect of twinning and dynamic recrystallization on the high strain rate rolling process[J]. Scripta Materialia, 2010, 10 (63): 985-988.
[36] WU X X, SAN X Y, LIANG X G, et al. Effect of stacking fault energy on mechanical behavior of cold-forging Cu and Cu alloys[J]. Materials & Design, 2013, 47: 372-376.
[37] ZHANG Y, TAO N R, LU K. Effect of stacking-fault energy on deformation twin thickness in Cu-Al alloys[J]. Scripta Materialia, 2009, 4 (60): 211-213.

第3章 镍铝青铜合金的腐蚀行为

3.1 引　　言

之前大量的研究表明，在镍铝青铜合金的中性海水腐蚀过程中，其合金表面会生成较为致密且连续的腐蚀产物膜层，能较为有效地隔绝外界腐蚀性介质与基体合金的进一步接触，从而阻碍腐蚀的持续发展。镍铝青铜合金作为多相四元合金，由于各相的成分、结构、硬度不同，在海水环境中各相腐蚀速率不同，而且各相表面会形成不同的氧化保护膜，典型的镍铝青铜合金会表现出明显的选相腐蚀行为。一般而言，镍铝青铜合金的宏观耐蚀性能往往通过传统电化学方法，如动电位极化技术和电化学阻抗谱来表征，但这一手段忽略合金内部微观组织的腐蚀情况，对揭示选相腐蚀过程及相关机理造成了阻碍。为了更清楚地了解、认识选相腐蚀对镍铝青铜合金腐蚀的影响，近年来微区电化学技术在镍铝青铜合金的腐蚀研究方面应用越来越广泛，这一技术可以聚焦合金的局部腐蚀区域，最大限度地开展对合金微观腐蚀过程及原理的研究。本章利用腐蚀后微观形貌的观察表征及微区电化学技术等新型手段对镍铝青铜合金的选相腐蚀行为进行了细致的研究。同时，综合利用宏观电化学、截面形貌观察表征和扫描振动电极技术（scanning vibrating electrode technique，SVET）对镍铝青铜的腐蚀产物膜进行表征研究。

通常，可以通过合适的热处理工艺改善镍铝青铜合金组织及成分分布来减轻合金的选相腐蚀现象。在本章中，我们开展了不同热处理状态下镍铝青铜合金的静态腐蚀和空泡腐蚀性能的研究，同时对以搅拌摩擦加工作为表面处理的镍铝青铜合金耐腐蚀性能变化进行了盐雾腐蚀和电化学表征。

3.2 铸态镍铝青铜合金的选相腐蚀行为

在 1.2 节中，我们对镍铝青铜合金的微观组织进行了介绍，可知铸态镍铝青铜合金在室温下的组织包括粗大的柱状晶α相、β′ 相和 4 种金属间化合物κ相，其中 κ_I 相往往仅出现在铁含量大于 5%（质量分数）的镍铝青铜合金中，如图 3.1 所示。

Lorimer 等[1]对化学成分（质量分数）为 9.4% Al、4.4% Fe、4.9% Ni、1.2% Mn、80.0% Cu、0.07% Si 的镍铝青铜合金进行人工海水浸泡发现，β′ 相区域优先发生腐蚀，在光镜照片中该区域呈现为黑色［图 3.2（a）］。共析组织区域也表现出腐蚀迹象，但 κ_{III} 相未发现明显的腐蚀。电镜扫描图的放大照片［图 3.2（b）］表明，被腐蚀的是 $\alpha+\kappa_{III}$ 共析组织中的α相，这表明 κ_{III} 相对于α相为阴极相，受保护，而α相则表现为阳极溶解。当共析区域α相发生优先腐蚀时，α粗晶相却只发生非常轻微的腐蚀。这可被解释为共析区域含阴极相（κ_{III} 相）比例较α粗晶相大，且阴阳极相在共析区域内分布更紧密，电偶腐蚀更为剧烈。β' 相与共析区域的α相优先被腐蚀现象为大多数研究人员所认可。我们一般将这种现象称为选相腐蚀。

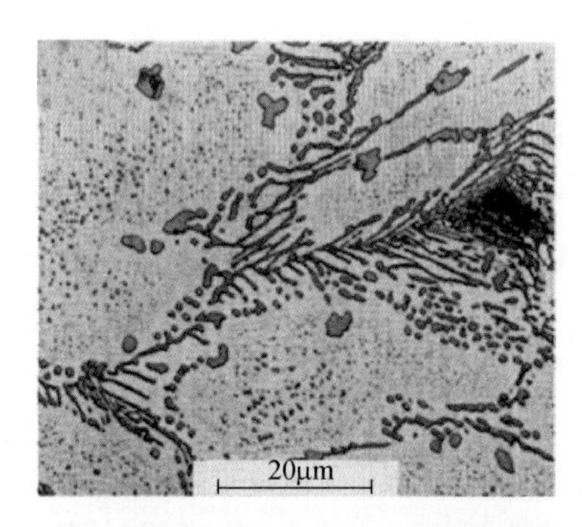

图 3.1　当 Fe 含量小于 5%（质量分数）时铸态镍铝青铜合金的显微组织金相照片[1]

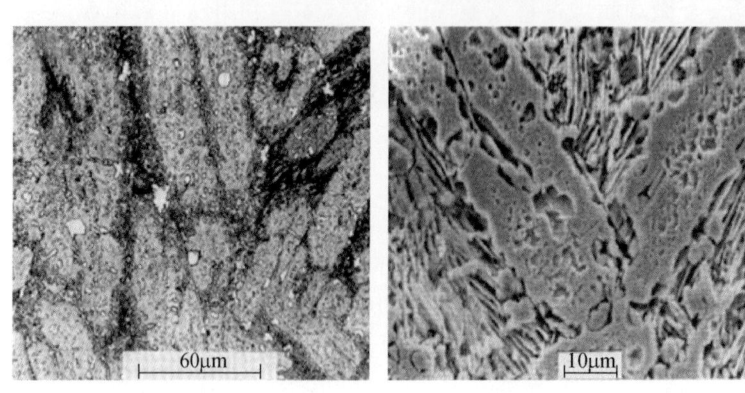

（a）金相照片　　（b）电镜扫描图的放大照片[1]

图 3.2　铸态镍铝青铜合金在人工海水中的腐蚀

利用高灵敏度原子力显微镜（atomic force microscope，AFM）研究发现，新鲜镍铝青铜合金表面在 3.5% NaCl 溶液中很快便出现选相腐蚀迹象。腐蚀发生 10min 时已出现了选相腐蚀迹象。浸泡 1.5h 后，β' 相腐蚀深度达 500nm，κ_{III} 相片层中间的α相腐蚀深度达 25nm，而共析区域最外层的α相腐蚀深度不足 10nm。

镍铝青铜合金除了上述选相腐蚀现象外，κ_{II} 相与周围组织并非完全不腐蚀。如图 3.3 所示，κ_{II} 相及周边组织会出现两种不同的腐蚀现象。在α粗晶相中，κ_{II} 相周围的α相也会发生轻微腐蚀，腐蚀程度与共析相外层α相腐蚀深度基本相当；而在不包含α+κ_{III} 共析相的α粗晶相中，κ_{II} 相周边未发生明显腐蚀。此时，试样表面已可观察到腐蚀产物沉积。

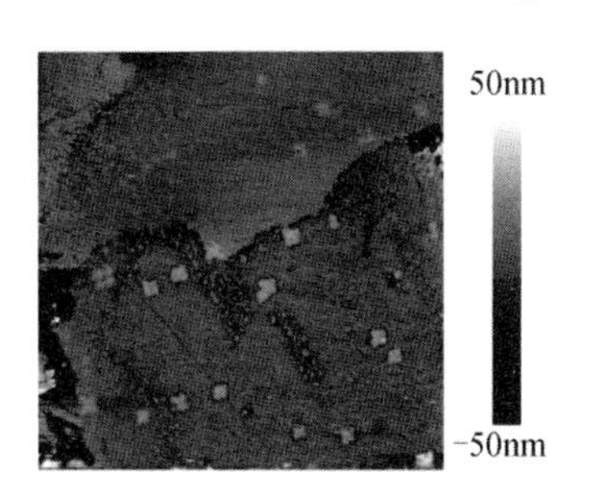

图 3.3　铸态镍铝青铜合金在 3.5% NaCl 溶液中浸泡 1.5h 后的腐蚀表面的原子力显微镜高度图

Song 等[2]通过 SKPFM 技术说明了镍铝青铜合金中各相的电势差异，进一步解释了镍铝青铜合金κ相与周围α相发生选相腐蚀的原因，如图 3.4 所示。SKPFM 技术测得的铸态镍铝青铜合金各显微组织的电势分布如图 3.4（b）所示，κ_{II} 相和 κ_{III} 相的电势高于α相，分布在α相中的微小 κ_{IV} 相电势也高于α相。这些相的电势高低与其化学成分有关。由于 Fe、Al 的功函数低于 Cu，富 Fe、Al 的 κ_{II} 相和 κ_{III} 相具有较低的功函数，比富 Cu 的α相具有更高的测得电势。其中，层片状的 κ_{III} 相以 NiAl 为主体，玫瑰花状的 κ_{II} 相以 Fe_3Al 为主体。由于镍元素的功函数高于 Al 和 Fe，κ_{III} 相的测得电势低于 κ_{II} 相。κ_{IV} 相成分与 κ_{II} 相相似，因此测得电势也高于α相。Nakhaie 等[3]研究发现，κ_{I} 相在κ相中具有最高的 Fe、Al 含量，因此具有最高的测得电势；而β′ 相与α相成分相似，因此测得电势相近。由于 SKPFM 技术测得电势与实际电势相反，测得电势越高，实际电势越低，作为阳极更易被腐蚀。但是，实验表明，在中性 3.5% NaCl 溶液中，κ相相对于α相却明显作为阴极相被保留下来，这与 SKPFM 测得电势的分析结果相反。

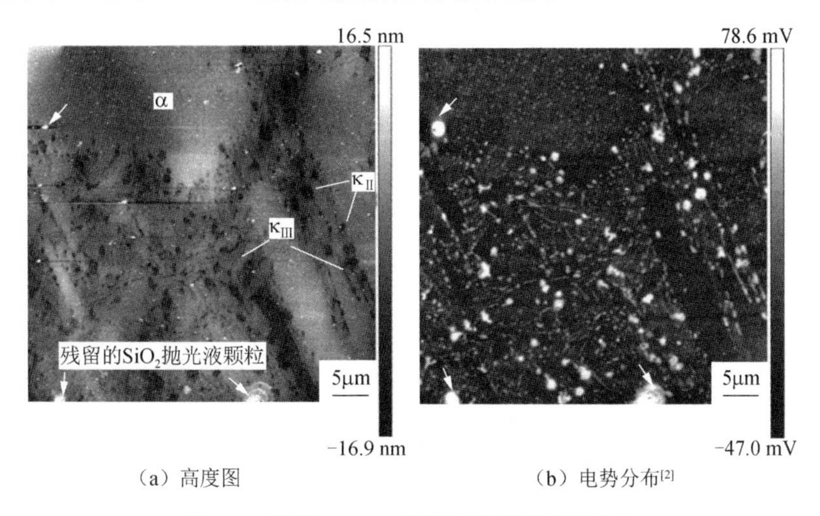

（a）高度图　　（b）电势分布[2]

图 3.4　利用 SKPFM 测量铸态镍铝青铜合金

Qin 等[4]研究发现，镍铝青铜合金表面膜层分为三层，最外层为富氯层，中层为富铜层，内层为富铝层。富铝层在各相间的分布不均，κ相表面腐蚀产物膜内层的富铝层较其他相厚。Wharton 等[5]报道称，铝元素相对于铜表现出更高的亲氧性，并且 Al_2O_3 比 Cu_2O 更加稳定。富铝的κ相在接近中性的含氯介质时由于生成了 Al_2O_3 保护膜，测得电势降低，作为阴极相被保存下来；而周围α相由于缺少相应的氧化膜保护，相对于κ相便作为阳极相而被腐蚀。

3.2.1　腐蚀环境对镍铝青铜合金选相腐蚀行为的影响

选相腐蚀是合金中两组元在一定介质中稳定性不同的表现，选择性腐蚀发生在一定的电极电位和介质的 pH 条件下。本节讨论的镍铝青铜合金的选相腐蚀均发生在中性条件下，但有研究表明，在 pH 较低时，镍铝青铜合金的选相腐蚀行为将发生改变。

Song 等[2]发现，通常在中性溶液中被认为耐腐蚀性能高的κ相，在 pH 为 2 的 3.5% NaCl 溶液中将优先溶解。κ_{II} 相和 κ_{IV} 相在浸泡 20min 后已开始溶解，而层片状 κ_{III} 相未被腐蚀。浸泡 6h 后，大部分 κ_{II} 相被溶解而在基体上留下孔洞，κ_{III} 相也开始溶解，α基体相未出现明显腐蚀。这是由于在 pH 小于 4 的腐蚀介质中，铝的氧化物和氢氧化物膜将不再稳定存在。在酸性含氯介质中，κ相将失去 Al_2O_3 保护膜。由于κ相本身测得的电势高于α相，相对于富铜α相发生阳极腐蚀。

Warton 等[6]提出，镍铝青铜合金在微碱性 NaCl 溶液中发生腐蚀时，$\alpha+\kappa_{III}$ 共析组织中的α相优先发生缓慢溶解，长时间腐蚀后，形成缝隙，缝隙内的选相腐蚀行为将发生改变。浸泡 1 个月后，缝隙内溶液中的氯离子浓度将升高，形成一系列 Al 和 Cu 的氯离子复合物，反应式如下：

$$Cu + 2Cl^- \longrightarrow CuCl_2^- + e \tag{3-1}$$

$$Al + 4Cl^- \longrightarrow AlCl_4^- + 3e \tag{3-2}$$

这些复合产物的水解导致缝隙溶液酸化，形成酸性缺氧环境。Al 的氧化物和氢氧化物在 pH 小于 4 时不再稳定存在，缝隙中的 κ_{III} 相失去高铝含量的保护膜，变为阳极相，被腐蚀溶解。

3.2.2　热处理状态对镍铝青铜合金选相腐蚀行为的影响

不同热处理状态下的镍铝青铜合金包含的相不同，且相成分发生改变，导致其选相腐蚀行为也不同于铸态镍铝青铜合金。热处理状态对镍铝青铜合金选相腐蚀行为的影响部分将在 3.4 节中具体阐述。

3.3　镍铝青铜合金腐蚀行为的电化学表征

3.3.1　传统电化学在镍铝青铜合金腐蚀表征中的应用

电化学测试技术是一种常见且快速地评价合金体系耐腐蚀性能的表征手段，对揭示合金的腐蚀机理具有重要作用。

极化曲线法可通过观察不同条件下阴阳极塔菲尔直线段斜率、曲线拐点及计算出的腐蚀电流密度，得出腐蚀反应的机理和控制过程。极化曲线测量对试样是破坏性的，而电化学阻抗谱测定对试样的扰动信号小，不会对样品体系造成不可逆影响。通过等效电路拟合，可以得到材料的极化电阻和界面电容等参数，从而分析金属的腐蚀行为和腐蚀机理，如金属表面固体腐蚀产物膜的形成等。其他电化学测试技术还包含恒电位曲线、开路电位-时间曲线测量等，均能对样品的耐腐蚀性能进行不同表征。

Schüssler 等[7]测量了线性极化电阻 R_p 和极化曲线斜率，将其代入 Stern-Geary 公式，得

$$i_{corr} = \frac{b_a b_c}{2.303 \times R_p (b_c - b_a)} \tag{3-3}$$

式中，i_{corr} 为腐蚀电流密度；b_a 为阳极塔菲尔斜率；b_c 为阴极塔菲尔斜率；R_p 为线性极化电阻。

算得不同浸泡时间的腐蚀电流密度 i_{corr}。观察 i_{corr} 随浸泡时间的变化发现，在浸泡 300h 后，40℃条件下的镍铝青铜合金试样腐蚀电流密度达到稳态值 0.002A/m^2，在室温条件下的腐蚀电流密度达到稳态值 0.005A/m^2，均下降为初始腐蚀电流密度的 1/30～1/20。Neodo 等[8]通过对比在 NaCl 溶液中浸泡 30min、300min、720min 的镍铝青铜合金的腐蚀电流密度，得出短时间内随着浸泡时间增加，腐蚀电流密度减小；研究发现阳极极化曲线斜率有两个直线段，分析得出镍铝青铜合金腐蚀先生成 $CuCl_2$ 吸附在表面，再反应生成 Cu_2O。

Wu 等[9]通过测量不同热处理状态下镍铝青铜合金的极化曲线（图 3.5）得知，不同热处理状态下合金的电化学腐蚀行为相似，从自腐蚀电位到约 0.1V 均发生明显阳极溶解，0.1V 以上曲线出现拐点，腐蚀电流明显下降，表现出“钝化”现象，这表明镍铝青铜合金表面生成了主要含铝元素和铜元素的氧化物薄膜。

Schüssler 等[7]还通过对比不同氧浓度下测得的阴极极化曲线，得出无论在新鲜表面还是在钝化表面，电荷转移过程均是阴极氧化还原反应速率的控制步骤。通过改变旋转电极转速可得新鲜表面的阳极反应由传质过程控制，因此对流速依赖性很大；但钝化表面对流速依赖性很低。Kear 等[10]通过测量旋转电极不同转速

下的极化曲线得知，转速加快会促进 Cu_2O 薄膜的溶解，当转速足够快时，达到 Al_2O_3 的限制摩尔分数，镍铝青铜合金表面仅生成 Al_2O_3 薄膜。Wharton 等[5]通过测量旋转电极不同转速下的不同开路电位随浸泡时间的变化得到同样的结论。

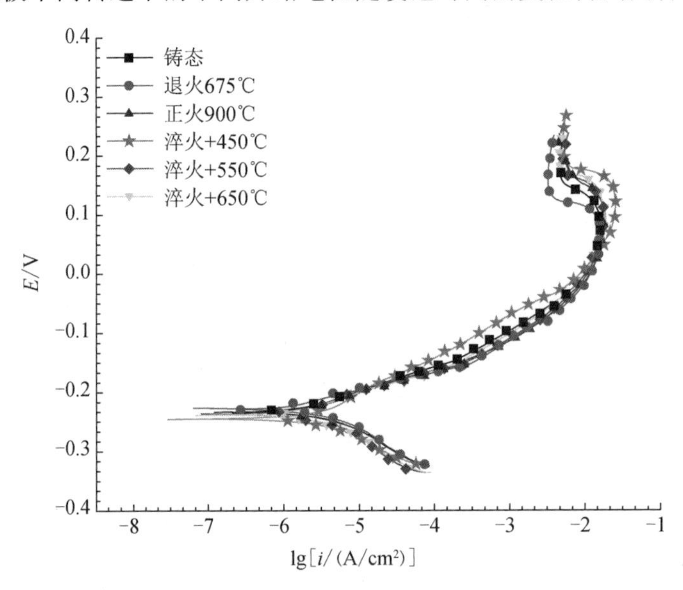

图 3.5　不同热处理状态下镍铝青铜合金的极化曲线[9]

Ni 等[11]分析极化曲线走势认为，阴极极化速率是整个腐蚀反应的控制步骤。阴极极化曲线几乎垂直于水平轴，表现出极限扩散电流特征；阳极极化曲线塔菲尔特征明显，但在 0V 附近会出现拐点，该电位下镍铝青铜合金表面生成薄膜。观察极化曲线腐蚀电位下的腐蚀电流，发现铸态镍铝青铜合金腐蚀电流密度小于搅拌摩擦焊处理后的试样，故可定性判断铸态镍铝青铜合金耐腐蚀性能好于搅拌摩擦焊试样。镍铝青铜合金奈奎斯特曲线包括高频阻抗弧和带着 Warburg 电阻特征的低频阻抗弧。铸态镍铝青铜合金的高频阻抗弧半径大于搅拌摩擦焊试样，同证铸态镍铝青铜合金耐腐蚀性能好于搅拌摩擦焊试样。

Sabbaghzadeh 等[12]通过电化学阻抗谱测出其参数，对比发现膜层电容值随浸泡时间的延长而下降，膜层厚度与电容成反比，推算得出膜层厚度随浸泡时间增长，且阴阳极极化下的膜层厚度均大于自腐蚀电位下的膜层厚度。对比不同极化电势下浸泡生成的膜层 n 值可知，阳极极化生成的膜层较自腐蚀电位生成的膜层厚，但孔隙多，n 值小；阴极极化下生成的膜层部分溶解后较薄，但溶解的铜再沉积在孔隙中使 n 值增大，表面更均质。

Qin 等[4]对比不同镍注入量的镍铝青铜合金极化曲线发现，随着离子注入镍含量的增加，腐蚀电位正移，腐蚀电流密度减小，镍铝青铜合金的耐腐蚀性能增强。通过对比阻抗谱拟合出的参数发现，电荷转移电阻 R_{ct} 和膜层电阻 R_f 随离子注入镍含量增加，常相角元件 CPE 随离子注入镍含量减小；同时证明离子注入镍含量越高，镍铝青铜合金生成膜层越致密，耐腐蚀性能越好。

Wang 等[13]通过比较阻抗谱技术测得的容抗弧半圆大小和自腐蚀电位正负，判断得出喷丸强度对镍铝青铜合金耐腐蚀性能的影响。

我们对镍铝青铜合金进行浸泡不同时间的电化学阻抗谱测试，实验结果如图 3.6 所示。镍铝青铜合金在 3.5% NaCl 溶液中浸泡 0 天、2 天、5 天、10 天的奈奎斯特曲线中，容抗弧半径随浸泡时间增大，膜层耐腐蚀性能逐渐升高[图 3.6（a）]。波特图［图 3.6（b）］中阻抗-频率曲线频容抗峰变宽，相位-频率曲线低频相位角越来越高，同样证实短期浸泡生长的膜层对镍铝青铜合金耐腐蚀性能有改善作用。由图 3.7 可知，浸泡 10 天内，膜层厚度也随浸泡时间而增加。结合阻抗谱的结果可得，浸泡 10 天内，镍铝青铜合金表面膜层逐渐生长增厚，耐腐蚀性能随之升高。

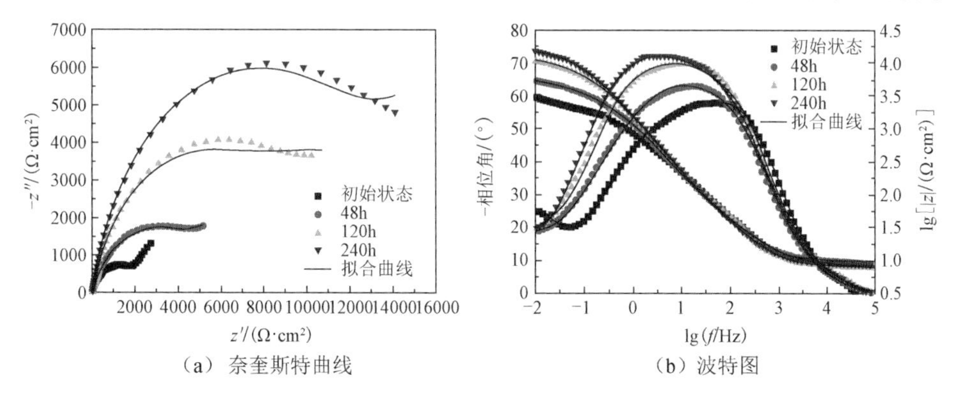

（a）奈奎斯特曲线　　（b）波特图

图 3.6　镍铝青铜合金在 3.5% NaCl 溶液中浸泡不同时间的阻抗谱

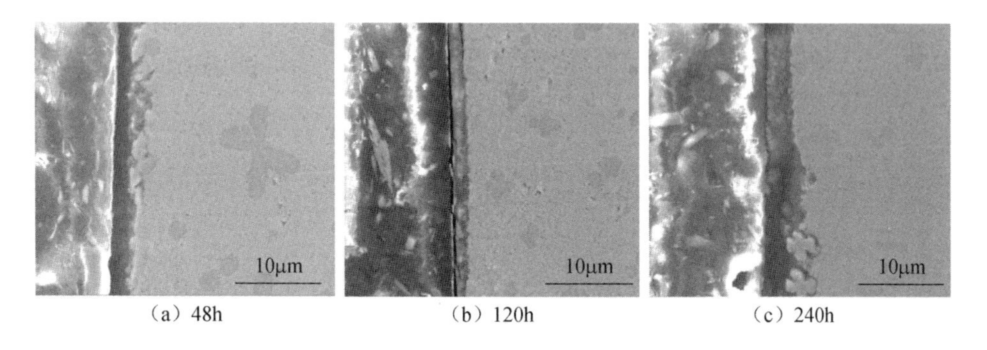

（a）48h　　（b）120h　　（c）240h

图 3.7　镍铝青铜合金在 3.5% NaCl 溶液中浸泡不同时间的截面扫描电镜图

3.3.2　微区电化学在镍铝青铜合金腐蚀表征中的应用

宏观电化学虽能对金属腐蚀过程和电化学机理进行较为准确的表征，但只能表征试样的宏观变化，只是不同局部位置腐蚀信号的整体统计结果。由于金属在腐蚀过程中，往往存在着局部腐蚀现象，且局部腐蚀不易察觉、危害大，微区电化学测试技术对金属局部特征腐蚀区域的表征尤为重要。目前使用较广泛的微区电化学测试技术主要有扫描振动参比电极技术、扫描开尔文探针测量（scanning kelvin probe，SKP）技术、微区电化学阻抗谱（localized electrochemical impedance spectroscopy，LEIS）技术和扫描电化学显微镜（scanning electrochemical microscopy，SECM）技术。

Nakhaie 等[3]和 Song 等[2]均使用 SKPFM 表征了镍铝青铜合金中各个相的电势高低，为镍铝青铜合金选相腐蚀做了很好的解释。Nakhaie 等[3]通过测得的各相电势解释了镍铝青铜合金在 0.1mol/L 盐酸溶液中各相的腐蚀行为。Song 等[2]也通过测得的各相电势解释了镍铝青铜合金在酸性和中性 3.5% NaCl 溶液中各相的腐蚀行为。两者结论相同，各相的电势排序为 $\Delta E_{\kappa_{\text{I}}} < \Delta E_{\kappa_{\text{II}}} < \Delta E_{\kappa_{\text{III}}} < \Delta E_{\alpha} \approx \Delta E_{\beta}$。在酸性含氯溶液中，铝和铜的氧化物膜层无法稳定存在，且κ相电势较α相低，在镍铝青铜合金腐蚀中形成微电偶，优先被腐蚀后脱落；而在中性 3.5% NaCl 溶液中，由于κ相富含铝，κ相表面膜层中 Al_2O_3 含量较α相高。Al_2O_3 比 Cu_2O 对腐蚀介质的阻挡效果好，解释了虽然κ相电势低，但仍被保留下来，而α相被腐蚀的原因。

我们通过 SVET 对镍铝青铜合金膜层修复行为进行了相关研究。将在 3.5% NaCl 溶液中浸泡 10 天的试样表面膜层划破，在 SVET 下观察到表面膜层有修复行为，结果如图 3.8（彩图见书末）所示。由 SVET 照片可知，当浸泡 60min 时，膜层已可以阻挡大部分的金属阳离子溢出，即生成的膜层可对试样形成保护作用。由光镜照片可知，腐蚀产物膜不同位置形成速率不一，大部分区域随浸泡时间延长不断变黑，表明被划破的膜层逐渐修复。当浸泡 60min 时，被破坏区域修复的膜层在光镜下看似较薄，但 SVET 照片表明，此时的电流密度与周围相差不大，即耐腐蚀性能几乎达到周围浸泡 10 天生成的完好膜层，这一现象证明镍铝青铜合金膜层具有自修复行为。在实验过程中还发现，划破膜层区域的大小对膜层修复的时间有很大影响，且划破区域裸露表面与完好膜层之间形成电偶腐蚀反应，加快了裸露表面膜层的修复速率。

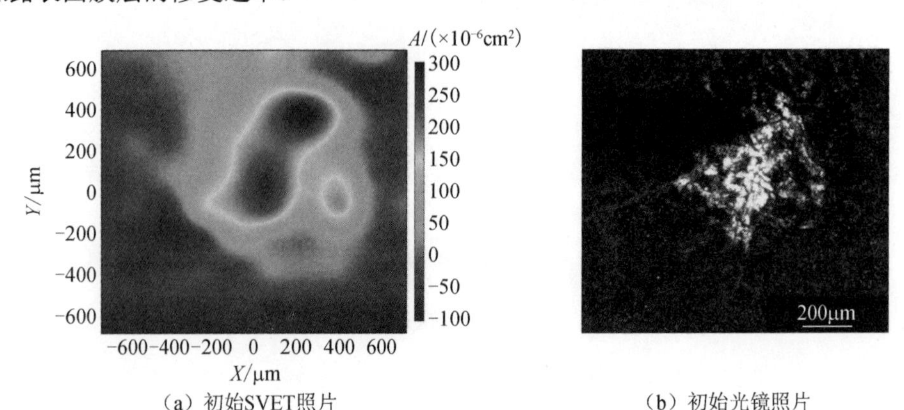

（a）初始SVET照片　　（b）初始光镜照片

图 3.8　镍铝青铜合金膜层自修复的 SVET 与光镜照片

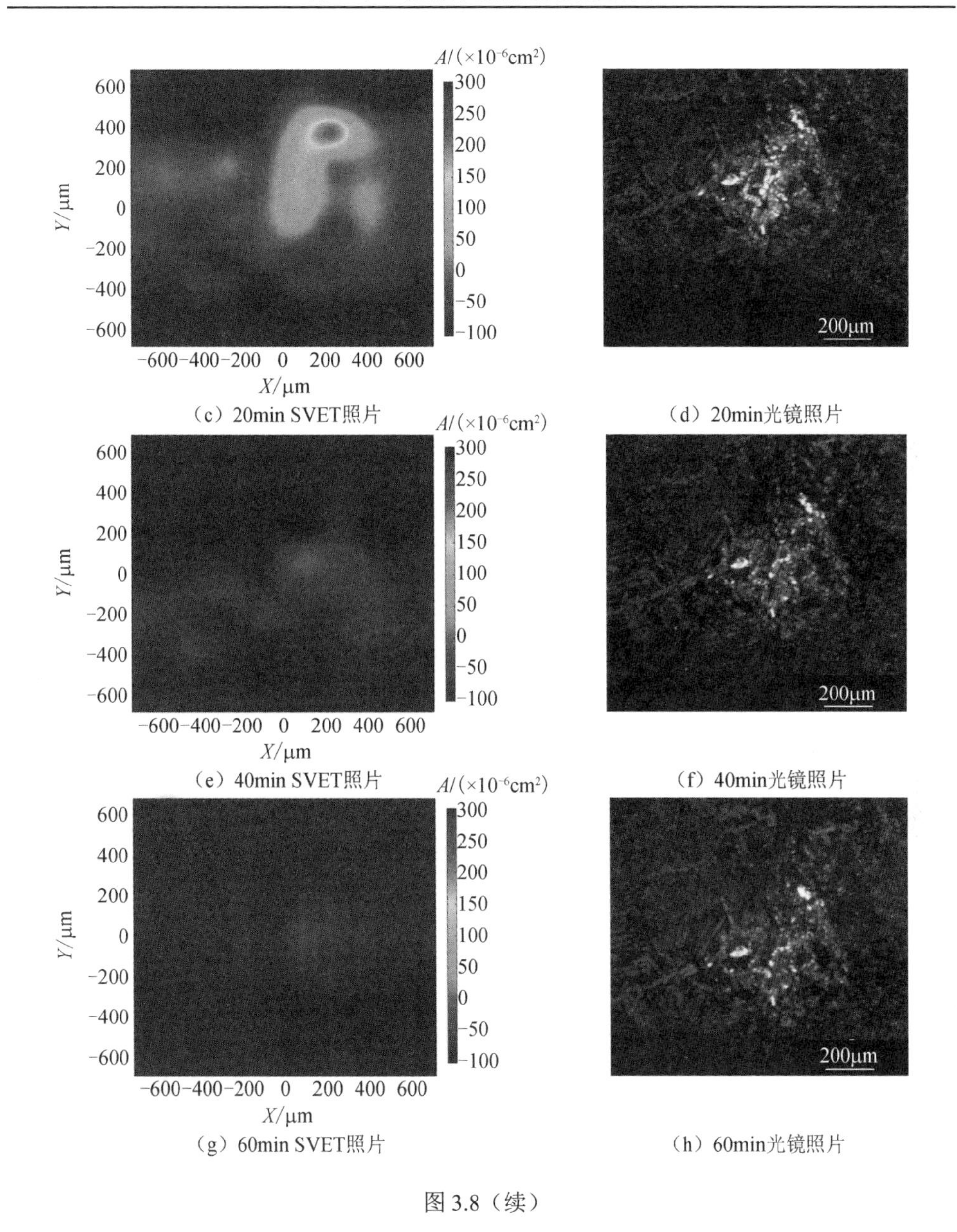

（c）20min SVET照片　（d）20min光镜照片

（e）40min SVET照片　（f）40min光镜照片

（g）60min SVET照片　（h）60min光镜照片

图 3.8（续）

3.4　热处理态镍铝青铜合金的腐蚀行为

3.4.1　热处理态镍铝青铜合金的静态腐蚀行为

将不同热处理后的组织试样置于 3.5% NaCl 溶液中，室温下浸泡 30 天。取浸泡不同时间段的试样进行观察，用盐酸水溶液除去腐蚀产物，对各阶段试样失重量（腐蚀前后的质量差）进行称重计算，并记录各阶段腐蚀宏观形貌及微观形貌。各阶段镍铝青铜合金腐蚀失重量及腐蚀速率如图 3.9 所示。由图 3.9 可知，不同热处理态的镍铝青铜合金失重量随着浸泡时间的增加而增加［图 3.9（a）］；但随着时间的延长，腐蚀速率减缓［图 3.9（b）］。其中，675℃退火后的试样失重量最多，腐蚀最为严重，铸态试样次之；淬火及淬火后时效处理的试样腐蚀失重量较小，其中淬火态 30 天失重量约为 7mg，是退火态组织失重量的 46%。

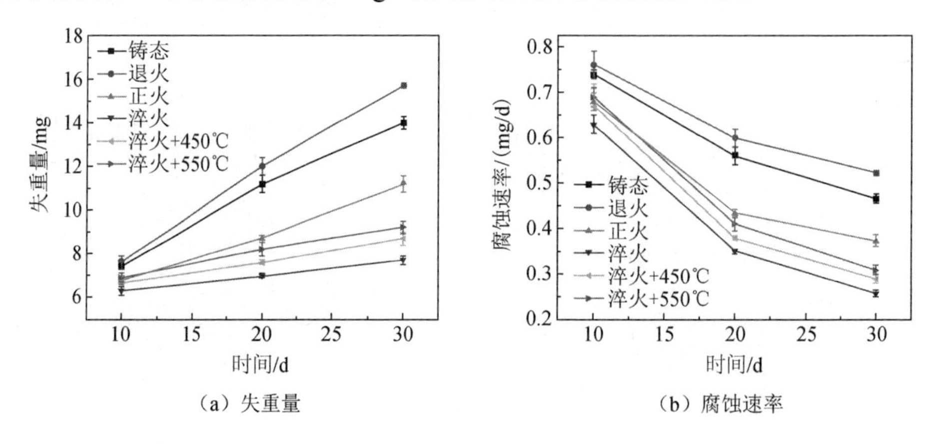

（a）失重量　　（b）腐蚀速率

图 3.9　各阶段镍铝青铜合金腐蚀失重量及腐蚀速率

不同浸泡时间段的试样宏观形貌如图 3.10 所示。在浸泡过程中，各试样在腐蚀外观上表现出了较大的差异性。铸态和 675℃退火后的试样表面由于腐蚀而变得粗糙，同时在所浸泡的溶液中出现了白色和淡蓝色的絮状沉淀。这两种试样在浸泡前期（10 天和 20 天），外观由于腐蚀产物的溶解而依旧保持着金属的光泽。在 30 天后，铸态表面变为褐色，退火后的试样依然有着金属光泽；正火后的试样表面随着浸泡时间的增加色泽逐渐变暗；淬火及淬火后时效热处理的试样表面有明显的黑色腐蚀产物，且表面较为光洁，腐蚀溶液中的絮状沉淀较少。

浸泡 30 天后，用扫描电镜观察腐蚀后的截面形貌，如图 3.11 所示。由图 3.11 可知，铸态及 675℃退火后的试样腐蚀深度较大，为 5～6μm，且腐蚀不均匀，β′相及$\alpha+\kappa_{III}$共析组织处腐蚀较深；正火后的组织由于β′相相对于α相为阳极，发生了明显的选择性腐蚀；淬火后的组织由于是单一β相，腐蚀性比较均匀，且深度较小，约 2μm；450℃和 550℃时效处理后的组织腐蚀也相对均匀，腐蚀深度为 2～4μm。

将浸泡 30 天后的试样腐蚀产物用盐酸清洗干净，用扫描电镜观察腐蚀形貌，如图 3.12 所示。由图 3.12 可知，铸态及退火态镍铝青铜合金试样发生了明显的选择性腐蚀，组织中的α相腐蚀较为轻微，而β′相及κ_{III}相腐蚀较为严重。正火态腐蚀主要发生在β′相，淬火态由于主要为单一的β′相，腐蚀较为均匀。450℃时效后由于κ_{II}相的析出，其毗邻的β′相作为阳极而溶解，导致了κ_{II}相的脱落；550℃时效后β相转变为α相，并有更多的κ相析出，但各相分布比较均匀，腐蚀也相对均匀。

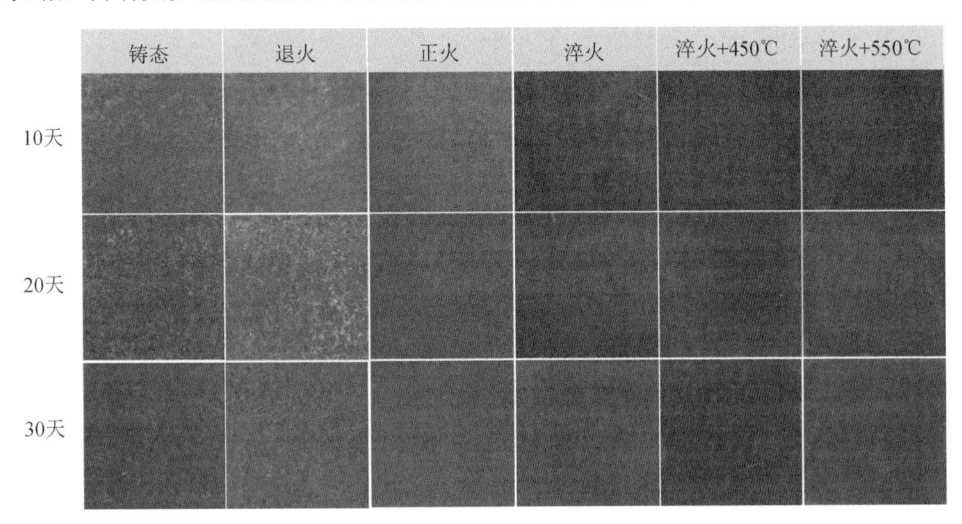

图 3.10　不同浸泡时间段的试样宏观形貌

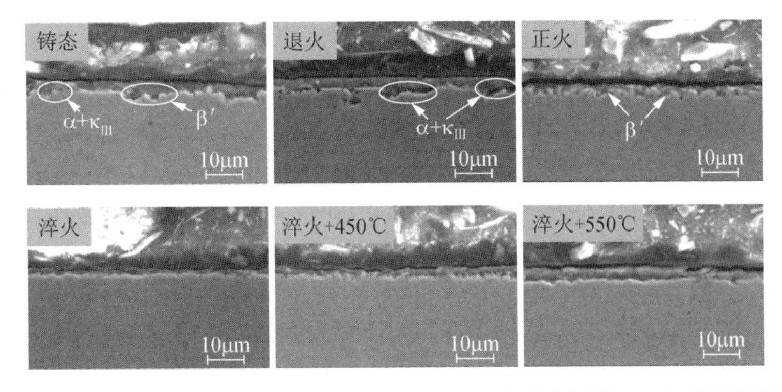

图 3.11　不同热处理后镍铝青铜合金在 3.5% NaCl 溶液中浸泡 30 天后的截面形貌

为了研究浸泡过程中各试样腐蚀行为的变化，利用电化学工作站对浸泡实验前后的试样进行测试。图 3.13 为浸泡 30 天前后各试样动电位极化曲线及线性极化曲线测试结果。图 3.13（a）和（b）为试样浸泡前的极化曲线，各曲线差别不大，表现出相似的腐蚀行为。其中极化曲线中的阳极区相互重叠在一起，说明各试样表面以相同的速率发生着氧化和溶解。由极化曲线所计算出的腐蚀电位（E_{corr}）、阳极塔菲尔斜率（b_a）和阴极塔菲尔斜率（b_c）如表 3.1 所示。线性极化电阻（R_p）由图 3.13（b）中各曲线的斜率计算得出，然后根据 Stern-Geary 公式［式（3-3）］[14]计算出各试样的腐蚀电流密度 i_{corr}，列于表 3.1 中。由表 3.1 可以看出，各试样在浸泡实验开始前腐蚀电流密度差别非常小。

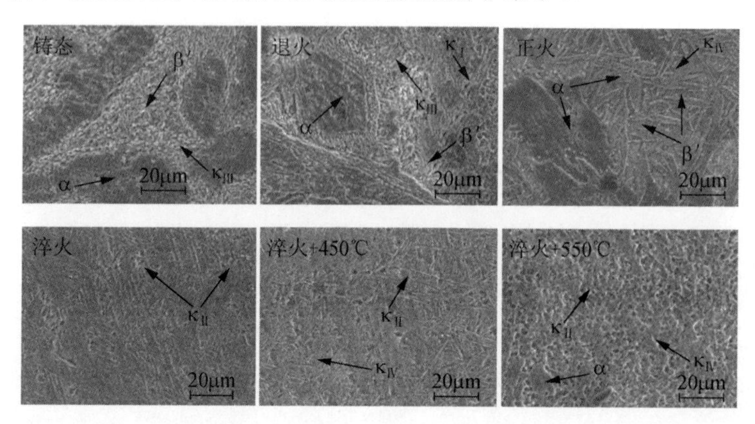

图 3.12　不同热处理后镍铝青铜合金在 3.5% NaCl 溶液中浸泡 30 天后表面腐蚀形貌

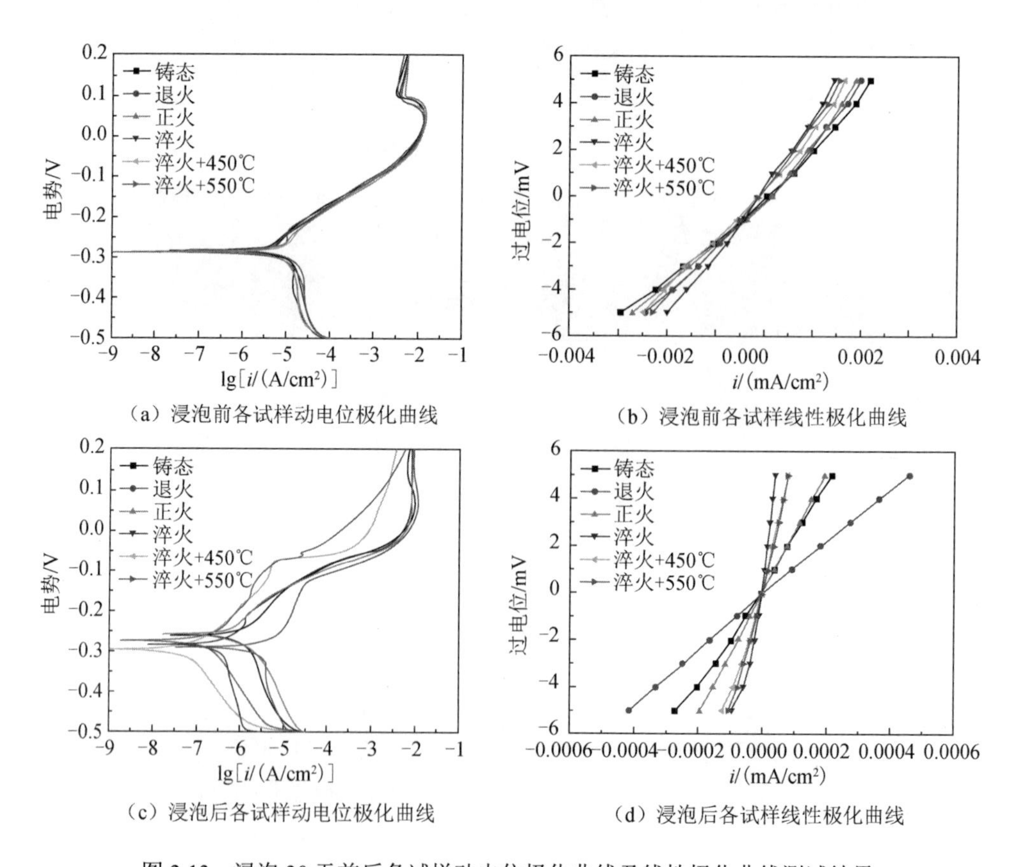

(a) 浸泡前各试样动电位极化曲线

(b) 浸泡前各试样线性极化曲线

(c) 浸泡后各试样动电位极化曲线

(d) 浸泡后各试样线性极化曲线

图 3.13　浸泡 30 天前后各试样动电位极化曲线及线性极化曲线测试结果

表 3.1 不同热处理态镍铝青铜合金在 3.5% NaCl 溶液中的腐蚀电化学参数

试样	E_{corr}/mV	R_p/（Ω·cm²）	b_a/（mV/dec）*	b_c/（mV/dec）	i_{corr}/（μA/cm²）
铸态	−284	1885.7	76.9	−250.6	13.6
675℃	−282	2015.1	87.1	−333.3	14.9
正火	−289	1773.0	80.1	−291.7	15.4
淬火	−286	2426.8	80.2	−416.0	12.0
淬火+450℃	−288	2182.1	80.1	−416.7	13.4
淬火+550℃	−288	2339.5	87.1	−500.0	13.8

*：dec 表示腐蚀电流密度（A）以 10 为底的对数的千分之一，即 dec=10^{-3}lg$A$。

当浸泡 30 天以后，动电位极化曲线和线性极化曲线发生了明显的变化，如图 3.13（c）和（d）所示。相应的腐蚀电化学参数值列于表 3.2 中。相比于浸泡前的试样，E_{corr}变化不大，但 R_p 值有明显的增加，同时 i_{corr} 明显减小。这是由于试样在浸泡过程中表面生成了一层腐蚀产物膜，保护基体材料不受腐蚀介质的继续侵蚀。该膜层已在图 3.11 中腐蚀后的截面形貌中得以证实。此外，不同试样的 R_p 值变化幅度差别较大。众所周知，R_p 值越大意味着越高的抵御腐蚀的能力[15]。因此，淬火态试样具有最高的耐蚀性能，时效后的试样次之，然后依次是正火态和铸态，退火态试样耐蚀性能最差。从腐蚀电流密度 i_{corr} 上也可以看出腐蚀进行的缓慢程度，结论与之相同。

表 3.2 不同热处理态镍铝青铜合金在 3.5% NaCl 溶液中浸泡 30 天后的腐蚀电化学参数

样品	E_{corr}/mV	R_p/（Ω·cm²）	b_a/（mV/dec）	b_c/（mV/dec）	i_{corr}/（μA/cm²）
铸态	−262	23019	117.0	−222.2	1.45
675℃	−291	11661	133.3	−250.0	3.24
正火	−258	26072	62.5	−181.8	0.77
淬火	−284	103657	64.5	−400.0	0.23
淬火+450℃	−296	55297	111.1	−153.0	0.51
淬火+550℃	−274	57229	142.9	−166.7	0.58

电化学阻抗谱能够监测浸泡腐蚀过程中试样表面的变化情况，图 3.14 为不同热处理态试样奈奎斯特曲线随浸泡时间的变化。曲线的形状和曲率半径反映了金属表面电荷转移的快慢程度及表面生成膜层的致密程度[16, 17]。一般说来，曲率半径越大，所对应的金属的耐腐蚀能力就越强[18]。图 3.14（a）为各试样浸泡腐蚀实验前的奈奎斯特曲线，所有的曲线由高频处的半圆弧和低频处的 Warburg 直线组成。各试样间圆弧半径的差别很小，意味着在浸泡开始期间各热处理态相似的耐腐蚀能力。Warburg 直线段的存在，说明了表面金属的溶解按照一定的速率进行[16]。

当浸泡腐蚀实验开始一段时间后，各条曲线中的 Warburg 直线段消失，同时圆弧的半径增大，如图 3.14（b）～（d）所示。这说明在试样表面形成了一层氧化膜层[17, 19]，起到使基体材料隔离腐蚀介质的作用。从图 3.11 中腐蚀截面形貌也能够看出这层膜的存在。值得注意的是，不同热处理态膜层的形成速率和保护性有较大差异。在浸泡实验初始的 10 天里，淬火态试样的曲线半径迅速增加，增幅最大，紧随其后的是时效后的试样。而对于正火态、铸态和退火态试样，半圆弧的半径增加相对缓慢。这种趋势一直持续到浸泡腐蚀实验进行到第 30 天，如图 3.14（d）所示。

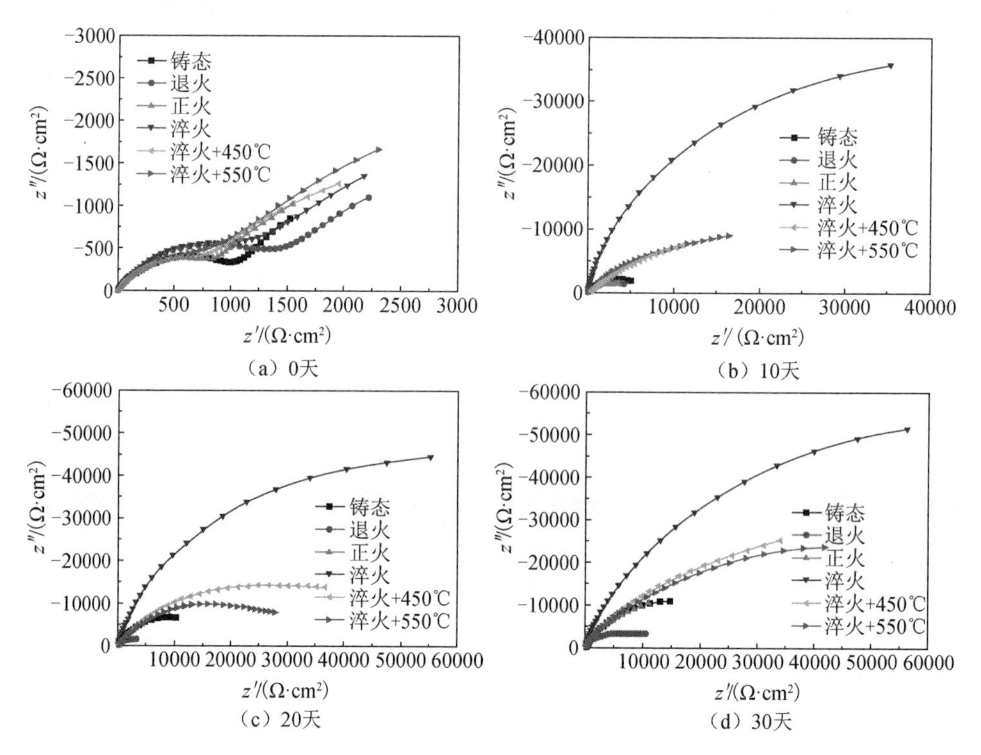

图 3.14　不同热处理态试样奈奎斯特曲线随浸泡时间的变化

正如之前所述，κ相在快速冷却过程中不能够从基体相中析出来。κ相是富铝、镍相[3, 20, 21]，因此在淬火态试样中，镍和铝元素处于过饱和状态，并且均匀分布于β′相中，这对于当镍铝青铜合金接触到腐蚀介质时表面铝的氧化物生成有促进作用。据报道，在腐蚀膜层中 Al_2O_3 的生成要比 Cu_2O 更迅速，且前者比后者更稳定、更致密[22]。此外，膜层中有足量的镍，也会使其更致密[23, 24]。因此，淬火态试样的阻抗在浸泡腐蚀过程中会迅速增加，表现在奈奎斯特曲线上为半径比其他试样更大。

对于铸态、退火态和正火态镍铝青铜合金，微观组织较为复杂，且不均匀。不同相上形成的腐蚀产物膜层厚度不一样，且不连续[23]。这种膜层随着厚度的增加会产生裂纹，导致腐蚀介质的渗透，造成图 3.11 和图 3.12 中所描述的某些相的选择性腐蚀。因此，这些试样具有较低的耐腐蚀性能，在奈奎斯特曲线上呈现出较小的半径。这也解释了图 3.9 中失重量较大的原因。而对于淬火态和时效后的试样，微观组织相对均匀，各相之间的电偶腐蚀得以减弱，试样表面腐蚀较为均匀。同时，镍铝青铜合金表面迅速生成一层腐蚀产物膜，而且对基体材料具有较好的保护性，表现在奈奎斯特曲线上为具有较大的曲率半径。因此，腐蚀电流密度 i_{corr} 较小，浸泡腐蚀失重量也较低。

3.4.2　热处理态镍铝青铜合金的空泡腐蚀行为

将不同热处理后的镍铝青铜合金试样置于空泡腐蚀（以下简称空蚀）实验机中，分别使用腐蚀介质为 3.5% NaCl 溶液和清水溶液，超声波振幅为 20μm，空泡时间为 10h。各试样空泡失重量如图 3.15 所示，为了研究耐空蚀性能与材料力学性能间的关系，图 3.15 中也列出了各试样的硬度值。由图 3.15 可知，镍铝青铜合金在 NaCl 溶液腐蚀介质中的空蚀失重量明显高于清水，说明腐蚀加剧了清水中汽蚀作用对材料的破坏。同时，镍铝青铜合金的耐空蚀性能随着材料硬度的增加而提升。其中，淬火及淬火后 450℃时效处理的试样在 NaCl 溶液中的失重量分别为 4.30mg 和 2.81mg，而 675℃退火态试样失重量为 25.33mg，相比于 675℃退火处理，NAB 合金经淬火及淬火后 450℃时效处理，耐空蚀性能显著提升。

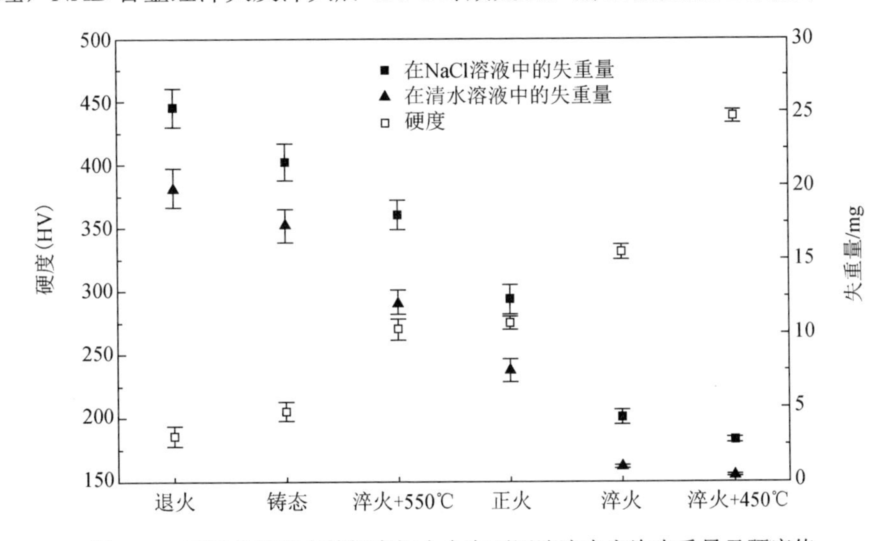

图 3.15　不同热处理态镍铝青铜合金在不同溶液中空泡失重量及硬度值

利用三维超景深显微镜观察空蚀后的表面，如图 3.16（彩图见书末）所示。从图 3.16（a-1）、图 3.16（b-1）和图 3.16（c-1）可知，铸态、675℃退火态和正火态的镍铝青铜合金在清水中汽蚀时，表面遭受了严重的破坏，产生了很多汽蚀坑；而淬火态和淬火后时效态试样［图 3.16（d-1）、图 3.16（e-1）和图 3.16（f-1）］

由于硬度较高，表面所遭受的破坏较小，相对平整。当空蚀发生在 NaCl 溶液腐蚀介质中时，由于材料不仅遭受机械力的冲击，还受到 NaCl 溶液的腐蚀作用，空蚀作用加重了对材料的破坏。这一点可以从图 3.16（a-2）～图 3.16（f-2）中所标示的 *Z* 轴的数值中看出。总体来说，淬火态和淬火后 450℃时效试样无论是在清水中还是在 NaCl 溶液中，表面所遭受的破坏都最为轻微，这与图 3.15 中空蚀失重量的结果相吻合。

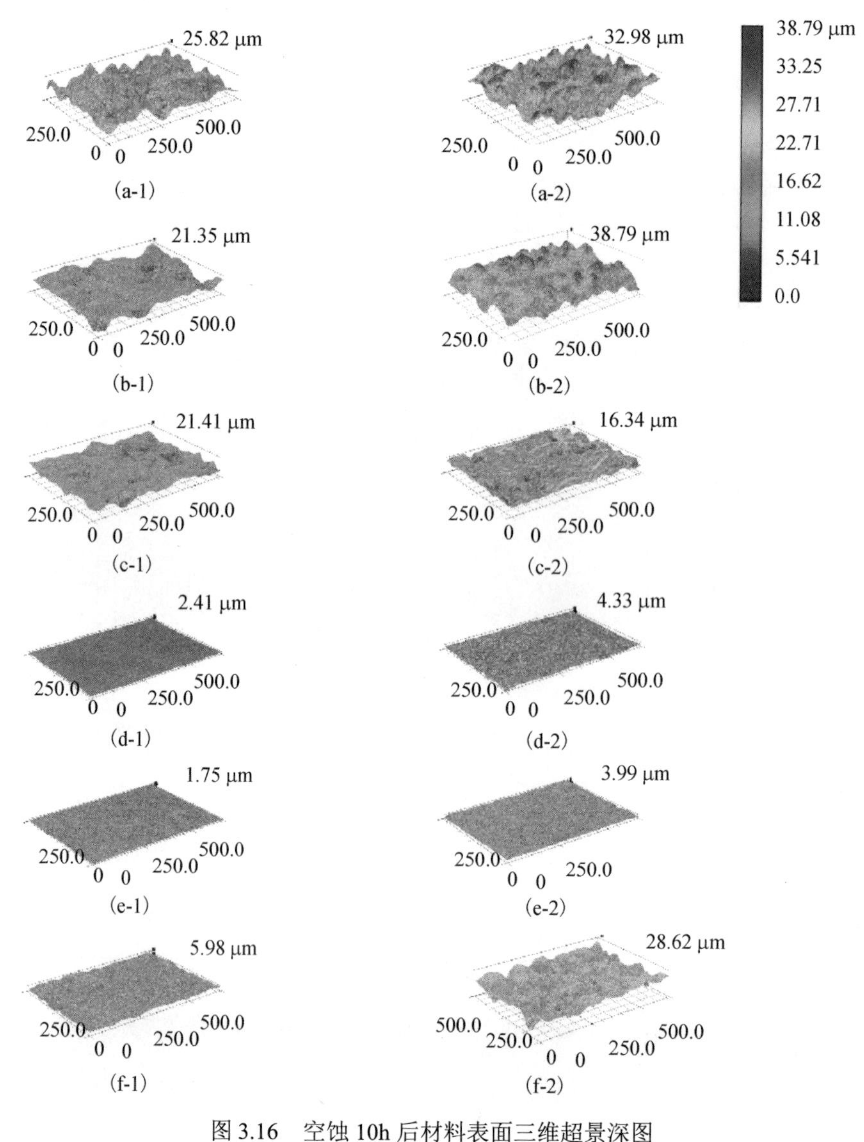

图 3.16　空蚀 10h 后材料表面三维超景深图

a：铸态；b：退火；c：正火；d：淬火；e：淬火+450℃；f：淬火+550℃

其中 *i*-1：清水介质中的空蚀形貌；*i*-2：盐水介质中的空蚀形貌；*i*=a～f

图 3.17 为不同热处理态镍铝青铜合金空蚀 10h 后的表面电镜扫描形貌，图 3.17（a）～（f）为在清水介质中的空蚀形貌，图 3.17（g）～（l）为在 NaCl 溶液中的空蚀形貌。对于铸态、退火态和正火态试样，当在清水介质中空蚀时，材料表面遭受严重的机械冲击破坏。如图 3.17（a）～（c）所示，α相由于机械力的作用而被剥离，材料表面残留一些β′相散落分布；而在 NaCl 溶液介质中，腐蚀加剧了空蚀破坏，铸态和退火态试样表面布满了无数的坑穴和孔洞，如图 3.17（g）～（i）所示，以至于各相难以辨别。正火态试样在 NaCl 溶液中发生空蚀时，β′相由于发生优先腐蚀而被侵蚀成坑。对于淬火态和淬火后 450℃时效试样，无论是在清水环境还是在 NaCl 溶液环境中，空蚀后的试样表面都比较平整。除了少量微小的浅坑外，整个材料表面几乎保持着最初始的形貌，如图 3.17（d）、（e）、（j）和（k）所示。一方面，这是因为材料本身所具有的较高硬度能够抵御汽蚀对材料的剥离作用；另一方面，材料组织均匀，耐腐蚀性能好，腐蚀对机械汽蚀加剧作用不明显。淬火后 550℃时效后的镍铝青铜合金在清水介质中遭受汽蚀时，表面出现了大量的孔洞。由于组织相对均匀，材料表面整体被剥离。从图 3.17（f）可以看出，表面仍然保持相对平整。当处在 NaCl 溶液环境中时，在机械力和腐蚀的双重作用下，坑穴开始变深、变大，如图 3.17（l）所示。

由此可以得出，淬火态及淬火后 450℃时效试样不仅具有较高的耐腐蚀性能，而且能够抵御空泡汽蚀，对材料服役过程中表面组织的调控具有指导意义。

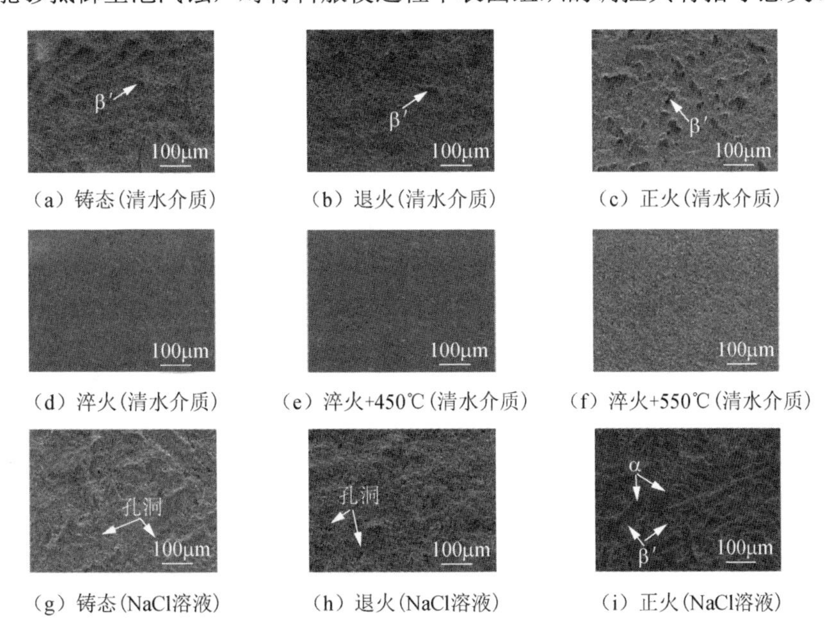

（a）铸态（清水介质）　（b）退火（清水介质）　（c）正火（清水介质）

（d）淬火（清水介质）　（e）淬火+450℃（清水介质）　（f）淬火+550℃（清水介质）

（g）铸态（NaCl溶液）　（h）退火（NaCl溶液）　（i）正火（NaCl溶液）

图 3.17　不同热处理态镍铝青铜合金空蚀 10h 后的表面电镜扫描形貌图

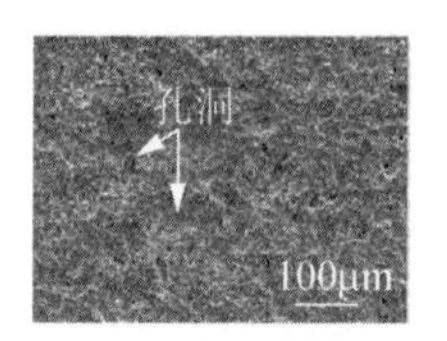

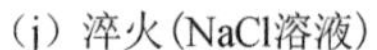

（j）淬火（NaCl溶液）　（k）淬火+450℃（NaCl溶液）　（l）淬火+550℃（NaCl溶液）

图 3.17（续）

3.4.3 空蚀过程中静态腐蚀与机械汽蚀间的协同作用

通过对镍铝青铜合金在清水环境与 NaCl 溶液环境下空蚀行为的研究可以看出，空蚀是机械汽蚀与电化学腐蚀共同作用的过程。为了进一步研究腐蚀在空泡过程中的作用，我们利用电化学工作站来记录镍铝青铜合金在空蚀过程中腐蚀参数的变化。首先将不同热处理态镍铝青铜合金试样置于 NaCl 溶液中空蚀一定时间，待开路电位 E_{corr} 达到一相对稳定数值后，分别采用线性极化技术和动电位极化技术来研究空泡状态下试样的腐蚀行为，如图 3.18 所示。

由图 3.18（a）可知，空泡状态下镍铝青铜合金的腐蚀电位相比于静态腐蚀环境下负移，腐蚀电流密度增加。通过图 3.18（b）计算出线性极化电阻 R_p，并由此得到腐蚀电流密度，如表 3.3 所示。

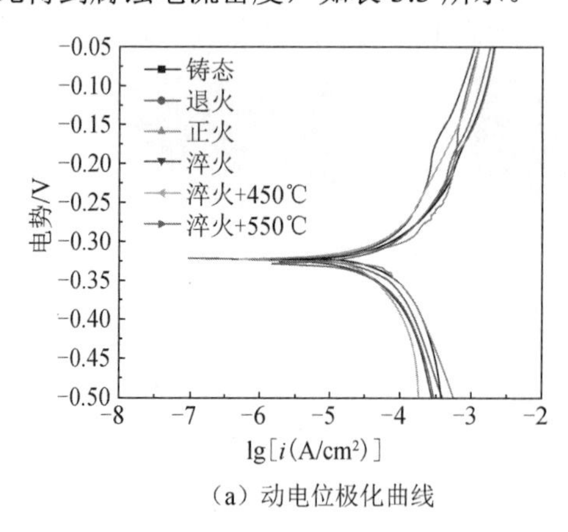

（a）动电位极化曲线

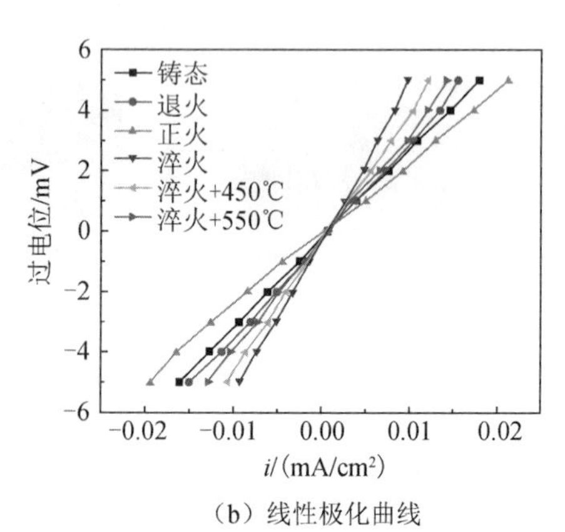

（b）线性极化曲线

图 3.18　不同热处理态镍铝青铜合金在空泡状态下的动电位极化曲线及线性极化曲线

表 3.3　空泡环境下不同热处理态镍铝青铜合金电化学腐蚀参数

试样	E_{corr}/mV	R_p/（$\Omega \cdot cm^2$）	b_a/（mV/dec）	b_c/（mV/dec）	i_{corr}/（$\mu A/cm^2$）
铸态	−322	288.7	133.9	−225.0	126.3
退火	−321	321.5	133.3	−250.0	117.4
正火	−322	227.6	180.6	−208.3	184.5

续表

试样	E_{corr}/mV	R_p/（$\Omega\cdot cm^2$）	b_a/（mV/dec）	b_c/（mV/dec）	i_{corr}/（$\mu A/cm^2$）
淬火	−325	503.8	170.5	−200.0	79.3
淬火+450℃	−321	437.0	171.4	−216.7	95.1
淬火+550℃	−328	383.5	187.5	−286.2	128.3

相比于静态环境下的腐蚀，空泡下镍铝青铜合金的腐蚀电位负移大约 40mV，不同热处理态彼此差别不大。空泡环境下腐蚀电流密度增加一个数量级，这说明空泡汽蚀使材料更容易发生腐蚀。这可以归结为以下两方面：其一，空泡过程中产生的锤击力破坏了金属表面生成的腐蚀产物膜层，使新鲜金属表面暴露在腐蚀环境中，引起阳极区电流密度增加；其二，空泡振荡在溶液中引入了大量的溶解氧，加大了阴极区电流密度。

不同热处理态镍铝青铜合金在空泡环境下的电化学腐蚀行为差别很小。总体来说，淬火态和淬火后 450℃时效试样具有相对低的腐蚀速率。

为了研究镍铝青铜合金微观组织对其空蚀行为的影响，对空蚀后材料的截面进行观察。在这里，我们选取具有典型组织的铸态和淬火态试样。图 3.19 为两者在清水和 NaCl 溶液介质中空泡后的截面形貌。当在清水中时，材料表面所受到的是机械力的破坏作用，材料的失重量取决于本身的力学性能。对于铸态试样，较软的α相被破坏成深而大的坑穴，较硬的β′ 相与κ相保留了下来成为凸起，如图 3.19（a）所示。而对于淬火态试样，微观组织中包含了弥散分布的细小κ相，具有较高的硬度，空蚀后截面依旧较为平整，仅有个别的微小坑洞均匀分布于表面［图 3.19（b）］。当在 NaCl 溶液环境中时，材料受到机械冲击和腐蚀的双重破坏。由之前的研究可知，在腐蚀环境中铸态镍铝青铜合金的β′ 相及毗邻κ相的α相会优先发生腐蚀。腐蚀性离子渗透到这些相中，使其变得疏松而更容易被剥离。因此，在图 3.19（c）中，β′ 相消失不见，取而代之的是较深的坑穴。此外，由于周边α相的溶解，κ相脱离基体。对于淬火后的组织，腐蚀加剧了金属的溶解，加深了空蚀坑，如图 3.19（d）所示。通过以上分析，我们掌握了空蚀对材料破坏的整个过程：优先腐蚀相在腐蚀介质的作用下被破坏，在机械力的作用下从基体中剥离，使表面变得粗糙。这就导致了更多的金属暴露于腐蚀介质中。相反地，如果材料微观组织相对较为均匀，则材料发生均匀性腐蚀，材料表面各处抵御空泡汽蚀能力差异不大，空蚀后的表面较为均匀。

镍铝青铜合金发生空蚀的失重量可以分为以下几个部分[25, 26]：

$$W_T=W_C+W_E+W_S \tag{3-4}$$

式中，W_T 为空蚀总失重量；W_C 为静态腐蚀失重量；W_E 为机械汽蚀失重量；W_S 为由于静态腐蚀和机械汽蚀间的协同效应产生的失重量，可以进一步地分为静态腐蚀诱导产生的汽蚀部分和机械汽蚀诱导产生的腐蚀部分。

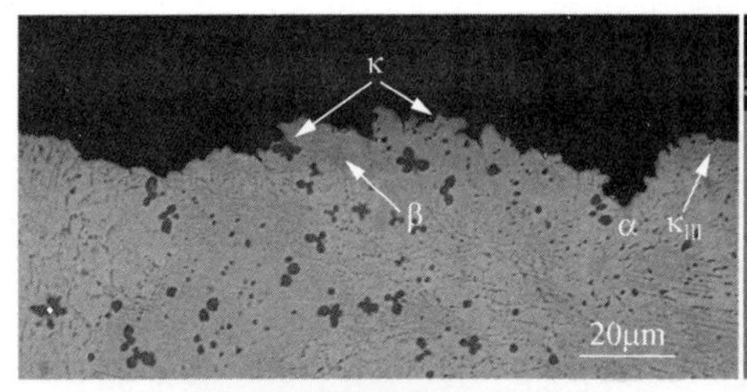

(a) 铸态试样截面形貌(清水介质)

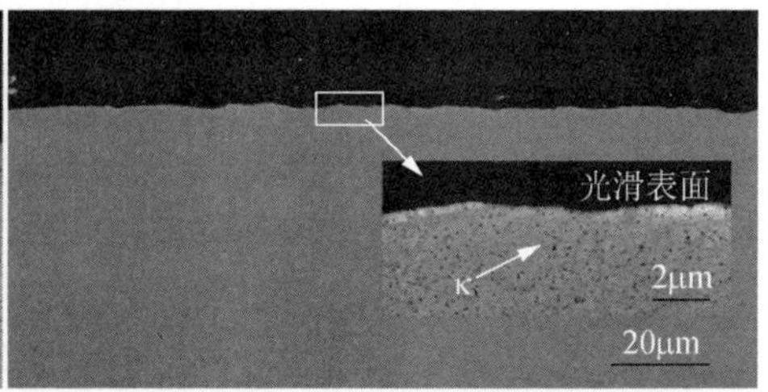

(b) 淬火态试样截面形貌(清水介质)

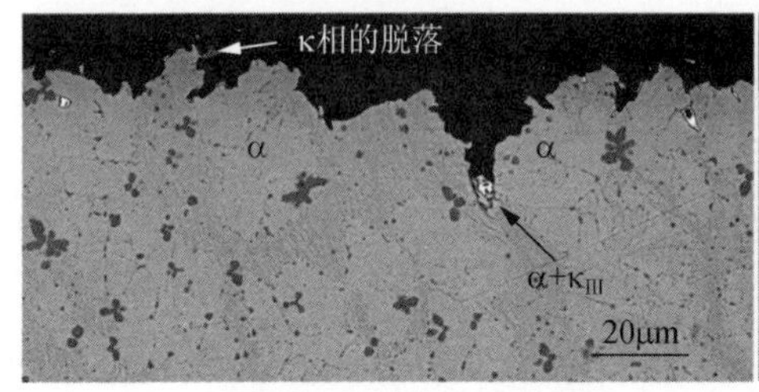

(c) 铸态试样截面形貌(NaCl溶液)

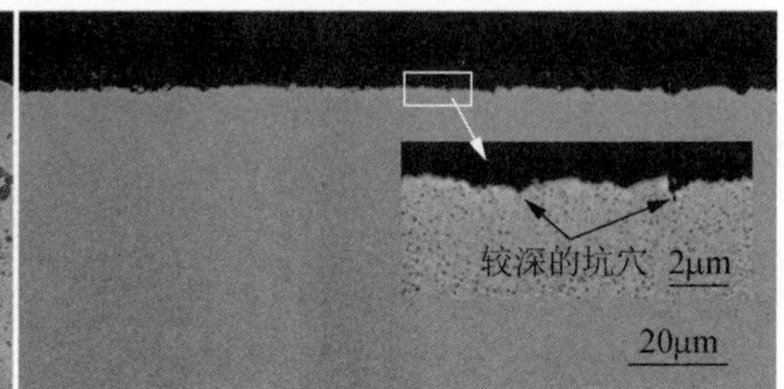

(d) 淬火态试样截面形貌(NaCl溶液)

图 3.19　铸态及淬火态试样在清水和 NaCl 溶液中空泡后的截面形貌

因此，空蚀总失重量可以写为

$$W_T=W_C+W_E+W_{CIE}+W_{EIC} \tag{3-5}$$

式中，W_{CIE}为静态腐蚀诱导产生的汽蚀失重量；W_{EIC}为机械汽蚀诱导产生的腐蚀失重量。

W_C是通过静态环境下的极化曲线计算出来的，根据法拉第定律，试样表面产生 1mA 的电流换算成金属的失重量为 1.18mg/h[27]。W_E即为清水环境下的材料失重量。在这里，$W_{EIC}=W_C'-W_C$，其中 W_C'为空蚀过程中材料的腐蚀失重量，是由空蚀状态下的极化曲线测试得到的。

按照以上计算方法，可以得到不同失重量的具体数值，列于表 3.4 中。对于铸态、退火态、正火态和淬火后 550℃时效态的镍铝青铜合金，由于它们的硬度较低，机械汽蚀是导致材料失重量的主要因素。对于淬火态和淬火后 450℃时效态的镍铝青铜合金，材料表面硬度较高，能够抵御机械汽蚀的破坏，W_E在总失重量中所占的比例较低。从 W_{CIE}和 W_{EIC}的数值上可以看出，静态腐蚀与机械汽蚀的协同效应加剧了材料空蚀破坏。但是这种协同效应对于不同的微观组织作用大小不一样，对于淬火态和淬火后 450℃时效态的镍铝青铜合金，协同效应明显低于其他试样。

表 3.4　不同热处理态镍铝青铜合金空蚀 10h 后的 W_T、W_C、W_E、W_{CIE} 和 W_{EIC}

试样	W_T/mg	W_C/mg	W_E/mg	W_{CIE}/mg	W_{EIC}/mg
铸态	21.59	0.31	17.30	1.36	2.62
退火	25.31	0.35	19.91	2.67	2.38
正火	12.31	0.36	7.51	0.51	3.93
淬火	4.28	0.28	0.99	1.45	1.56
淬火+450℃	2.82	0.31	0.42	0.19	1.90
淬火+550℃	18.04	0.32	12.10	2.92	2.70

由此可见，镍铝青铜合金的微观组织不仅影响其静态腐蚀性能和空蚀性能，而且影响着两者之间的协同效应。在这里，我们提出了两种基于不同微观组织的镍铝青铜合金空蚀机理，图 3.20 为其示意图。图 3.20（a）为复杂组织的镍铝青铜合金，包含α相、β′ 相和κ相。当在清水环境中空蚀时，材料的表面破坏情况取决于各相的硬度。机械汽蚀作用使较软的α相被破坏，硬质的β′ 相和κ相残留在表面［图 3.20（b）］，这一点已在图 3.17 和 3.18 中被证实。当在盐水中发生空蚀时，镍铝青铜合金组织中的各相间由于腐蚀电位的差异形成电偶腐蚀对，加速了金属的溶解。此外，β′ 相及毗邻κ相的α相优先发生腐蚀，如图 3.20（c）所示。当空泡汽蚀发生时，这些严重腐蚀的区域被冲击剥离，形成较大的深坑。同时，气泡的破裂给新裸露出来的金属表面带来了更多的氧，加速了金属的腐蚀溶解，如图 3.20（d）所示。因此，在静态腐蚀与机械汽蚀的协同效应下，材料的空蚀失重量较高，耐空蚀性能差。

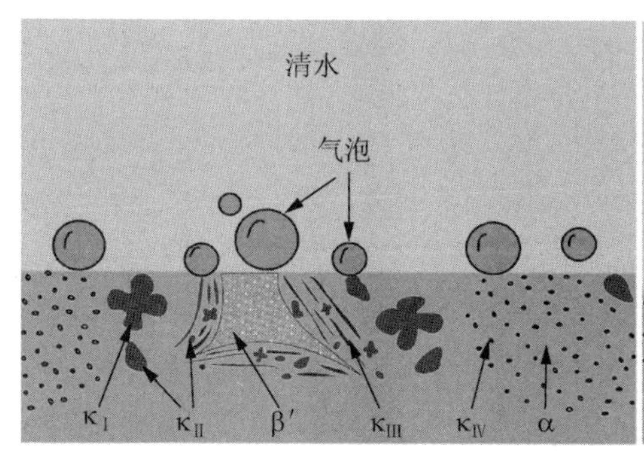

（a）铸态镍铝青铜合金在清水环境中表面形成气泡

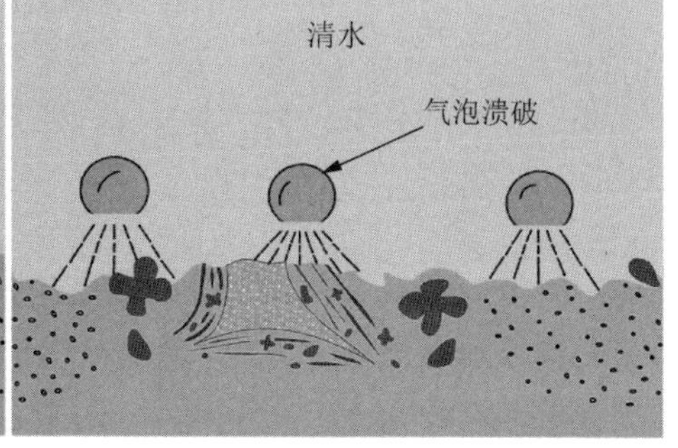

（b）气泡长大后在铸态镍铝青铜合金表面溃破，损伤合金表面

图 3.20　基于不同微观组织的镍铝青铜合金空蚀机理示意图

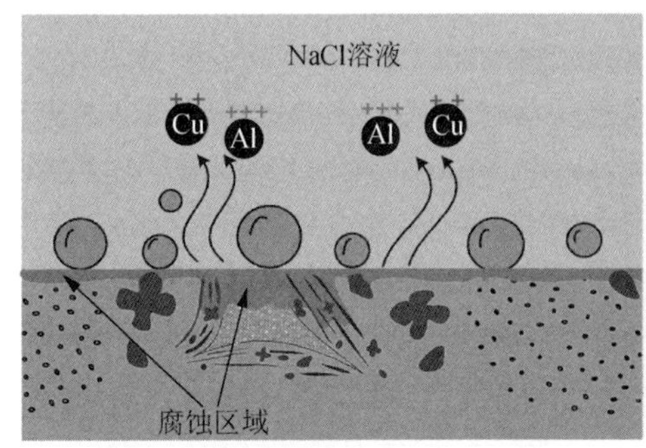

（c）铸态镍铝青铜合金在NaCl溶液环境下发生选相腐蚀

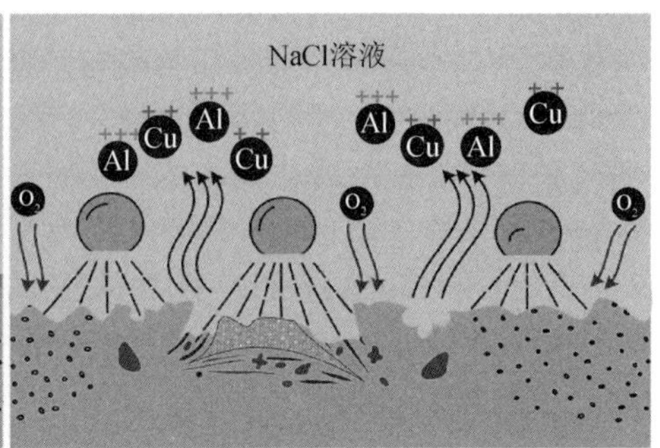

（d）在腐蚀作用下，气泡溃破加重了镍铝青铜合金表面的损伤

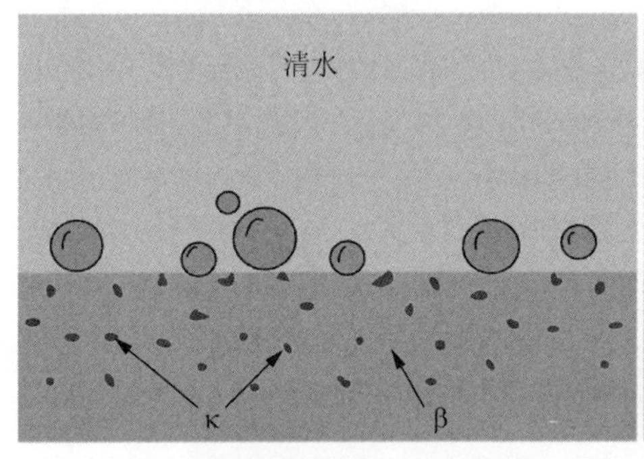

（e）淬火态镍铝青铜合金在清水环境中表面形成气泡

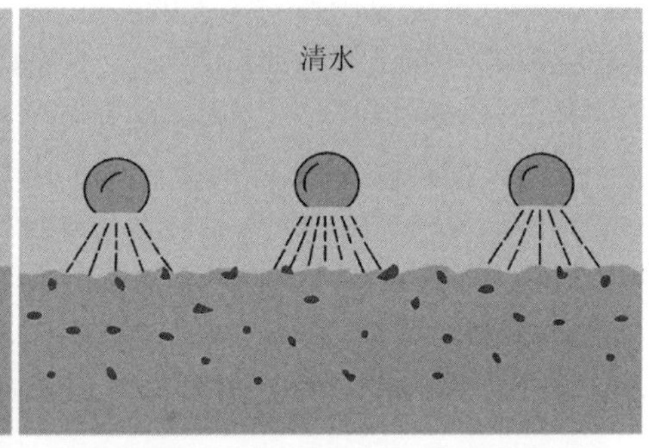

（f）气泡长大后在镍铝青铜合金表面爆破，引起材料轻微损伤

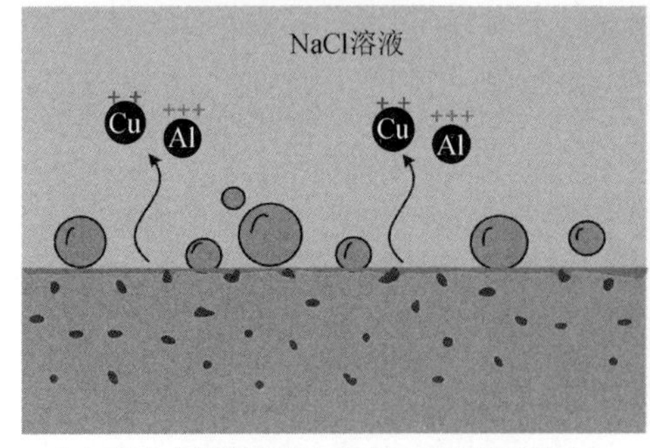

（g）淬火态镍铝青铜合金在NaCl溶液环境中发生轻微的均匀腐蚀

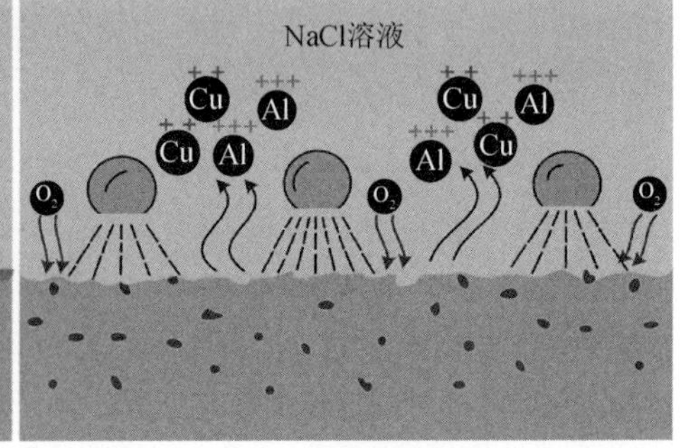

（h）腐蚀作用下，空泡力加重材料表面的破坏，但依旧相对平整

图 3.20（续）

经过淬火或者淬火后 450℃时效处理的镍铝青铜合金，材料微观组织得以细化，各相分布相对均匀。由于组织中含有较多的β′相及弥散分布的κ相，含有这种组织的镍铝青铜合金具有较高的硬度和强度，能够抵御清水环境下机械汽蚀的破坏，如图 3.20（e）和 3.20（f）所示。同时，材料在 NaCl 溶液环境下表面腐蚀

较为均匀，没有电偶腐蚀对的存在，因此金属的溶解速率相对较低［图 3.20（g）］。得益于这种均匀的组织和较高的硬度，静态腐蚀与机械汽蚀间的协同作用不明显，合金表面破坏较为轻微，如图 3.20（h）所示，表现出较高的耐空蚀性能。

3.5　搅拌摩擦加工镍铝青铜合金的腐蚀行为

镍铝青铜合金多用于海洋装备，因此腐蚀性能是评价其服役性能的重要指标之一。铸态镍铝青铜合金的显微组织较为复杂，并且容易出现铸造缺陷和选相腐蚀等情况，严重影响了合金的耐腐蚀性能，而从第 2 章中的介绍我们可以了解到搅拌摩擦加工镍铝青铜合金会形成细小均匀的组织，有利于合金表面微观组织、化学成分的均匀化，减少镍铝青铜合金的选相腐蚀倾向，从而使合金具有更好的耐腐蚀性能；同时搅拌摩擦加工也会强化合金表面的力学性能，提高表面合金硬度。美国海军研究院率先对搅拌摩擦加工镍铝青铜合金进行了研究，并试图采用这种表面强化方法对桨叶进行局部强化与修复，以提高螺旋桨构件的使用性能并延长其使用寿命。近年来，我国也相应开展了此方面的研究，Ni 等[28]研究了不同搅拌摩擦加工参数和多重合加工道次对镍铝青铜合金微观组织及力学性能的影响，并对加工过程中的合金组织演变过程及特点进行了分析；Song 等[17, 29]开展了搅拌摩擦加工镍铝青铜合金浸泡腐蚀性能和流水冲刷腐蚀性能的研究，其结果表明搅拌摩擦加工形成的强化表面层提高了合金的硬度，有效减缓了冲刷腐蚀对合金的破坏。

3.5.1　搅拌摩擦加工镍铝青铜合金的盐雾腐蚀性能

利用腐蚀盐雾实验，对比研究铸态镍铝青铜合金和搅拌摩擦加工镍铝青铜合金腐蚀性能的差异性，并基于腐蚀形貌观察和合金电化学反应测试，揭示搅拌摩擦加工镍铝青铜合金的腐蚀过程及机理。图 3.21 为铸态和不同搅拌摩擦加工参数下制备镍铝青铜合金的腐蚀增重和腐蚀增重速率。由图 3.21 可见，铸态镍铝青铜合金比所有工艺下的搅拌摩擦加工镍铝青铜合金都具有更高的腐蚀增重和腐蚀增重速率；不同搅拌摩擦加工参数中，FSP600/100 试样具有最低的腐蚀增重和腐蚀增重速率，因而表现出最好的耐腐蚀性能，而 FSP1200/100 试样的耐腐蚀性能最差。铸态和搅拌摩擦加工镍铝青铜合金的腐蚀增重速率会随着盐雾时间的增加而减少。进一步研究可以发现，镍铝青铜合金的腐蚀过程可以分为两个阶段，即前 18 天的腐蚀增重速率较高，18 天以后腐蚀增重速率明显下降，并达到一个稳定状态［图 3.21（b）］。FSP1200/150 和 FSP1200/200 试样具有相同的趋势，即前 12 天腐蚀增重速率减小缓慢。

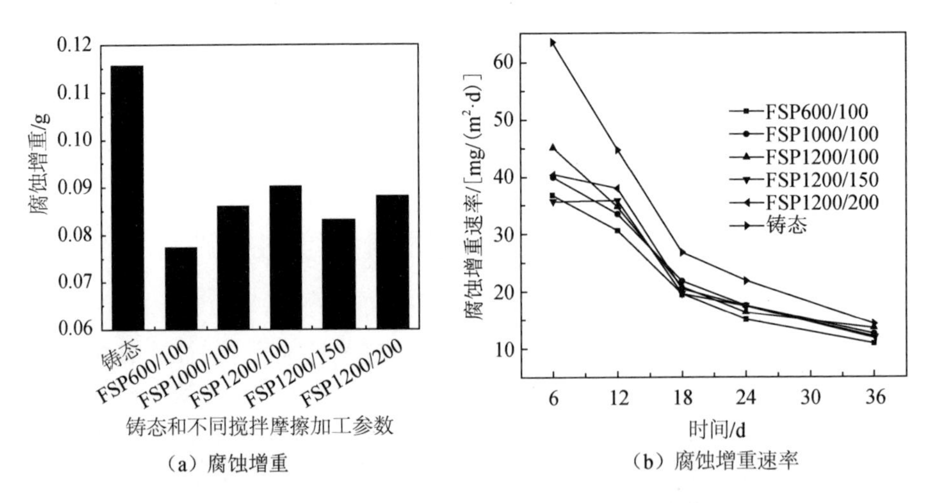

（a）腐蚀增重　　（b）腐蚀增重速率

图 3.21　铸态和不同搅拌摩擦加工参数下制备镍铝青铜合金的腐蚀增重和腐蚀增重速率

图 3.22（彩图见书末）为铸态和搅拌摩擦加工镍铝青铜合金在 5% NaCl 盐雾腐蚀 480h 后的表面显微组织。由图 3.22（a）可见，铸态镍铝青铜合金组织中，腐蚀最严重的区域为β′相区域和晶界，而α相和κ_{II}相被保留了下来。图 3.23（a）～（c）为铸态镍铝青铜合金腐蚀情况的纵截面，κ相清晰可见，与我们在铸态镍铝青铜合金表面的观察结果一致，这说明κ相具有较高的耐腐蚀性能。另外，铸态镍铝青铜合金存在严重的选相腐蚀行为，腐蚀破坏的最大深度约为 7μm，其被腐蚀破坏的主要为共析$\alpha+\kappa_{III}$共析组织中的α相。铸态镍铝青铜合金的组织较为复杂，合金中的各个相之间容易发生电化学腐蚀，Nakhaie 等[30]通过带有开尔文探针的原子力显微镜研究了合金中各个相的电势，发现κ相具有较高的电位，在电化学腐蚀中被优先腐蚀，但在含 Cl^-的中性溶液腐蚀的过程中，κ相上会形成很好的保护膜，使该相具有较好的耐腐蚀性能。Song 等[2]的研究表明，共析组织的κ_{III}相具有连续性，使腐蚀液更容易从相间进入，从而加速共析组织的腐蚀速率。而经过搅拌摩擦加工处理后，镍铝青铜合金表面形成了均匀细小的组织，上表面腐蚀较为均匀，不会发生严重的局部腐蚀［图 3.22（b）］，腐蚀试样的纵截面如图 3.23（d）～（f）所示[31]，腐蚀深度比较均匀，与我们的观察结果一致。同时可以发现，其腐蚀深度明显要浅于铸态试样。由图 3.23（f）可知，原来铸态镍铝青铜合金存在的选相腐蚀现象消失。以上结果说明，搅拌摩擦加工后使原本会发生严重选相腐蚀的镍铝青铜合金转变为发生均匀腐蚀，从而减弱了腐蚀破坏，因此明显改善了合金的耐腐蚀性能。此外，我们还可以发现，镍铝青铜合金表面的氧化层具有双层结构，通过 EPMA 可知，外层是疏松不均匀的 $Cu_2(OH)_3Cl$，而内层则主要是均匀致密的 Al_2O_3 结构[31]。

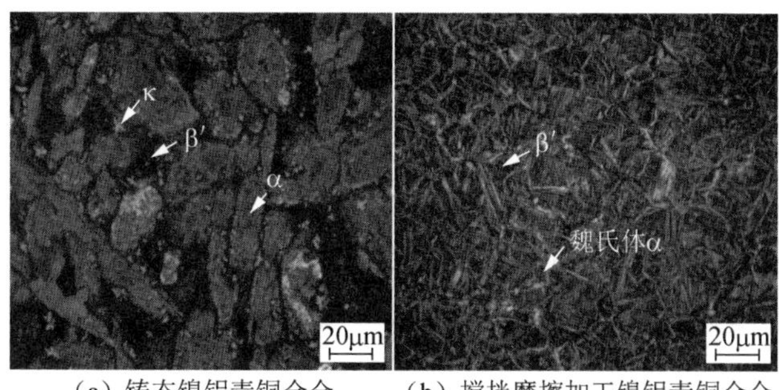

（a）铸态镍铝青铜合金　（b）搅拌摩擦加工镍铝青铜合金

图 3.22　铸态和搅拌摩擦加工镍铝青铜合金在 5% NaCl 盐雾腐蚀 480h 后的表面显微组织

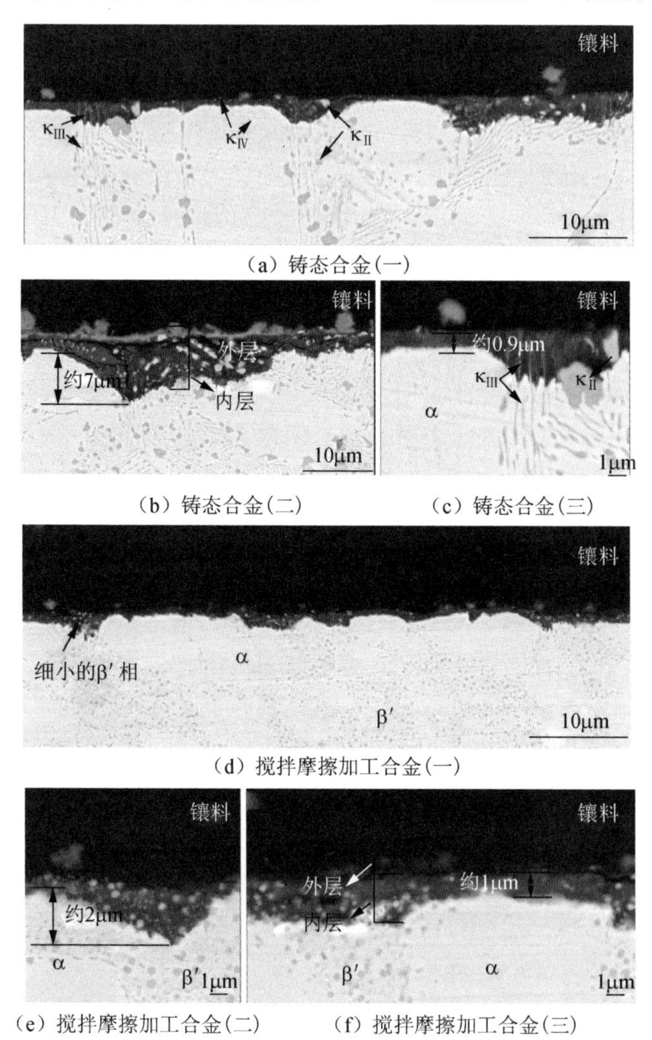

（a）铸态合金(一)

（b）铸态合金(二)　（c）铸态合金(三)

（d）搅拌摩擦加工合金(一)

（e）搅拌摩擦加工合金(二)　（f）搅拌摩擦加工合金(三)

图 3.23　铸态和搅拌摩擦加工镍铝青铜合金腐蚀情况的纵截面[31]

搅拌摩擦加工镍铝青铜合金盐雾腐蚀结果表明，在搅拌摩擦加工过程中，减小转速可以提高合金的耐腐蚀性能。在恒定的转速下（以 1200r/min 为例），前进速度为 150mm/min 制备的镍铝青铜合金较 200mm/min 具有更好的耐腐蚀性能，加工后合金的耐腐蚀性能具有一定的工艺参数依赖性，这可能是由于加工后形成了不同含量的β′相。由于β′相和阴极相毗邻且具有不稳定的马氏体结构，容易加剧微区电偶腐蚀，从而对镍铝青铜合金的耐腐蚀性能产生不利影响[30]。根据前面的讨论，在搅拌摩擦加工的过程中，增加转速可以提高镍铝青铜合金的最高温度，从而产生较多的β′相，因此会降低合金的耐腐蚀性能。而在相同转速下，增加加工的前进速度，会增加镍铝青铜合金的冷却速率，也会使合金产生较多的β′相，从而降低合金的耐腐蚀性能。FSP1200/150 和 FSP1200/200 两种试样的腐蚀增重速率在 12 天内保持稳定，这可能是由于这两种工艺合金形成了较多的β′相，而β′相与其他相相比，具有不同的腐蚀行为。Lenard 等报道过，含有较多β′相的镍铝青铜合金和较少β′相的合金相比，在前几天的腐蚀增重速率稳定增加，直到在表面形成一层黑的保护膜[32]。另外，在我们考察耐腐蚀性能的这几个工艺参数中，还存在一个很重要的组织特征，即减小转速或者减小转速和前进速度的比值可以减小镍铝青铜合金的晶粒大小，这个观察结果与以前的报道结果一致[33, 34]，而晶粒细小的镍铝青铜合金比晶粒粗大的合金具有更好的耐腐蚀性能[35]，因此减小转速可以改善合金的耐腐蚀性能。但是，值得注意的是，减小转速有可能会造成不充分填充，从而产生加工缺陷，对镍铝青铜合金的力学性能和耐腐蚀性能产生不利影响。

3.5.2 搅拌摩擦加工镍铝青铜合金腐蚀性能的电化学表征

图 3.24 为铸态和搅拌摩擦加工镍铝青铜合金的动电位极化曲线。由图可见，铸态和搅拌摩擦加工镍铝青铜合金具有相似的极化曲线，即搅拌摩擦加工对合金的极化曲线影响不大。很显然，阴极反应控制整个腐蚀过程，对于镍铝青铜合金来说，阴极反应就是氧气的减少反应。由图 3.24 可见，阴极反应时，基本上与水平轴线垂直，这说明该过程中电流密度扩散很有限，其主要原因是氧气的扩散很有限，而且当电位从−0.45V 向腐蚀电位增加时，阴极反应速率逐渐减小。在曲线的阳极反应部分，曲线很符合塔菲尔特征，但是当电位接近 0V 时，继续增加电位，两种试样的电流密度开始减小，说明这时可能形成了较差的表面膜，继续增加电位，电流密度又开始增加。

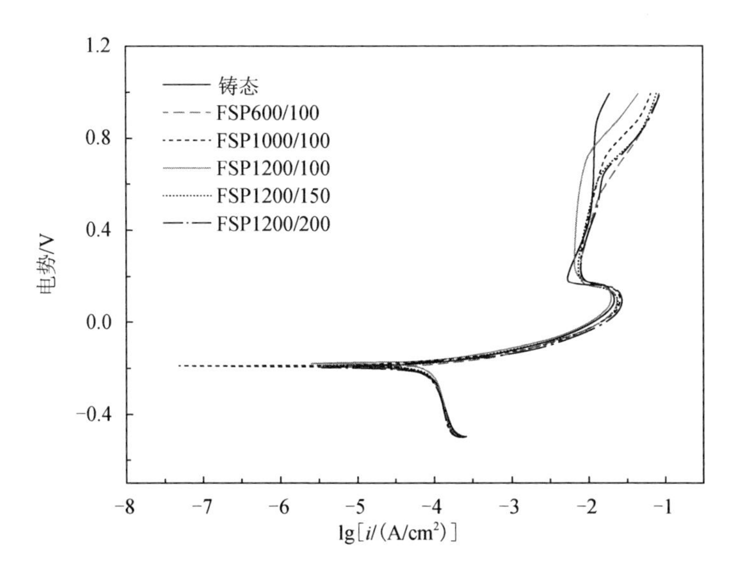

图 3.24　铸态和搅拌摩擦加工镍铝青铜合金的动电位极化曲线

为了核实上述极化曲线的电化学结果，我们同时也测试了腐蚀电位时的交流阻抗谱图，其奈奎斯特曲线如图 3.25 所示。铸态和搅拌摩擦加工镍铝青铜合金的奈奎斯特曲线都由两部分组成，分别为高频的容抗弧和低频的阻抗弧。其中，容抗弧可以揭示腐蚀液和基体界面表面膜的特征，尽管搅拌摩擦加工镍铝青铜合金不同工艺参数的交流阻抗没有很好的规律性，但是，从图 3.25 中可以很明显地看出，所有搅拌摩擦加工镍铝青铜合金容抗弧的直径明显大于铸态镍铝青铜合金的容抗弧。这表明，在腐蚀过程中，搅拌摩擦加工镍铝青铜合金和铸态镍铝青铜合金相比，可以更快地形成保护膜且保护膜更具有保护性。对于铸态镍铝青铜合金来说，大的κ相和铸造缩孔使保护膜不连续且不均匀，而且各个相的成分和结构不同，各个相的保护膜的生长速率也不相同，这样可能会在各个相的保护膜之间形成生长应力，从而在不同的相间形成裂纹［图 3.26（b）］。由于各个相之间的电位存在较大的差别，会使两相之间发生电化学腐蚀，从而造成在相界处的 Cl^-的富集，加速镍铝青铜合金的腐蚀速率［图 3.26（b）］。以上分析表明，铸态镍铝青铜合金的保护膜更薄且容易被破坏，或者没有保护作用[17, 29, 31]。另外，根据我们前面的分析，铸态镍铝青铜合金在β′相处发生局部腐蚀，这可能是由于，尽管在腐蚀的初始阶段β′相会迅速地形成保护膜，使腐蚀速率较慢，但是随着时间的延长，β′相上形成的保护膜很脆，很容易形成微裂纹［图 3.26（a）］，在这种情况下，腐蚀液会沿着微裂纹继续向下腐蚀，从而形成局部腐蚀。而搅拌摩擦加工消除了铸造缺陷，显微组织均匀，使镍铝青铜合金发生均匀腐蚀，在合金表面生成的保护膜也是均匀连续的，且生长速率较快，比铸态合金的保护膜具有更强的保护性，因此可以明显改善合金的耐腐蚀性能。许多研究获得了与此相同的结论，如搅拌摩擦加工可以消除铝合金中容易发生电化学腐蚀的 $CuAl_2$ 颗粒，从而改善铝合金的耐腐蚀性能[36, 37]。

搅拌摩擦加工镍铝青铜合金和铸态镍铝青铜合金具有相似的动电位极化曲线（图 3.24），这可能是由于搅拌摩擦加工造成镍铝青铜合金严重的塑性变形，在试样中会形成较高的残余应力。Prevey 等[38]报道了在搅拌摩擦加工镍铝青铜合金平行和垂直加工路径上的残余应力分别超过+200MPa 和−200MPa。根据能斯特方程，对于具有残余应力的试样，其吉布斯自由能增加，电位减小，因此它们的动电位极化曲线几乎没有差别。

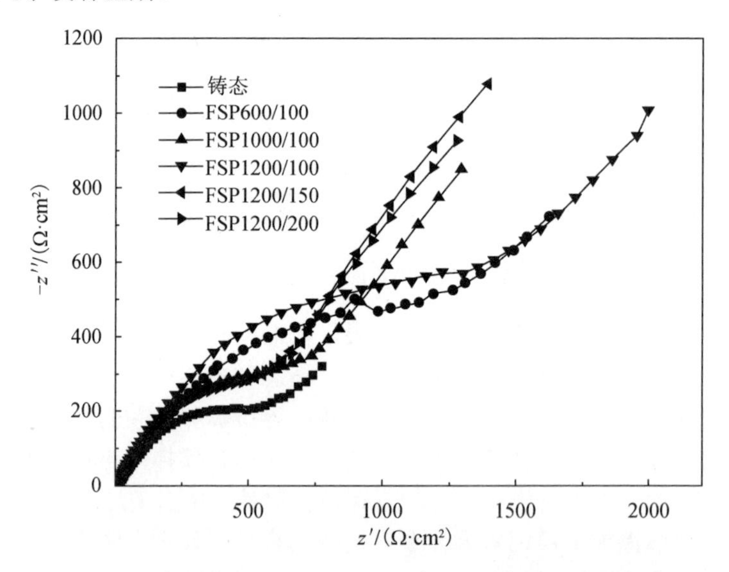

图 3.25　铸态和搅拌摩擦加工镍铝青铜合金的奈奎斯特曲线

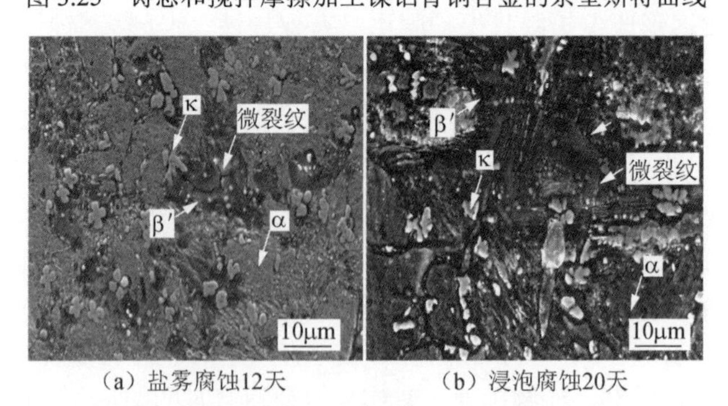

（a）盐雾腐蚀12天　（b）浸泡腐蚀20天

图 3.26　铸态镍铝青铜合金腐蚀后形貌

参 考 文 献

[1] LORIMER G, HASAN F, IQBAL J, et al. Observation of microstructure and corrosion behaviour of some aluminium bronzes[J]. British Corrosion Journal, 1986, 4 (21): 244-248.

[2] SONG Q N, ZHENG Y G, NI D R, et al. Studies of the nobility of phases using scanning Kelvin probe microscopy and its relationship to corrosion behaviour of Ni-Al bronze in chloride media[J]. Corrosion Science, 2015, 92: 95-103.

[3] NAKHAIE D, DAVOODI A, IMANI A. The role of constituent phases on corrosion initiation of NiAl bronze in acidic media studied by SEM-EDS, AFM and SKPFM[J]. Corrosion Science, 2014, 80: 104-110.

[4] QIN Z B, WU Z, ZEN X, et al. Improving corrosion resistance of a nickel-aluminum bronze alloy via nickel ion implantation[J]. Corrosion, 2016, 10 (72): 1269-1280.

[5] WHARTON J A, BARIK R C, KEAR G, et al. The corrosion of nickel-aluminium bronze in seawater[J]. Corrosion Science, 2005, 12 (47): 3336-3367.

[6] WHARTON J A, STOKES K R. The influence of nickel-aluminium bronze microstructure and crevice solution on the initiation of crevice corrosion[J]. Electrochimica Acta, 2008, 5 (53): 2463-2473.

[7] SCHÜSSLER A, EXNER H. The corrosion of nickel-aluminium bronzes in seawater: I. protective layer formation and the passivation mechanism[J]. Corrosion Science, 1993, 11 (34): 1793-1802.

[8] NEODO S, CARUGO D, WHARTON J A, et al. Electrochemical behaviour of nickel-aluminium bronze in chloride media: influence of pH and benzotriazole[J]. Journal of Electroanalytical Chemistry, 2013, 695: 38-46.

[9] WU Z, CHENG Y F, LIU L, et al. Effect of heat treatment on microstructure evolution and erosion-corrosion behavior of a nickel-aluminum bronze alloy in chloride solution[J]. Corrosion Science, 2015, 98: 260-270.

[10] KEAR G, BARKER B, STOKES K, et al. Flow influenced electrochemical corrosion of nickel aluminium bronze: part II. anodic polarisation and derivation of the mixed potential[J]. Journal of Applied Electrochemistry, 2004, 12 (34): 1241-1248.

[11] NI D R, XIAO B L, MA Z Y, et al. Corrosion properties of friction-stir processed cast NiAl bronze[J]. Corrosion Science, 2010, 5 (52): 1610-1617.

[12] SABBAGHZADEH B, PARVIZI R, DAVOODI A, et al. Corrosion evaluation of multi-pass welded nickel-aluminum bronze alloy in 3.5% sodium chloride solution: a restorative application of gas tungsten arc welding process[J]. Materials & Design, 2014, 58: 346-356.

[13] WANG C, JIANG C, CHAI Z, et al. Estimation of microstructure and corrosion properties of peened nickel aluminum bronze[J]. Surface and Coatings Technology, 2017, 313: 136-142.

[14] STERN M, GEARY A L. Electrochemical polarization I. A theoretical analysis of the shape of polarization curves[J]. Journal of The Electrochemical Society, 1957, 1 (104): 56-63.

[15] MISHRA R, BALASUBRAMANIAM R. Effect of nanocrystalline grain size on the electrochemical and corrosion behavior of nickel[J]. Corrosion Science, 2004, 12 (46): 3019-3029.

[16] SZCZYGIEL B, KOLODZIEJ M. Composite Ni/Al_2O_3 coatings and their corrosion resistance[J]. Electrochimica Acta, 2005, 20 (50): 4188-4195.

[17] SONG Q N, ZHENG Y G, JIANG S L, et al. Comparison of corrosion and cavitation erosion behaviors between the as-cast and friction-stir-processed nickel aluminum bronze[J]. Corrosion, 2013, 11 (69): 1111-1121.

[18] WALTER G. A review of impedance plot methods used for corrosion performance analysis of painted metals[J]. Corrosion Science, 1986, 9 (26): 681-703.

[19] XIAO Z, LI Z, ZHU A, et al. Surface characterization and corrosion behavior of a novel gold-imitation copper alloy with high tarnish resistance in salt spray environment[J]. Corrosion Science, 2013, 76: 42-51.

[20] CULPAN E, ROSE G. Microstructural characterization of cast nickel aluminium bronze[J]. Journal of Materials Science, 1978, 8 (13): 1647-1657.

[21] HASAN F, JAHANAFROOZ A, LORIMER G, et al. The morphology, crystallography, and chemistry of phases in as-cast nickel-aluminum bronze[J]. Metallurgical Transactions A, 1982, 8 (13): 1337-1345.

[22] COTTAM R, BRANDT M. Laser surface treatment to improve the surface corrosion properties of nickel-aluminum bronze[M]//LAWRENCE J, WAUGH D G. Laser Surface Engineering, Processes and Applications. Cambridge: Woodhead Publishing, 2015: 469-481.

[23] QIN Z, LUO Q, ZHANG Q, et al. Improving corrosion resistance of a nikel-aluminum bronzes by surface modification with chromium ion implantation [J]. Surface & Technology, 2018, 334: 402-409.

[24] NORTH R, PRYOR M. The influence of corrosion product structure on the corrosion rate of Cu-Ni alloys[J]. Corrosion Science, 1970, 5 (10): 297-311.

[25] ZHENG Y, YAO Z, WEI X, et al. The synergistic effect between erosion and corrosion in acidic slurry medium[J]. Wear, 1995, 186: 555-561.

[26] WOOD R, HUTTON S. The synergistic effect of erosion and corrosion: trends in published results[J]. Wear, 1990, 2 (140): 387-394.

[27] YU H, ZHENG Y, YAO Z. Cavitation erosion corrosion behaviour of manganese-nickel-aluminum bronze in comparison with manganese-brass[J]. Journal of Materials Science & Technology, 2009, 6 (25): 758.

[28] NI D R, XUE P, WANG D, et al. Inhomogeneous microstructure and mechanical properties of friction stir processed NiAl bronze[J]. Materials Science & Engineering A, 2009, 1-2 (524): 119-128.

[29] SONG Q N, ZHENG Y G, NI D R, et al. Corrosion and cavitation erosion behaviors of friction stir processed Ni-Al bronze: effect of processing parameters and position in the stirred zone[J]. Corrosion, 2014, 3 (70): 261-270.

[30] NAKHAIE D, DAVOODI A, IMANI A. The role of constituent phases on corrosion initiation of NiAl bronze in acidic media studied by SEM-EDS, AFM and SKPFM[J]. Corrosion Science, 2014, 3 (80): 104-110.

[31] SONG Q N, ZHENG Y G, NI D R, et al. Characterization of the corrosion product films formed on the as-cast and friction-stir processed Ni-Al bronze in a 3.5 wt% NaCl solution[J]. Corrosion -Houston Tx-, 2015, 4 (71): 606-614.

[32] LENARD D R, BAYLEY C J, NOREN B A. Electrochemical monitoring of selective phase corrosion of nickel aluminum bronze in seawater[J]. Corrosion-Houston Tx-, 2008, 10 (64): 764-772.

[33] MISHRA R S, MA Z Y. Friction stir welding and processing[J]. Materials Science & Engineering R Reports, 2005, 1-2 (50): 1-78.

[34] KWON Y J, SHIGEMATSU I, SAITO N. Mechanical properties of fine-grained aluminum alloy produced by friction stir process[J]. Scripta Materialia, 2003, 8 (49): 785-789.

[35] NI D R, XIAO B L, MA Z Y, et al. Corrosion properties of friction-stir processed cast NiAl bronze[J]. Corrosion Science, 2010, 5 (52): 1610-1617.

[36] SUREKHA K, MURTY B S, RAO K P. Microstructural characterization and corrosion behavior of multipass friction stir processed AA2219 aluminium alloy[J]. Surface & Coatings Technology, 2008, 17 (202): 4057-4068.

[37] SUREKHA K, MURTY B S, RAO K P. Effect of processing parameters on the corrosion behaviour of friction stir processed AA 2219 aluminum alloy[J]. Solid State Sciences, 2009, 4 (11): 907-917.

[38] PREVEY P S, HORNBACH D J, JAYARAMAN N. Controlled plasticity burnishing to improve the performance of friction stir processed Ni-Al bronze[J]. Materials Science Forum, 2007, 539: 3807-3813.

第4章　镍铝青铜合金的应力腐蚀行为

4.1　引　　言

应力腐蚀（也可称作应力腐蚀开裂，stress corrosion cracking，SCC）是指金属设备和部件在应力和特定的腐蚀性环境的联合作用下，出现低于材料强度极限的脆性破坏形式[1]。值得注意的是，仅就产生应力腐蚀的环境介质而言，一般不算是强腐蚀性的，至多只是会对材料产生轻微的腐蚀侵害。如果在没有任何应力存在的条件下，我们可以认为大多数材料在这些环境介质中是耐腐蚀的。从另一方面考虑，对材料构件造成应力腐蚀破坏的应力水平通常也是非常低的，如果在空气或惰性保护气体环境条件下，这样的应力水平是远不能对材料造成破坏的。正是因为应力腐蚀发生的条件具有这样“缓和的腐蚀介质”及“较低的应力水平”的特点，所以其往往容易被人们所忽略而造成重大的安全隐患和损失[2]。

镍铝青铜合金是一种广泛应用于海洋船舶动力螺旋桨、液体阀门和流体泵等部件的合金，因此其服役工作环境和特性决定了它必然与腐蚀介质相接触。此外，镍铝青铜合金在铸造冷却、加工成形及工作服役过程中，都会存在内、外应力的作用[3]。在腐蚀介质和应力的联合作用下，镍铝青铜合金会受到应力腐蚀的侵害。本章通过研究镍铝青铜合金的变形残余应力情况、表面应力腐蚀裂纹萌生、合金微观组织对应力腐蚀敏感性的影响等，从多个角度、多个方面来研究镍铝青铜合金的应力腐蚀行为，揭示其内在作用机理，为延长合金在腐蚀环境下的使用寿命和提高合金的抗应力腐蚀性能提供理论指导。

4.2　镍铝青铜合金的残余应力

随着材料研究手段的不断发展和对材料失效破坏分析的不断深入，越来越多的研究者都开始聚焦材料内部存在的残余应力。残余应力是指材料在消除外力或者不均匀的温度场等作用后仍留在材料内使其各部分相平衡的内应力。它通常是由于材料内部各部分（各个相）不均匀塑性变形、热膨胀系数不同，或者是不均匀相变造成的，是材料的弹性各向异性和塑性各向异性的反映[4]。研究镍铝青铜合金残余应力的产生及变化规律，有利于从内在的耦合机制上理解镍铝青铜合金的应力腐蚀行为。

4.2.1 镍铝青铜合金残余应力测试实验过程

采用真空熔炼法，铸造直径为150mm、长度为200mm的镍铝青铜合金铸锭。采用荧光光谱法测量镍铝青铜合金的化学成分（质量分数），分别为9.85%的铝、3.86%的铁、3.76%的镍、1.03%的锰和余量的铜。为了减小试样偏析程度，本实验中使用的材料均从铸锭中心取样，试样置于已加热至675℃的热处理炉中进行2h热处理，然后空气冷却，减少β′相的含量。原位中子衍射残余应力测试实验在四川省绵阳市中国工程物理研究院完成。使用线切割将镍铝青铜合金试样切割成拉伸试样，标距尺寸为长度40mm、宽度4mm、厚度4mm。试样被固定在中子衍射应力仪试样台的拉伸仪器上，使用应变引伸计记录试样在拉伸方向上的位移变化。选取衍射角$2\theta=44°$、45.5°和51.5°，这3个角度分别对应镍铝青铜合金在Cu（111）、Fe_3Al（220）/NiAl（110）和Cu（200）晶面上的衍射峰。选取退火态与7种加载应力（200MPa、300MPa、400MPa、450MPa、500MPa、550MPa和600MPa）为加载过程中的测量点，进行原位中子衍射实验。同时，选取6种应力（300MPa、400MPa、450MPa、500MPa、550MPa和600MPa）作为卸载过程中的测量点，进行原位中子衍射实验。针对不同衍射峰衍射的强度，对Cu（111）、Fe_3Al（220）/NiAl（110）和Cu（200）衍射峰的衍射时间分别选取为5min、15min与8min。同时，使用ZwickT1拉伸仪器和$10^{-3}s^{-1}$的变形速率对镍铝青铜合金拉伸试样进行拉伸变形，将不同试样拉伸至300MPa、400MPa、450MPa、500MPa、550MPa和600MPa后卸载，将在标距尺寸内的不同试样切割，制作成透射电子显微镜试样，进行观察。

4.2.2 结果与讨论

1. 退火态镍铝青铜合金组织形貌

图4.1（a）显示了退火态镍铝青铜合金试样的显微组织，组织中包括α相基体、β′相和3种不同的镍铁铝金属间化合物相（κ_{II}、κ_{III}和κ_{IV}）。使用Image-Pro Plus软件对每个相的体积分数进行分析，κ_{II}相是球形枝状结构，含量约为10%；κ_{III}相是层片状共析组织，与层片状α相共存，含量约为7%；细小弥散分布的κ_{IV}相在α相晶粒中均匀分布，含量约5%；马氏体结构的β′相含量约为1%，会在675℃退火过程中转化为κ_{III}+α层状结构。图4.1（b）显示了退火态镍铝青铜合金的XRD图谱。通过对Cu（111）和Fe_3Al（220）/NiAl（110）最强峰强度的比例关系的分析，得到κ相在镍铝青铜合金中大体含量为15%。

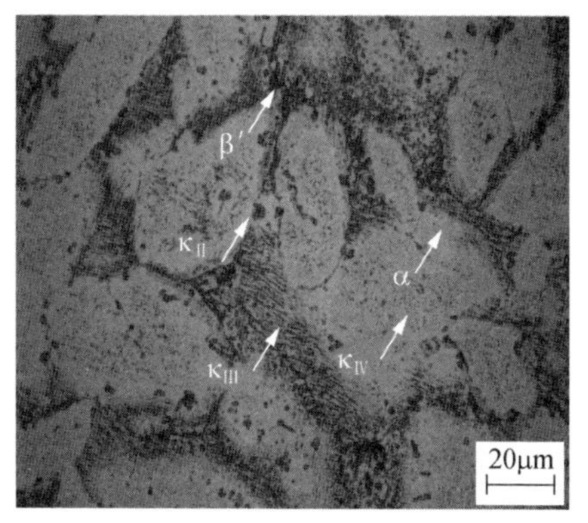

（a）退火态镍铝青铜合金试样的显微组织

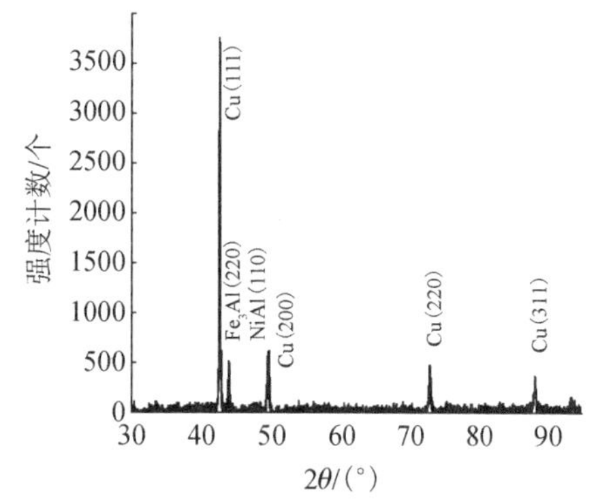

（b）退火态镍铝青铜合金试样的XRD图谱

图 4.1　退火态镍铝青铜合金试样显微组织和 XRD 图谱

2. 中子衍射峰位移与宽化

选择铜固溶强化的两个峰和κ相的一个峰进行中子衍射实验。图 4.2 显示了衍射峰 2θ为 51°、44° 和 45.4° 时在不同加载应力下中子衍射测试的衍射峰，其中实线是采用高斯函数对衍射数据点进行的拟合结果。衍射角为 51° 和 44° 的 Cu（200）和 Cu（111）峰［图 4.2（a）和（b）］，为铜衍射图谱中最强的两个峰。从图 4.2（a）和（b）中可以看出，随着加载应力的升高，铜的衍射峰逐渐向低角度偏移且衍射峰发生宽化。

衍射角为 45.5° 的峰［图 4.2（c）］为金属间化合物 Fe_3Al（220）/NiAl（110）的衍射峰。镍铝青铜合金的 κ_{II} 相是以 Fe_3Al 为基底的 DO_3 晶体结构，其晶格常数为（5.71±0.06）Å。细小弥散的 κ_{IV} 相具有与 κ_{II} 相相似的化学含量与晶体结构，其晶格常数为（5.77±0.06）Å。Tang 等[5]在文章中报道，Fe_3Al（220）峰是 XRD 图谱中的最强峰，衍射角大约在 45°。κ_{III} 相是以 NiAl 为基底的 B_2 结构，其晶格常数为（2.88±0.03）Å。NiAl 合金在 XRD 图谱中最强峰也是在 45° 左右[6]。NiAl 合金的晶格常数为 Fe_3Al 合金晶格常数的一半，因此，在镍铝青铜合金中子衍射图谱中衍射角为 45.5° 的峰是 NiAl（110）峰与 Fe_3Al（220）峰的叠加峰。NiAl 与 Fe_3Al 相的其他峰由于强度太弱，难以得到准确的峰形拟合。因此，在 45.5° 的衍射峰被定义为(Fe,Ni)Al（110）相，用以代表在镍铝青铜合金中所有的κ相。(Fe,Ni)Al（110）相与 Cu（200）和 Cu（111）峰随加载应力变化的规律一致，随加载应力增加，峰位置向小角度移动且峰发生宽化。

图 4.3 显示了在不同应力状态下卸载后 Cu（200）、Cu（111）和(Fe,Ni)Al（110）的衍射峰。Cu（200）峰向高角度移动，但是随着变形程度的增加，峰又向低角度移动，如图 4.3（a）所示；Cu（111）峰移向高角度，如图 4.3（b）所示；(Fe,Ni)Al（110）峰则随着变形程度的增加移向低角度，如图 4.3（c）所示。三个角度的衍射峰随着变形程度的增加而宽化。

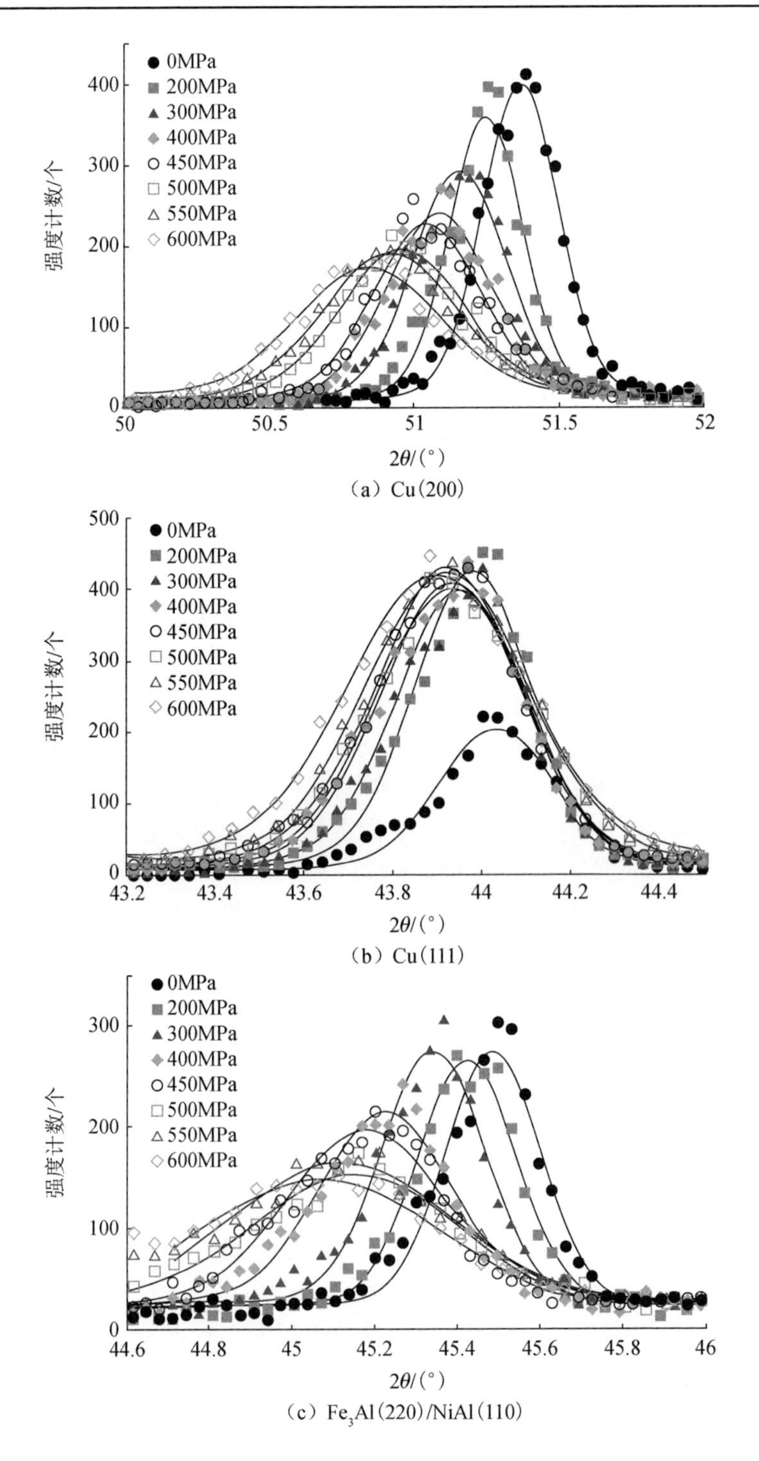

图 4.2　原位加载状态下各相不同晶面的中子衍射峰图谱

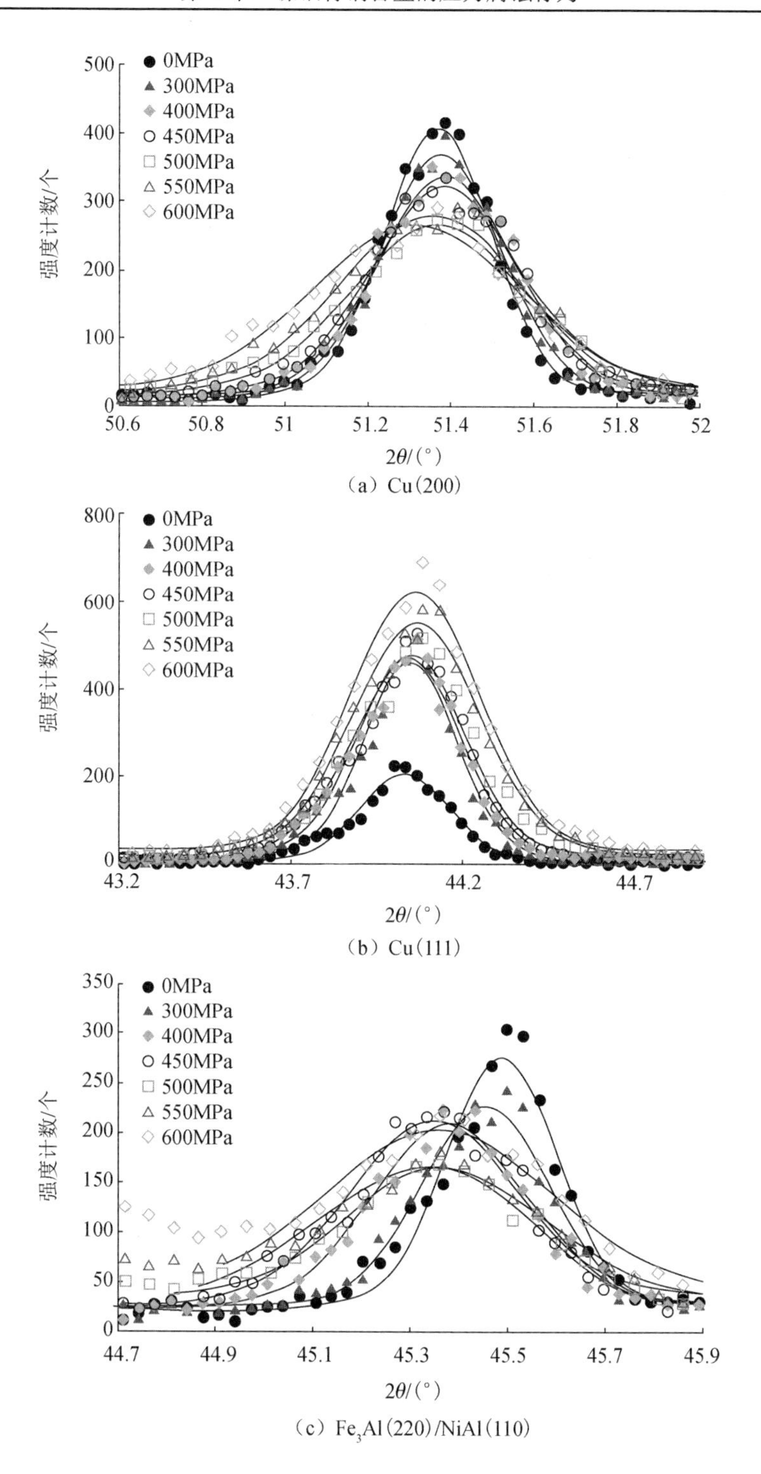

（a）Cu(200)

（b）Cu(111)

（c）Fe_3Al(220)/NiAl(110)

图 4.3　卸载后各相不同晶面的中子衍射峰图谱

对于在原位加载状态下测量的中子衍射峰，当加载应力升高到 600MPa 时，Cu(200)峰的 2θ 衍射角从 51.37° 移向 50.85°，Cu(111)峰从 44.03° 移向 43.90°，且(Fe,Ni)Al（110）峰从 45.49° 移向 45.07°。相比在原位加载状态下的测量值，试样在卸载后各个峰的峰位移偏移减小，但峰宽化相近。当加载应力增加到 600MPa 时，Cu（200）峰 2θ 衍射角位置从 51.37° 移动到 51.39° 再回到 51.31°，Cu（111）峰位置从 44.03° 移动到 44.06°，(Fe,Ni)Al（110）峰从 45.49° 移动到 45.35°。可见，卸载后峰位移相比加载时偏移减小，但是峰宽化变化不大。

3. 半高峰宽与晶格应变

使用中子衍射测量的衍射峰位移可以得出材料在不同应力下的晶格应变，由衍射角为 θ_{hkl} 和 θ_{hkl}^0（无应力状态下的峰衍射角）的晶格间距 d_{hkl} 和 d_{hkl}^0 的变化计算得出，如式（4-1）所示[7]。

$$\Delta\varepsilon_{hkl} = \frac{d_{hkl} - d_{hkl}^0}{d_{hkl}^0} = -\cot(\theta_{hkl})\Delta\theta_{hkl} \tag{4-1}$$

图 4.4（a）显示了在不同加载应力状态下，由 Cu（200）、Cu（111）和(Fe,Ni)Al（110）衍射峰位移计算出的晶格应变与加载应力的关系。由高斯函数拟合的曲线得出的衍射峰位移值的误差变化为 0.005%～0.03%。

退火态镍铝青铜合金显示出(139±24)GPa 的杨氏模量和(272±30)MPa 的屈服强度。Cu-7%Al 合金具有与镍铝青铜合金中α相相似的铝含量。Cu-7%Al 合金具有 115～131GPa 的杨氏模量和 250MPa 的屈服强度[8]。因此，α相的屈服应力的范围有很大可能在 200～300MPa。Fe_3Al（330～760MPa）[9]和 NiAl（400MPa）[10]金属间化合物具有高屈服强度。对镍铝青铜合金而言，200MPa 以下的区域应该为α相和κ相的弹性区域，将该区域命名为Ⅰ区，如图 4.4（a）所示。铜沿〈200〉方向的杨氏模量为 129GPa，沿〈111〉方向的杨氏模量为 141GPa[11]，Fe_3Al 合金沿〈110〉方向的杨氏模量为 131GPa[12]，NiAl 合金沿〈110〉方向的杨氏模量为 290GPa[13]。在图 4.4（a）中，Cu（200）在弹性区中的曲线斜率高于其他两个峰。

图 4.4（a）中，Cu（111）与(Fe,Ni)Al（110）的晶格应变在 200MPa 之后开始分离，其分离的原因是逐渐升高的内应力导致α相发生塑性流变。当加载应力进入 200～450MPa 范围，Cu（111）峰的晶格应变也随之增长，到 450MPa 时增长开始平缓；而在 450MPa 之后，(Fe,Ni)Al（110）峰晶格应变的增长开始变缓，可能是由于κ相开始发生屈服。基于晶格应变增长率的变化，200～450MPa 的区域被命名为Ⅱ区，是弹塑性区域；而在 450MPa 之后的区域为塑性区域，被命名为Ⅲ区。Cu（200）与 Cu（111）的晶格应变差异是由不同方向导致的。〈200〉方向的晶粒要比〈111〉方向的晶粒软[14]，该结论与图 4.4（a）中 Cu（111）晶面的

屈服现象符合。值得注意的是，塑性变形材料导致的中子衍射峰形的不对称性也会影响高斯函数拟合的结果，所以拟合之后的计算结果会与预期值有一定误差。

由单峰位置移动与峰宽化都可以计算得到晶格应变。图 4.4（b）显示了不同加载应力状态下试样中 Cu（200）、Cu（111）和(Fe,Ni)Al（110）衍射峰的半高峰宽的变化。由高斯函数拟合的曲线得出，衍射峰半高峰宽的误差变化为 1.6%～4.6%。Cu（200）和 Cu（111）峰形在弹性区域（区域Ⅰ）基本没有显现出宽化。在区域Ⅱ，铜固溶体的峰宽化缓慢，说明α相基体发生屈服。在低于 300MPa 的弹性区域，κ相的衍射峰宽化缓慢，而到了区域Ⅱ和区域Ⅲ，随着加载应力的升高，半高峰宽迅速升高。

晶格应变同时还可以通过半高峰宽的变化计算得出[15]，减少仪器宽化和其他影响后，公式如下所示：

$$\Delta\varepsilon_{hkl} = \frac{\beta_{hkl} - \beta_{hkl}^{0}}{4\tan(\theta_{hkl})} \tag{4-2}$$

式中，β_{hkl} 为材料变形后晶格在 hkl 方向上的半高峰宽；β_{hkl}^{0} 为在无应力状态下的半高峰宽。

由式（4-2）得出α相基体和κ相晶格应变随加载应力的变化如图 4.4（c）所示。相比于图 4.4（a），峰宽化较峰位移计算的晶格应变为塑性变形提供较少的信息和较小的晶格应变。晶格应变可以反过来影响峰宽化。除了晶格应变，塑性变形产生的亚晶也会导致半高峰宽的变化。另外，层错与孪晶的形成通过影响峰的对称性也会改变衍射峰的形状。所有这些因素会影响半高峰宽的精确计算，进而影响由式（4-1）和式（4-2）计算得出的晶格应变。

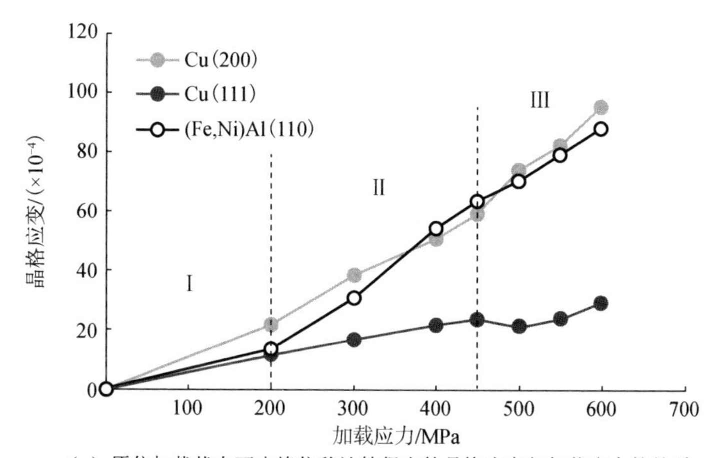

（a）原位加载状态下由峰位移计算得出的晶格应变与加载应力的关系

图 4.4　原位加载状态下各种晶格变化与加载力的关系

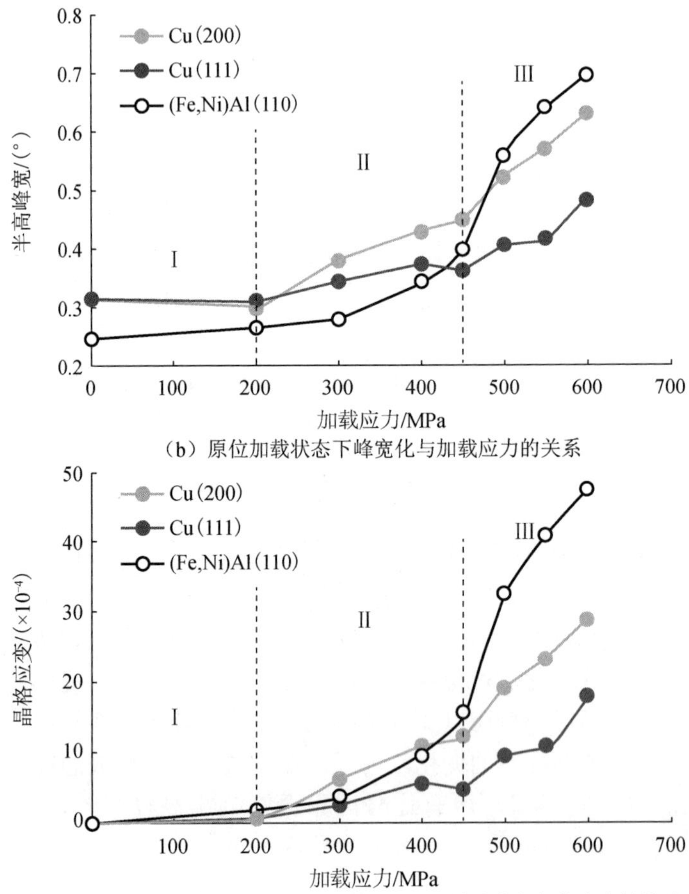

（b）原位加载状态下峰宽化与加载应力的关系

（c）原位加载状态下由峰宽化计算得出的晶格应变与加载应力的关系

图 4.4（续）

4. 孪晶与层错

图 4.5（a）显示了 300MPa 拉伸变形后镍铝青铜合金中出现的孪晶现象。图 4.5（b）显示了图 4.5（a）中放大的相邻、对称且连贯的两个区域。图 4.5（c）显示了 500MPa 拉伸变形后镍铝青铜合金中出现的孪晶现象。图 4.5（d）显示了图 4.5（c）中放大的两个对称的相邻区域和高分辨透射电镜图谱；并且，图 4.5（d）中的插图显示的孪晶结构与纯铜的孪晶图谱一致[16]。

孪晶在低层错能的面心立方晶体材料中更容易被观测到。对于 Cu-Al 合金来说，层错能与孪晶厚度呈正比例关系。在铝含量为 1%～4.5%的范围内，孪晶的平均厚度随着铝含量升高而降低[17]。当镍铝青铜合金的加载应力从 300MPa 升高到 600MPa 时，TEM 观测下α相基体铜固溶体的平均孪晶厚度为 43～65nm。这些值与室温下 Cu-Al 合金的孪晶厚度相近。考虑到镍铝青铜合金在拉伸变形中使用同样的应变速率和测试温度，不同测试区域中含有不同的元素含量（包括铝、锰、铬、铁和镍）可能是导致孪晶厚度变化的原因。

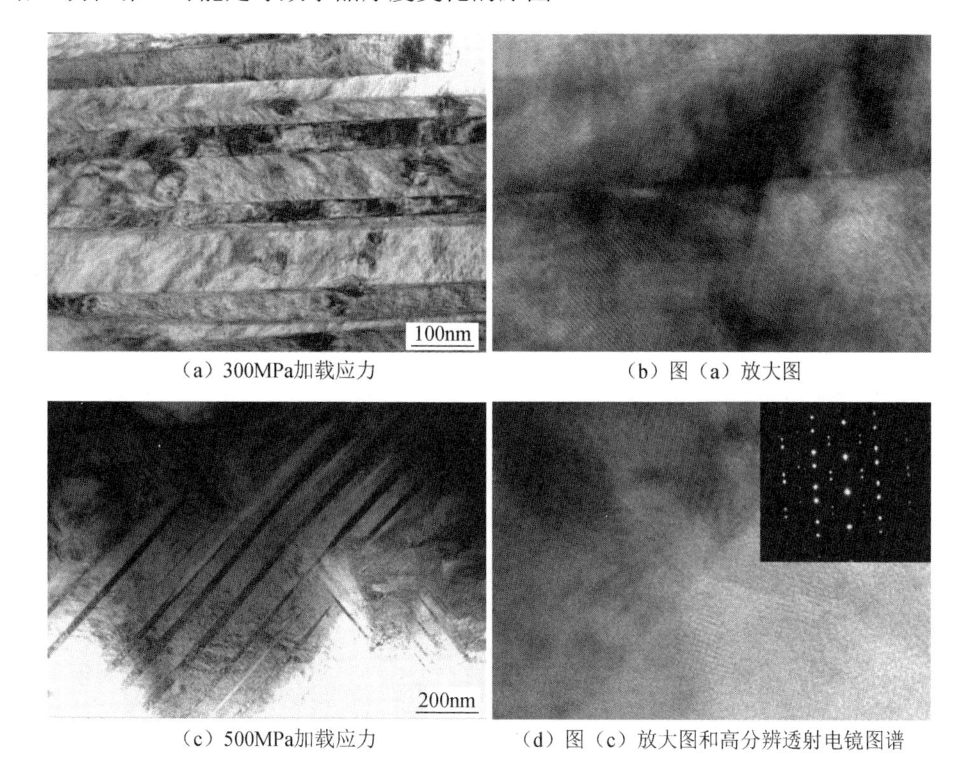

（a）300MPa加载应力　（b）图（a）放大图

（c）500MPa加载应力　（d）图（c）放大图和高分辨透射电镜图谱

图 4.5　不同加载应力拉伸变形后镍铝青铜合金孪晶现象

孪晶概率直接关系到衍射峰的不对称性，该值可以直接从峰形与分割函数参数得出。孪晶概率与拉伸应变有正比趋势，但是也会被观测区域的合金元素所影响。图 4.2（a）中，在无变形及无加载应力条件下，Cu（200）峰对称性（高斯拟合 R^2 值达 99.1%）较 500MPa 加载应力下（98.2%）和 600MPa 加载应力下（97.6%）要高。变形试样的 Cu（200）峰中半高峰处有部分数据点偏离了高斯拟合曲线。然而，TEM 观测下，随着变形程度的增加，孪晶的数量并未出现明显的增加。

图 4.6 显示了不同加载应力拉伸变形后镍铝青铜合金层错现象。图 4.6（a）中显示的方形颗粒化学成分（质量分数）为 15.6%的铝、2.5%的铬、2.3%的锰、47.3%的铁、1.8%的镍和 30.5%的铜。其中，铁与铝原子分数的比值为 3∶1，表明颗粒是以 Fe_3Al 为基底的 κ_{IV} 相。镍铝青铜合金中这一类 κ_{IV} 相的形貌同样也在 Hasan 等[18]的文章中有所报道。镍铝青铜合金中与方形 κ_{IV} 颗粒相互作用的层错现

象最初在 300MPa 拉伸变形后被观测到［图 4.6（a）］。层错现象倾向于在颗粒的凸角处高应力集中区生成，向α相基体扩展。镍铝青铜合金在 400MPa 拉伸变形后，开始出现交错层错（层错的交角为 90°），且层错的数量增长，如图 4.6（b）所示。在 500MPa 拉伸变形后，开始出现更多的层错和位错，如图 4.6（c）所示，且层错间的交角降低到 80°。在 600MPa 拉伸变形后，层错的数量没有明显增长，但是层错间的交角降到 45°。层错交角降低的现象可能由α相基体的剧烈变形导致。Jeong 等[19]报道，层错概率与孪晶概率与拉伸应变呈正比关系，该现象与图 4.6 中高变形导致高层错数量的结果相符合。

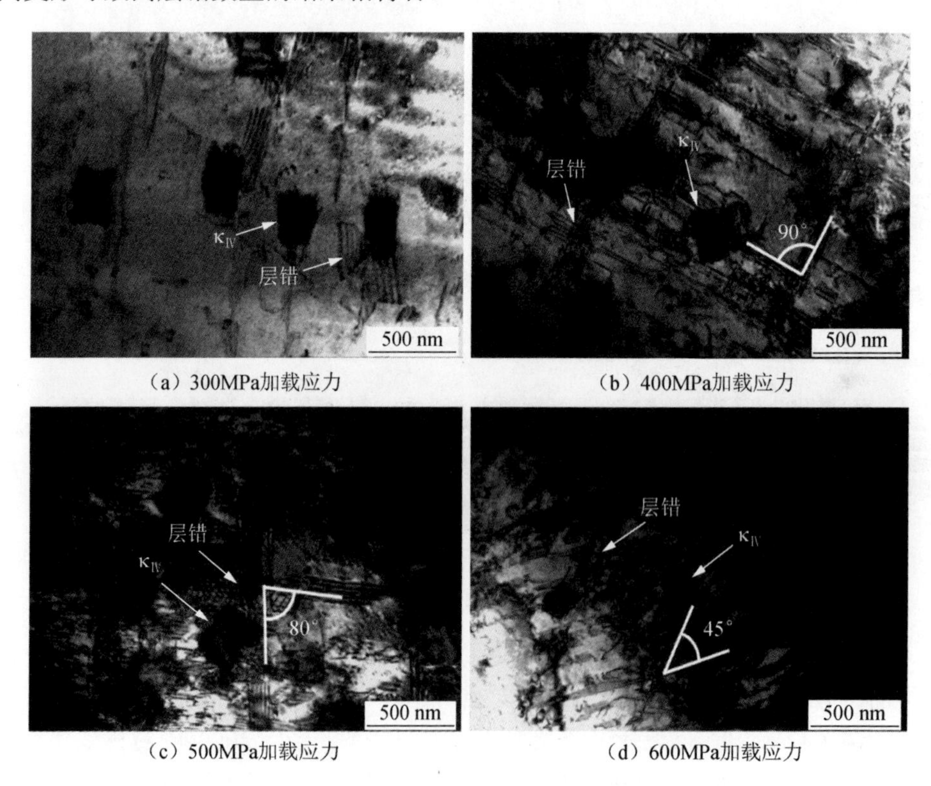

图 4.6　不同加载应力拉伸变形后镍铝青铜合金层错现象

5. 位错密度

位错密度可以由多种方法计算得出，其中，Williamson 方法使用半高峰宽变化得出不同相的位错密度，如式（4-3）所示[20]。

$$\rho_{hkl}=\frac{2\sqrt{3}}{|\boldsymbol{b}|}\frac{\left\langle {\varepsilon_{hkl}}^{2}\right\rangle^{1/2}}{D_{hkl}} \tag{4-3}$$

式中，ρ_{hkl} 为 hkl 晶格方向的位错密度；$\left\langle \varepsilon_{hkl}{}^2 \right\rangle$ 为多次测量下 $\varepsilon_{hkl}{}^2$ 的权重；$|\boldsymbol{b}|$ 为伯格斯矢量的绝对值；D_{hkl} 为区域尺度，如式（4-4）所示[15]。

$$D_{hkl} = \frac{\lambda}{\beta_{hkl}\cos(\theta_{hkl})} \tag{4-4}$$

式中，λ为中子波长，本节中使用的中子波长为 1.587Å。

铜固溶体的伯格斯矢量可以由 $\boldsymbol{b} = \sqrt{2}a/2$（$a$ 为晶格常数）计算得出，NiAl 金属间化合物的伯格斯矢量可以用 $\boldsymbol{b} = \sqrt{2}a/2$ 计算得出。图 4.7（a）显示了根据式（4-3）由 Cu（200）、Cu（111）和(Fe,Ni)Al（110）的衍射峰半高峰宽计算得出的位错密度。在区域 I，随着加载应力的提升，位错密度的增高并不明显；在区域 II，α相基体与κ相的位错密度增量相似；然而，在区域III，由 Cu（200）和(Fe,Ni)Al（110）方向峰计算得出的位错密度要比 Cu（111）方向峰计算得出的增长得快，该位错密度的快速增长可能归因于在高变形下α相基体与κ相更易发生塑性变形。值得注意的是，由峰宽化计算得出的位错密度取决于图 4.4（b）中的半高峰宽，所以，影响半高峰宽计算值的因素也同样会影响位错密度。由峰宽化得到的位错包括由所有位错引起的晶格应变和在位错墙内堆积的过量位错引起的晶格扭转两项因素。过量位错与峰宽化成正比关系，并且与相邻晶粒取向误差有关。

同时，Taylor 关系也可用来估计变形后的位错密度，由流变应力计算出位错密度，如式（4-5）所示。

$$\tau = \tau_0 + \alpha G|\boldsymbol{b}|(\rho_{\mathrm{d}})^{1/2} \tag{4-5}$$

式中，τ为剪切应力；τ_0 为摩擦应力，对于多晶铜，此力为 5MPa；α为相互作用参数，此值为 0.245；G 为剪切模量；ρ_{d} 为位错密度[21]。

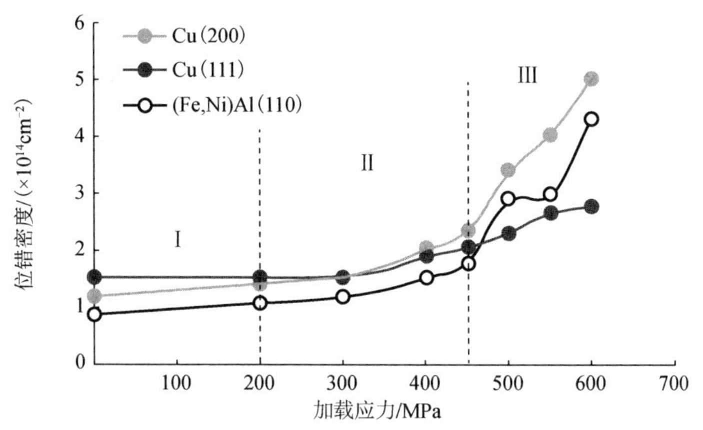

（a）由不同晶面的衍射峰半高峰宽计算得出的位错密度

图 4.7　不同方法计算得到的位错密度随变形量的关系

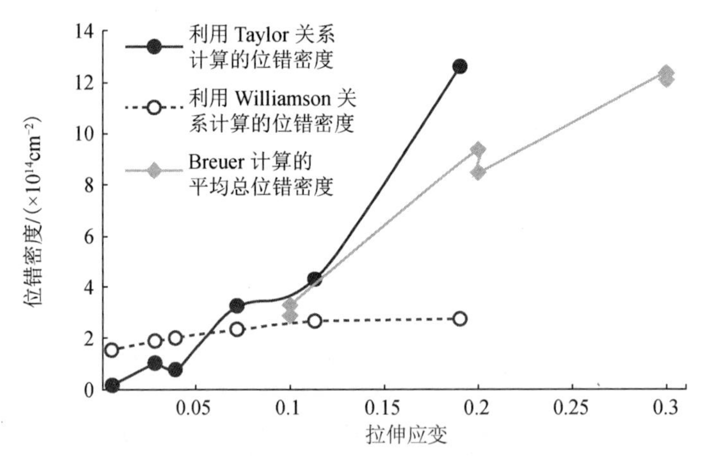

（b）由半高峰宽和流变应力计算的位错密度及Breuer计算的多晶铜位错密度随拉伸应变的变化

图 4.7（续）

为了与式（4-3）计算的位错密度保持一致，选取镍铝青铜合金 Cu（111）晶面的流变应力与剪切模量进行估算。图 4.7（b）显示了用式（4-5）计算的α相基体的位错密度。当拉伸应变超过 0.05 时，从 Williamson 公式计算的位错密度比 Taylor 公式计算的低。当拉伸应变升高到大约 0.1 时，这两种方法得出的位错密度相近，也与 Breuer 的估计值（由 Taylor 公式计算得出）相符合。有报道称，在铜金属的应变强化区间，位错密度迅速升高至 10^{14}～$10^{15}cm^{-2}$ [22]，该数值与图 4.7（b）中的结果有相同的阶数。

6. 相间内应力

当应力加载到镍铝青铜合金上时，为了保持合金内部的应力平衡，较硬相（κ相）会从已经塑性变形的较软相（α相基体）中分担应力。相似的现象在 Oliver 等[23]的文章中被报道过，当铁素体发生屈服后，一大部分的加载应力从韧性高的铁素体基体转移到碳素体相中。在镍铝青铜合金中，该力的转移规律同样可以运用到弹塑性变形区的应力平衡中，如式（4-6）所示。

$$\sigma_{\text{appl}} = (1-f)\sigma_{\alpha} + f\sigma_{\kappa} \tag{4-6}$$

式中，f为所有κ相的体积分数；σ_{appl} 为加载应力；σ_{α} 为基体承受的应力；σ_{κ} 为κ相承受的应力。

使用 Hooke 定律，不同晶面所承受的应力可以通过计算粗略估算得到：

$$\sigma_{hkl} = E_{hkl} \times \varepsilon_{hkl} \tag{4-7}$$

式中，E_{hkl} 为 hkl 晶面的弹性模量；ε_{hkl} 为 hkl 晶面的晶格应变。

不同相的体积分数可以从图 4.1（a）分析中得到。以 450MPa 拉伸应力和最强衍射峰 Cu（111）和(Fe,Ni)Al（110）为例［晶格应变从图 4.4（a）中得到］，α相基体分担的应力约为 258MPa，所有κ相（包括 Fe_3Al 和 NiAl）分担的应力约为 254MPa。α相和κ相所承担应力的总和约为 512MPa，稍微高于所加载的应力。这可能是因为κ相的体积分数（22%）是由 2D 平面分析得到的，在理论上该值要高于整体材料。而且，使用 X 射线衍射法估算出的κ相体积分数（15%）也小于图 4.1（a）的分析结果。因此，使用式（4-6）和式（4-7）计算得出的κ相分担的应力是在合理范围内的。

当镍铝青铜多相合金在加载后卸载时，整体材料应力为零，材料中固溶体铜基体与κ相间形成相间残余应力。基于其深穿透性与测试相的可选择性，使用中子衍射技术可以测试出镍铝青铜合金不同相间的内应力。图 4.8（a）显示了镍铝青铜合金在不同应力卸载后，由峰宽化计算得到的晶格应变［使用式（4-1)］。使用高斯函数拟合得出图 4.3 中不同峰形的峰位移的误差为 0.5%～2%。当镍铝青铜合金在弹塑性变形区卸载后，相间便会产生相间内应力用以调和不均匀的塑性变形。相间内应力的形成是因为较软晶粒（α相晶粒）发生塑性变形，但是较硬相（κ相）在加载状态下仍然保持弹性变形。不同于图 4.4（a）中加载应力的状态，图 4.8（a）中的晶格应变反映了拉伸变形后各相的内应变，并且在三个区域中有很大不同。由区域Ⅱ中 Cu（200）和 Cu（111）衍射峰形得出的负晶格应变显示在α相中存在压应力，同时由(Fe,Ni)Al（110）衍射峰形得出的正晶格应变显示在κ相中存在拉应力。在区域Ⅱ，随着拉伸应力的升高，α相晶格应变增加变得迟缓，显示出铜固溶体由弹性变形转化为塑性变形。明显的相间内应力可以覆盖相同相不同方向晶粒间的内应力，因此在区域Ⅱ中，α相不同方向晶粒的内应力可能不会被观测到。

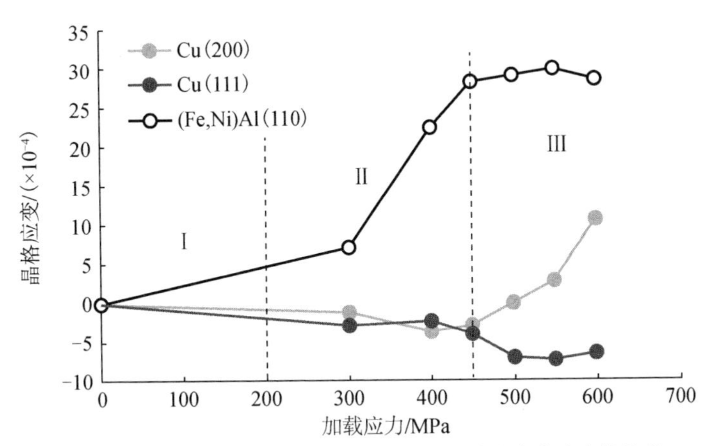

（a）卸载后由峰位移计算得出的晶格应变与加载应力的关系

图 4.8　卸载后各种晶格变化与加载应力的关系

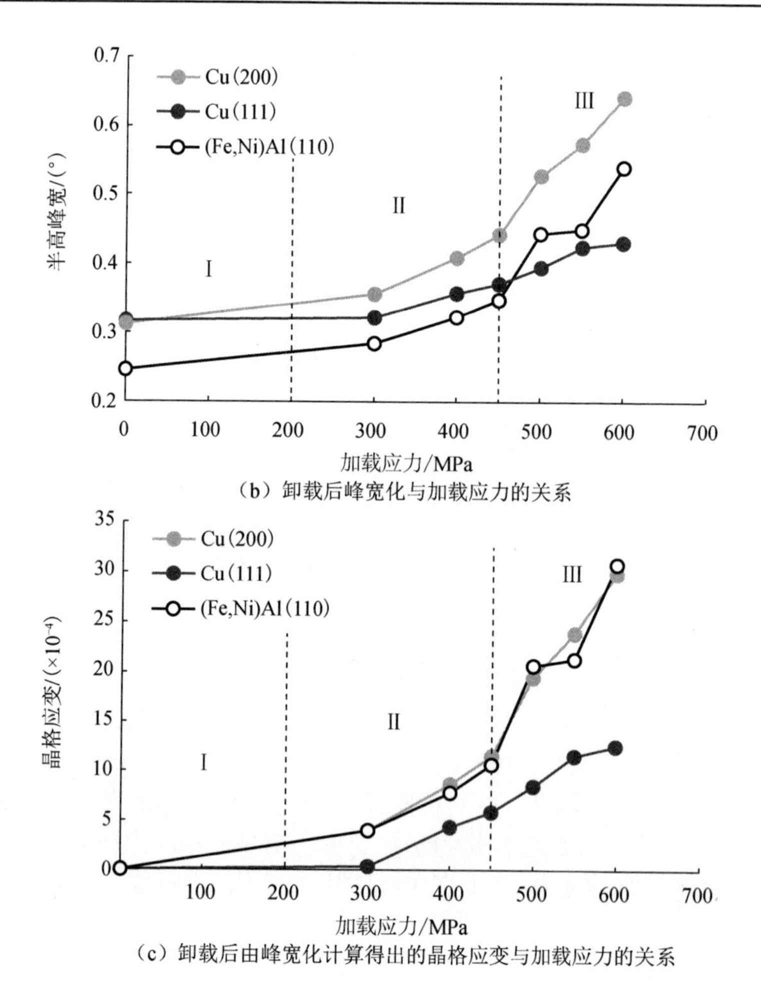

（b）卸载后峰宽化与加载应力的关系

（c）卸载后由峰宽化计算得出的晶格应变与加载应力的关系

图 4.8（续）

图 4.9 显示了α相基体［Cu（111）方向］、κ相［(Fe,Ni)Al（110）方向］和两者差（用体积分数标准化）在不同塑性应变下的相间内应力。在弹塑性变形区域Ⅱ，κ相内应力增长迅速，升到 500MPa 后保持基本不变，但是α相内应力则升至-100MPa 后保持基本不变。在区域Ⅱ，脆硬κ相作为强阻碍物，在相界面产生的位错阻碍了初始的滑移面，因此在长程距离范围不能发生交滑移。位错堆积和层错在晶粒界面附近产生。相间晶界处产生的层错在图 4.6 中有所显示，且随着加载应力的升高而增多。随着区域Ⅱ中塑性应变的增高，位错堆积的总量升高，因此，由位错堆积引起的内应力也随之升高。在区域Ⅲ中，α相内应力、κ相内应力与两者差停止增长，可能与交滑移、多滑移的激活有关。区域Ⅲ同时显示了α相和κ相处于塑性变形阶段，因为(Fe,Ni)Al（110）峰计算得到的晶格应变呈现出迟缓增长的状态。Cu（111）和 Cu（200）衍射峰计算得到的晶格应变差别较大，可

能是由于在区域III中，α相晶粒族之间相间力得以发展。

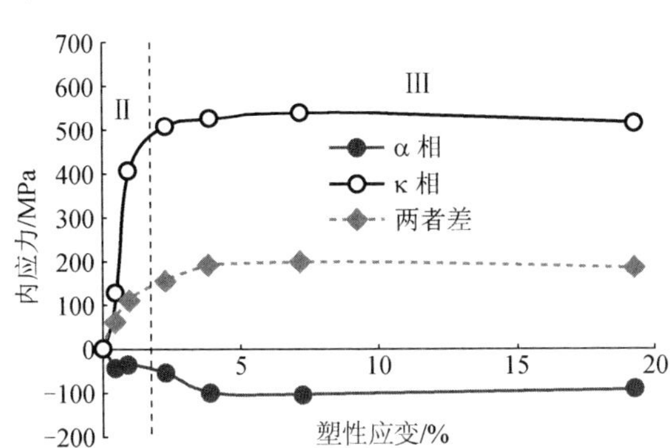

图 4.9　α相基体、κ相和两者差在不同塑性应变下的相间内应力

图 4.8（b）显示了镍铝青铜合金在不同应力下卸载，由 Cu（200）、Cu（111）和(Fe,Ni)Al（110）峰得到的半高峰宽。使用高斯函数拟合得出的图 4.3 中不同峰形的半高峰宽误差为 1.5%～4.5%。两相的峰宽化随着拉伸应力的升高而增高。相比图 4.4（b）中加载应力状态下得到的半高峰宽，卸载状态下不同取向α相晶粒显示出相似的值与相似的变化趋势。两种状态下，当拉应力升至 600MPa 时，不同α相晶粒取向的半高峰宽值从 0.3° 变化到 0.65° ［Cu(200)取向]和 0.3° 变化到 0.45° ［Cu（111）取向]。当镍铝青铜合金发生塑性变形时，位错、层错和孪晶等缺陷已经生成，由缺陷累积引起的衍射峰宽化在加载应力移除之后便不能消除。

图 4.8（c）显示了由图 4.8（b）所有衍射峰的半高峰宽代入式（4-2）中计算的晶格应变。相比由峰位移计算得出的晶格应变，半高峰宽计算得出的晶格应变没有随着加载应力的升高出现停滞现象，可以用来确定屈服现象，同时也没有正/负特质，可以确定拉/压的内应力属性。然而，两种方式得出的晶格应变绝对值有较好的符合。该数值的一致性显示了峰位移和峰宽化对于多相合金各相晶格应变的估算都是较合理的。

图 4.10 显示了镍铝青铜合金在不同拉力变形后，由透射电子显微镜观测到的不同κ相周围的位错密度变化情况。图 4.10（a）中的较大颗粒含有 13.6%的铝、1.5%的铬、2.1%的锰、59.2%的铁、2.3%的镍和 21.3%的铜（原子分数）。球形枝状形貌（较大颗粒）和化学成分指示出此颗粒为 Fe_3Al 基底的 κ_{II} 颗粒。黑色箭头指示了在α相和 κ_{II} 相界面形成的滑移带。400MPa 拉伸变形后，在α相和 κ_{IV} 相界面周围出现缠结的位错［图 4.10（b)］。另外，在 300MPa 拉伸变形后，试样中也观测到了孪晶 κ_{IV} 相颗粒。图 4.10（c）显示了 500MPa 拉伸变形后，κ_{II} 相颗粒周围出现的位错墙。κ相界面的位错密度较大，距离界面越远，位错密度越小，如图 4.10（d）所示。图 4.10（e）和（f）显示了 600MPa 拉伸变形后的两种 κ_{III} 相。图 4.10（e）中较圆的颗粒含有 28.9%的铝、1.4%的铬、1.9%的锰、19.7%的铁、26.0%的镍和 22.1%的铜（原子分数）。镍

铝原子分数的近似比值为 1∶1，表明图 4.10（e）中颗粒是以 NiAl 为基底的 κ_{III} 相。图 4.10（f）中的条状颗粒含有 36.9%的铝、1.2%铬、1.6%锰、12.1%的铁、31.4%的镍和 16.8%的铜（原子分数），显示了 NiAl 的基底结构。图 4.10（f）中的白色箭头指示了α相中α相/κ相界面的缠结位错。非常明显的是，随着变形力的增加，κ相周围的位错密度也会增加。κ相界面的位错密度较大，距离界面越远，位错密度越小，该现象支持了脆硬κ相提高了应力集中和内应力的结论。

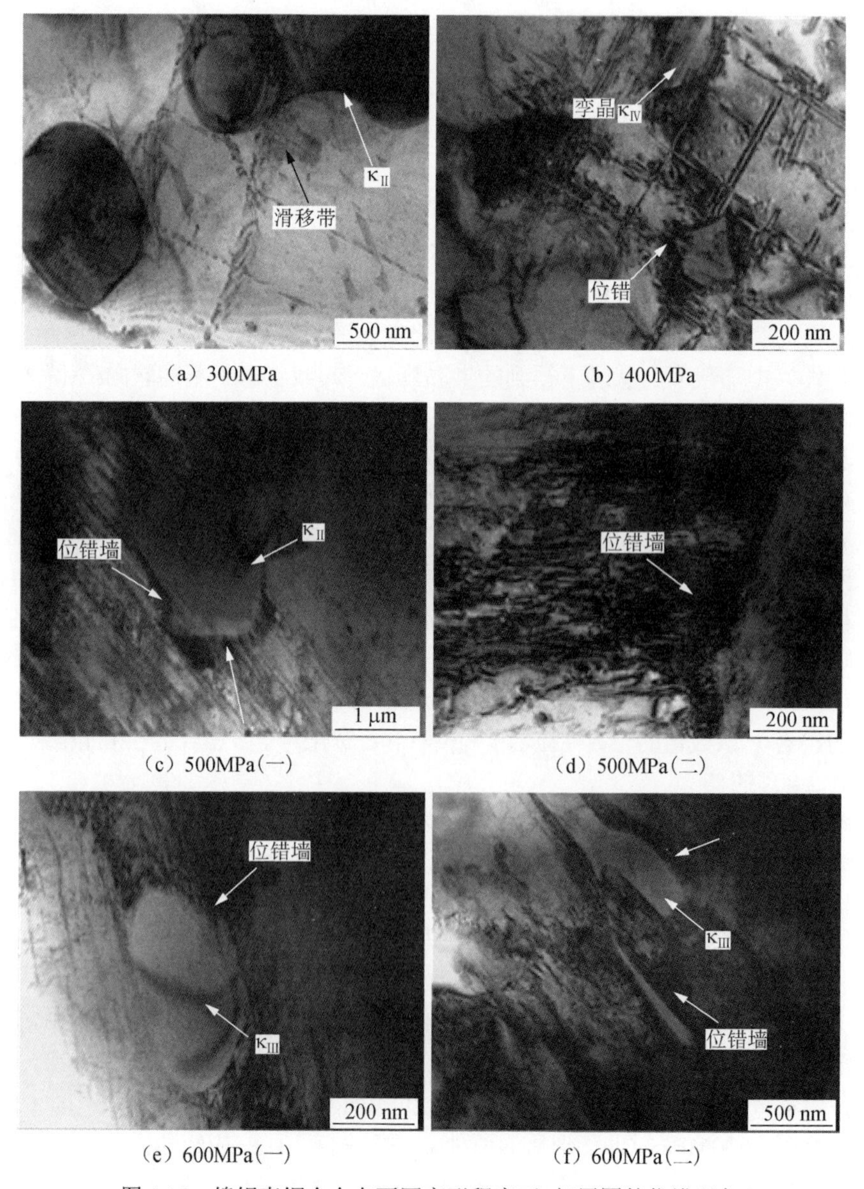

（a）300MPa　（b）400MPa　（c）500MPa(一)　（d）500MPa(二)　（e）600MPa(一)　（f）600MPa(二)

图 4.10　镍铝青铜合金在不同变形程度下κ相周围的位错现象

使用中子衍射和透射电子显微镜研究镍铝青铜合金的变形行为总结如下：

1）在加载状态与卸载状态，中子衍射测量的α相基体与κ相的衍射峰位移与宽化都得以观测到。在加载状态下，峰宽化得到的晶格应变比峰位移得到的值小，而且得到的塑性变形的信息较少；在卸载状态下，峰宽化得到的晶格应变没有显示屈服行为，也没有指示内应力拉伸或压缩的特质，但是可得到与峰位移晶格应变相近的绝对值。

2）透射电子显微镜观测到变形α相基体中的孪晶现象，且中子衍射峰形有一些不对称性。孪晶的数量随着拉伸应力的升高没有显示出明显的增长。而在α相基体中，层错的数量随着镍铝青铜合金的变形程度而增加。当拉伸应变超过 0.05 时，峰宽化估算方法得到的位错密度较流变应力方法得到的位错密度要低；当拉伸应变达到 0.1 时，两者相近。

3）拉伸应力在 300～450MPa 时，镍铝青铜合金中α相与κ相的相间内应力便会产生。中子衍射测试结果显示，α相产生的内应力为压应力，κ相产生的内应力为拉应力。位错运动被不同形貌及含量的κ相阻碍，α/κ相界面周围的位错密度随着相间内应力的增长而增大。并且，缠结的位错随着距α/κ相界面的距离减少而升高。脆硬κ相周围的堆积位错增加了其应力集中程度，进而增加了内应力。

4.3　残余应力对镍铝青铜合金腐蚀性能的影响

合金的耐腐蚀性能是影响材料应力腐蚀行为的关键，应力腐蚀、裂纹萌生往往发生在合金的相界、晶界等能量较高的地方，而这些位置恰恰也是残余应力集中的区域[3]。本节通过动电极极化实验、电化学交流阻抗实验及拉伸变形条件下的浸泡实验，研究镍铝青铜合金变形产生的残余应力对其腐蚀电化学性能变化的影响。此研究有助于确定α相和κ相之间相互作用对变形镍铝青铜合金电化学腐蚀性能的影响，提供了一个研究多相合金相间力与材料多种性能之间关系的途径，为研究镍铝青铜合金的应力腐蚀行为提供了便利，最后通过减小甚至消除相间残余应力来提高材料的耐静态腐蚀性能及耐应力腐蚀性能。

4.3.1　镍铝青铜合金腐蚀性能测试实验过程

使用线切割将镍铝青铜合金切为拉伸片状试样，使用不同拉伸应力（300MPa、350MPa、400MPa、450MPa、500MPa 和 600MPa）将试样拉伸后卸载，应变速率为 $10^{-3}s^{-1}$。选取拉伸试样的标距段区域，切割成 10mm×10mm×3mm 的块体，用铜线焊接，使用自固化环氧树脂冷镶，再进行表面处理。

未变形和变形的镍铝青铜合金在30℃的3.5% NaCl溶液中，使用Parstat-2273电化学工作站测试动电位极化曲线（PDP）和电化学交流阻抗谱（EIS）。在电化学实验之前，所有试样在相同的溶液中浸泡45min，直到达到相对稳定的电压。

将镍铝青铜合金制备为拉伸片状试样，依次使用砂纸打磨、抛光液机械抛光、振动抛光机振动抛光，最后使用磷酸电解液对拉伸试样表面进行电解抛光，最大限度地去除合金由于熔铸、切割和机械抛光等过程产生的表面残余应力。使用不同拉伸应力（300MPa、450MPa、600MPa），在30℃的3.5% NaCl溶液中对已制备好的拉伸试样进行拉伸保载，应变速率为$10^{-6}s^{-1}$，保载时间20天。

不同变形程度的镍铝青铜合金试样被切割成薄片，使用1500号、2000号砂纸将试样两侧机械打磨减薄至100μm厚度，在薄片上使用透射样品制样冲孔机进行冲压，取出直径为3mm的小圆片，之后使用33%硝酸（体积分数）+67%甲醇（体积分数）溶液在−25℃环境下进行双喷减薄。

4.3.2　结果与讨论

1. 极化行为

图4.11（a）显示了在3.5% NaCl溶液中未变形及变形镍铝青铜合金的动电位极化曲线。表4.1为镍铝青铜合金在不同拉伸变形后的延伸率（ε）、开路电压（E_{ocp}）、腐蚀电位（E_{corr}）和腐蚀电流密度（i_{corr}）等值。阴极极化曲线斜率明显比阳极极化曲线斜率要大，该结果与Sabbaghzadeh等[24]和Kear等[25]所得的结果相似。图4.11（a）中，这些阳极曲线没有明显的差别，变形镍铝青铜合金的阳极极化曲线斜率都接近于未变形的试样。但是，拉伸变形使阴极反应明显极化，并且阴极极化曲线斜率随着拉伸变形而减小。因此，对于整个腐蚀过程来说，阴极极化过程是由腐蚀速率控制的，主要是因为氧的扩散被限制了。当拉伸应力从0MPa升高至600MPa时，腐蚀电位E_{corr}值从−0.315V减小至−0.490V，大约负向移动了0.2V。变形镍铝青铜合金的腐蚀电流密度均大约为$1\times10^{-5}A/cm^2$，该值比未变形的试样要低，并且显示了一种轻微的随变形程度升高而降低的趋势。

为了更加了解变形镍铝青铜合金的电化学腐蚀性能，对试样选择性地做了交流阻抗实验。图4.11（b）显示了在3.5% NaCl溶液中未变形及变形镍铝青铜合金的奈奎斯特曲线。奈奎斯特曲线包括高频率区的关于电荷迁移阻抗图谱和低频率区的关于保护膜阻抗图谱。变形后的镍铝青铜合金高频区较未变形试样的半弧形宽，该现象说明此时变形的镍铝青铜合金的腐蚀速率比未变形的要低。该现象与表4.1中的腐蚀电流密度结果相符合。

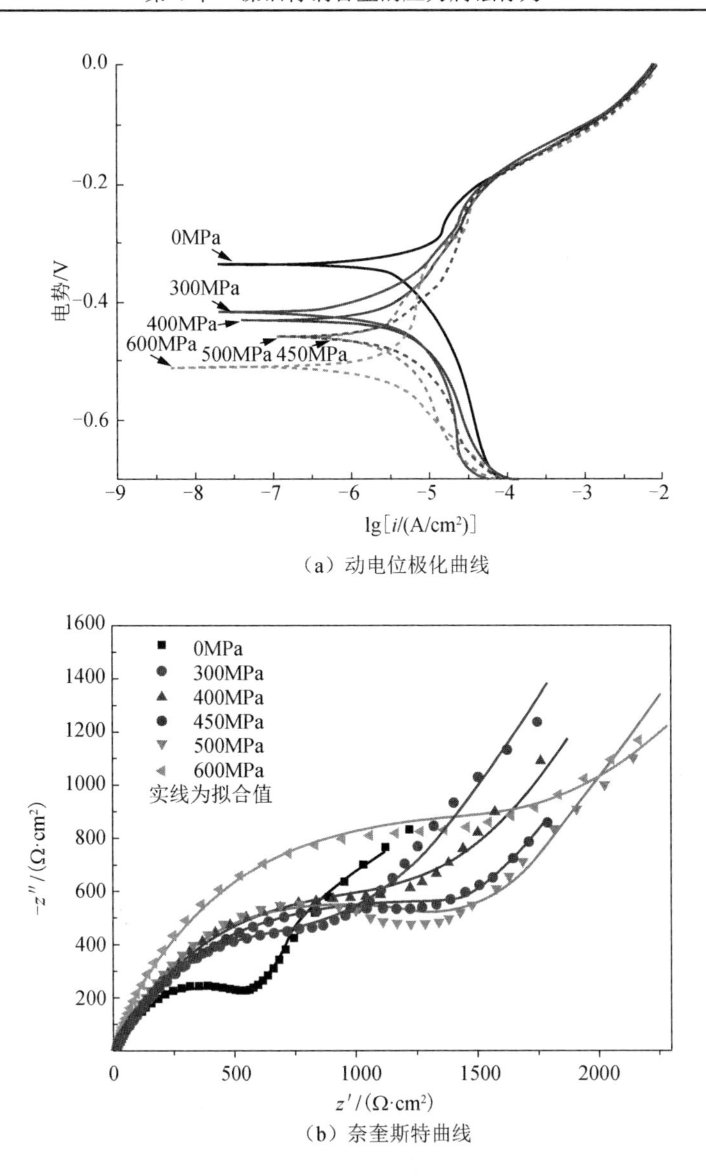

（a）动电位极化曲线

（b）奈奎斯特曲线

图 4.11　在 3.5% NaCl 溶液中未变形及变形镍铝青铜合金的动电位极化曲线和奈奎斯特曲线

表 4.1　镍铝青铜合金在不同拉伸变形后的延伸率、开路电压、腐蚀电位和腐蚀电流密度

拉伸应力/MPa	0	300	400	450	500	600
延伸率/%	0	0.5	2.3	3.9	7.2	19.2
开路电压/mV	−250	−264(±2)	−266	−264(±0)	−265	−267(±0)
腐蚀电位/mV	−315(±19)	−419(±0)	−438(±9)	−467(±8)	−456(±6)	−490(±30)
腐蚀电流密度/（$\times10^{-5}$A/cm²）	1.9(±0.8)	0.7(±0.1)	1.6(±0.2)	1.0(±0.3)	1.1(±0.1)	1.0(±0.4)

2. 变形行为

为了探究镍铝青铜合金α相基体与κ相之间的变形行为，用透射电子显微镜观测变形的镍铝青铜合金试样并鉴定区分不同相。当镍铝青铜合金变形时，铜固溶体中的脆硬κ相在α/κ界面阻碍了位错的持续移动。图 4.12 显示了当拉伸应力为 300MPa、450MPa 和 600MPa 时变形的镍铝青铜合金透射电子图像。图 4.12（a）中直径约为 500nm 的颗粒是 κ_{II} 相颗粒，阻碍了位错的移动，且导致位错密度的增长［图 4.12（a）中箭头所示］。图 4.12（b）中的箭头指示了 κ_{III} 相层片状结构界面，同样也阻碍了位错的移动。当拉伸应力为 300MPa 时，镍铝青铜合金还处在弹塑性形变区域，但是 600MPa 拉伸应力已经超出κ相的屈服应力，κ相颗粒中已经出现滑移位错，如图 4.12（c）中箭头（指向左下）指示。

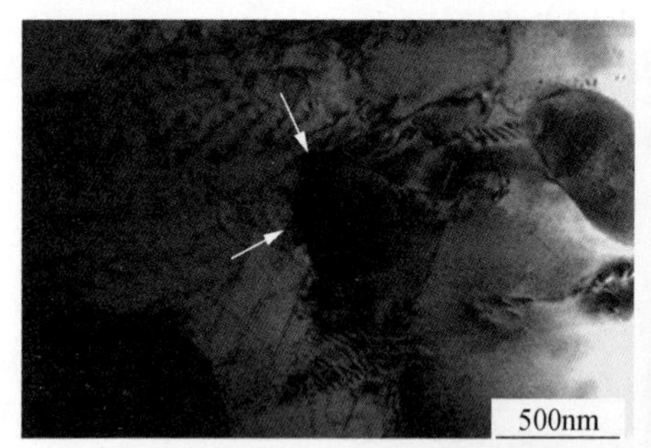

（a）300MPa拉伸应力下 κ_{II} 相周围位错

（b）450MPa拉伸应力下 κ_{II} 相和 κ_{III} 相周围位错

（c）600MPa拉伸应力下 κ_{II} 颗粒周围位错

图 4.12　不同拉伸应力下κ相周围的位错

3. 机械化学效应

变形铜合金的机械化学效应与其他金属类似，塑性变形之后，活性溶解区域极化曲线向负电位方向偏移。金属活性（包括变形引起）的任何变化都会导致电极电位的补偿作用。该变化遵从能斯特方程[26]：

$$\Delta\varphi = -\frac{RT}{zF}\ln\left(\frac{\overline{a}'}{\overline{a}''}\right) \tag{4-8}$$

式中，$\Delta\varphi$为电极电压降；T为热力学温度；R为摩尔气体常数，8.314J/（K·mol）；F 为法拉第常数，96500C/mol；z 为在原电池反应中电子迁移的摩尔常数；$\overline{a}''$为变形前的机械化学活性；$\overline{a}'$为变形后的机械化学活性。

金属塑性变形经常用 X 射线加以观测，晶体晶格应变（$\Delta a / a$，其中 a 为晶格参数）可以由 XRD 图谱中峰形的宽化和位移得到。当位错在材料中随意分布时，晶格应变可以用来表征电极电位的机械化学效应。对于铜合金，在 0～20% 变形程度范围内，晶体的晶格应变随延伸率呈线性增长关系。两个变形金属的机械化学活性的比值等于两者晶格畸变的比值为

$$\frac{\overline{a}'}{\overline{a}''} = \frac{\Delta a' / a'}{\Delta a'' / a''} \tag{4-9}$$

式中，$\Delta a''$为变形前晶格尺寸的变化值；a''为变形前的晶格常数；$\Delta a'$为变形后晶格尺寸的变化值；a'为变形后的晶格常数。

用式（4-9）中的$\overline{a}' / \overline{a}''$值替代式（4-8），可以得到晶格应变和电极电位降低的对数关系。利用该关系，Fischer 等[27]计算得到了三种铜金属合金的电极电位降低值，并与实验结果符合良好。利用式（4-8）得到镍铝青铜合金的理论电位降低，如图 4.13 所示。理论值曲线在塑性变形区域与实验值符合良好，但在初始阶段有较大差别。

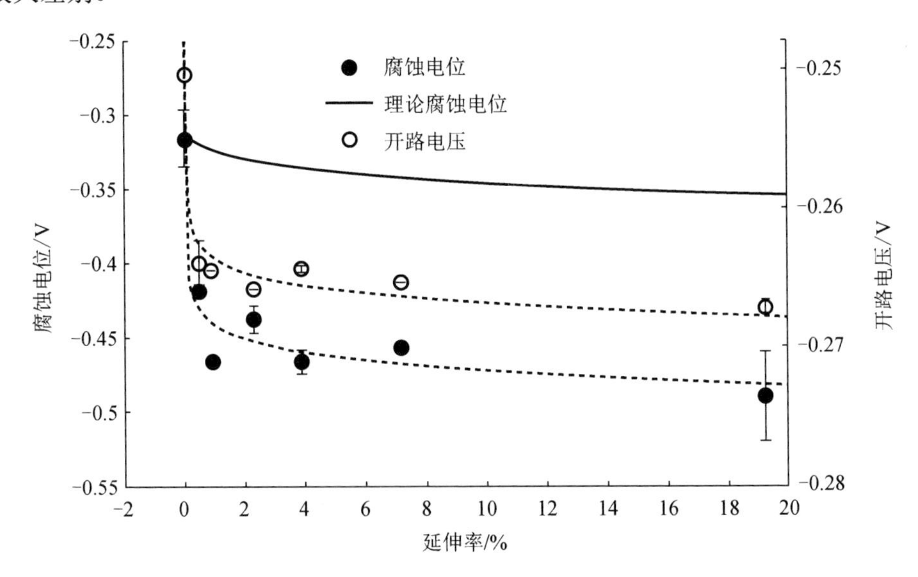

图 4.13　变形镍铝青铜合金的腐蚀电位、开路电压和理论腐蚀电位与延伸率的关系

图 4.14（a）显示了 300MPa 拉伸变形后α相基体中生成的镍铝青铜合金马氏体

孪晶。图 4.14（b）显示了 450MPa 拉伸变形后在α/κ界面形成的变形诱发马氏体孪晶。变形诱发马氏体与铸态镍铝青铜合金中的β′ 马氏体有显著不同。它经常由孪晶界面的高密度位错所环绕，这种现象可以被图 4.14 中马氏体孪晶周围大量的位错墙所证实。铜固溶体中铝添加会降低层错能，并且会导致较高的孪晶倾向。透射电子显微镜观测到的α相基体中的变形孪晶形貌［图 4.14（b）］与铜塑性变形产生的变形孪晶相似。α相抗腐蚀性能比β′ 相好，尤其是在海水中，并且β′ 相在镍铝青铜合金中为阳极性质。因此，材料中变形诱发马氏体含量增高会导致腐蚀电位的降低。

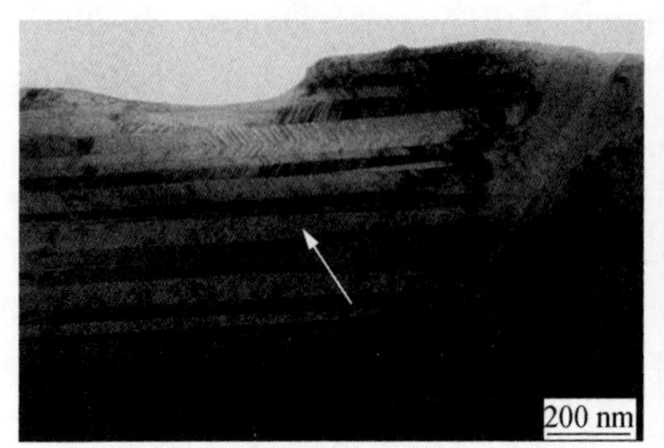

（a）300MPa拉伸变形后α相基体中生成的镍铝青铜合金马氏体孪晶

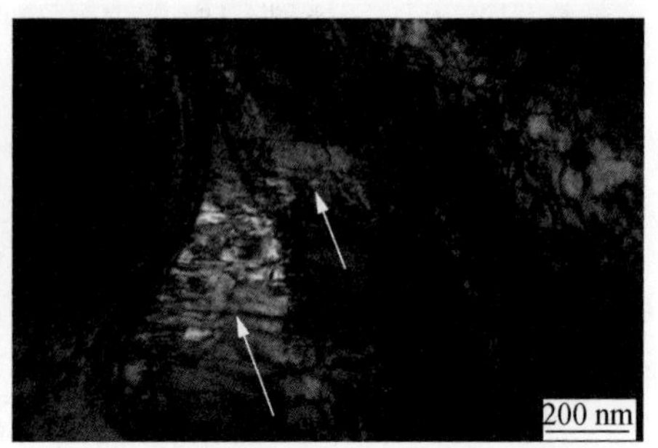

（b）450MPa拉伸变形后在α/κ界面形成的变形诱发马氏体孪晶

图 4.14　不同拉伸应力变形后镍铝青铜合金透射电子显微镜图

4. 氧化膜的影响

镍铝青铜合金腐蚀产物膜从表面到内依次为 Cu_2O、CuCl 和 Al_2O_3，氧化膜在腐蚀性能表征中起到重要作用。从图 4.11（b）的奈奎斯特曲线得到的等效电路可以用来估算变形镍铝青铜合金的表面膜厚度。图 4.15（a）显示了由镍铝青铜合金的模拟阻抗谱得到的等效电路参数。等效电路包括溶液阻抗 R_s（$\Omega\cdot cm^2$）、表面膜阻抗 R_f（$\Omega\cdot cm^2$）、非理想表面膜电容 CPE（$\mu F/cm^2$）和 Warburg 阻抗 W（$\Omega\cdot s^{0.5}$）。电容与表面膜厚度呈反比例关系[28, 29]为

$$C=\frac{\varepsilon_0\varepsilon}{d}S \qquad (4\text{-}10)$$

式中，d 为表面膜的厚度，cm；S 为实验表面面积，cm^2；ε_0 为空气的介电常数，$\mu F/cm$；ε 为局部介电系数。

在同一组实验中，ε_0、ε 和 S 值应该相同。因此，氧化膜厚度与电容成反比例关系。

图 4.15（b）～（d）分别为镍铝青铜合金延伸率与 R_s、CPE 和 R_f 的关系。变形试样的表面膜阻抗（R_f）比未变形的高。提高变形程度，氧化膜阻抗升高，这与表 4.1 中由极化曲线实验得到的 i_{corr} 值的消减结果符合。随着拉伸变形程度增高，氧化膜容抗降低。Kear 等[25]报道了在中性氯离子溶液中，铜合金主要的初步腐蚀产物为 CuCl；然后 CuCl 继续反应生成 Cu_2O，并且增加膜的厚度。多孔腐蚀产物包

括氯和氧的化合物，其在金属表面形成一层膜，阻碍了阴极反应的扩散速率，并且降低了阴极腐蚀电流密度。此外，对铜合金施加外应力会导致腐蚀速率升高，但是，金属表面氧化膜的损伤与自愈过程会限制腐蚀速率。因此，金属腐蚀速率被表面氧化膜自愈速率所控制。对镍铝青铜合金来讲，在腐蚀初始阶段，变形带来的马氏体增多会导致氧化膜的迅速形成和生长，以此增加氧化膜阻抗值，从而限制了腐蚀初期合金的腐蚀速率，并且降低了腐蚀电流密度。

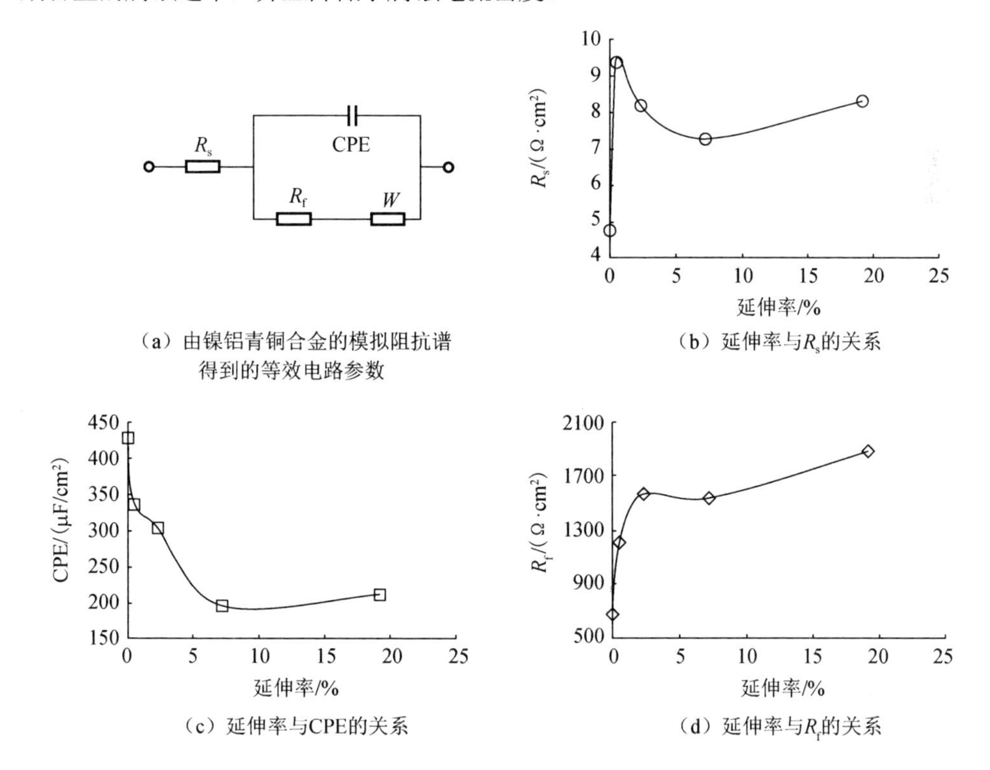

（a）由镍铝青铜合金的模拟阻抗谱得到的等效电路参数

（b）延伸率与R_s的关系

（c）延伸率与CPE的关系

（d）延伸率与R_f的关系

图 4.15 由镍铝青铜合金的模拟阻抗谱得到的等效电路参数及延伸率与 R_s、CPE 和 R_f 的关系

Lenard 等[30]揭示了镍铝青铜合金中的β′相在海水中更倾向于腐蚀且形成氧化膜。因此，增高的β′相含量可以使氧化物膜厚度增大。有研究表明，焊接镍铝青铜合金组织结构含有大量β′相，相比于铸态镍铝青铜合金显示出较高的阻抗[24]。因此，拉伸变形导致镍铝青铜合金表面氧化膜增厚可以由变形诱发马氏体增多解释，如图 4.14 所示。

5. 长期浸泡的腐蚀行为

上述几个研究结果，都是在镍铝青铜合金腐蚀初期（数小时内）对其电化学性能进行评价，进而推测镍铝青铜合金在变形条件下对腐蚀行为的影响及原因。但是，镍铝青铜合金的电化学行为通常不能完全代表其长期腐蚀行为。因此，为了进一步探明变形残余应力对镍铝青铜合金长期腐蚀行为的影响规律，将具有不同变形程度的镍铝青铜合金拉伸试样浸泡在 3.5% NaCl 溶液中 20 天。

图 4.16（彩图见书末）显示了镍铝青铜合金在不同拉伸变形应力（0MPa、300MPa、450MPa、600MPa）下浸泡 20 天后的宏观图。图 4.17（a）和（b）依次显示了镍铝青铜合金在 0MPa 和 300MPa 条件下浸泡后的腐蚀表面形貌，可以看出此时变形残余应力没有给合金的腐蚀行为带来明显的变化，镍铝青铜合金的α相基体和各种第二相均清晰可见，表面腐蚀产物没有明显的堆积。然而，当拉伸变形应力增大到 450MPa 时，镍铝青铜合金表面开始出现微裂纹［图 4.17（c）中白色箭头］。值得注意的是，微裂纹的萌生往往发生在α相和κ相界面处，这可以归结为在拉伸变形的作用下，位错运动、缠结、塞积在第二相颗粒表面，使相界面处位错密度增大，能量升高，容易在腐蚀的耦合作用下发生开裂。此外，可以看到表面的腐蚀产物明显增厚。当拉伸变形应力增大到 600MPa 时，镍铝青铜合金表面的裂纹显著增大，腐蚀生成的氧化产物已堆积在表面［图 4.17（d）中圆圈］，与之前相比，合金发生了严重的腐蚀。此时，镍铝青铜合金已经处于明显的塑性阶段，从图 4.12（c）可知，大量的位错已经在合金内形成并缠结塞积，同时诱发生成了较多的马氏体孪晶，从而使合金的腐蚀明显加剧。

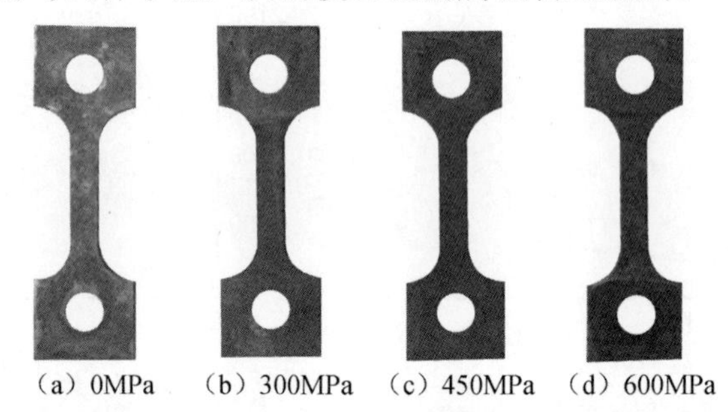

图 4.16　镍铝青铜合金在不同拉伸变形应力条件下浸泡 20 天后的宏观图

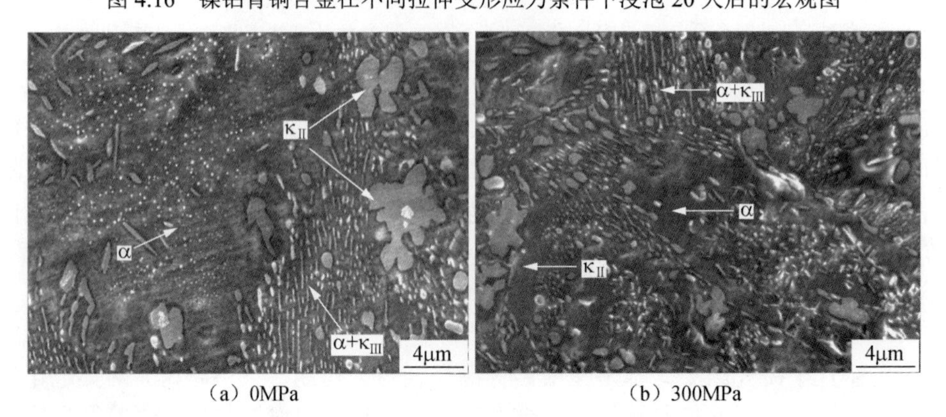

图 4.17　不同拉伸变形应力条件下镍铝青铜合金浸泡后的腐蚀表面形貌

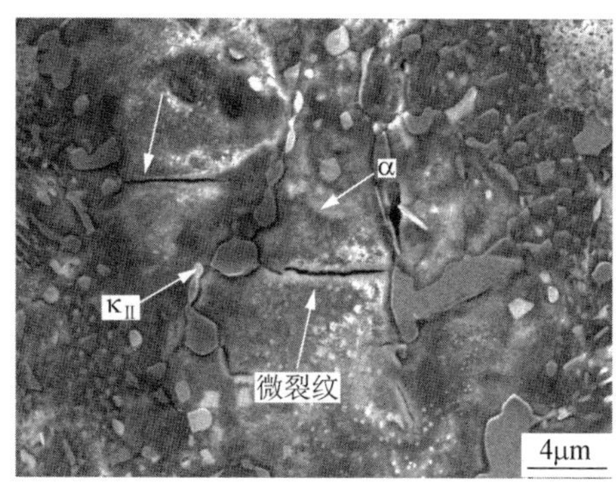

(c) 450MPa

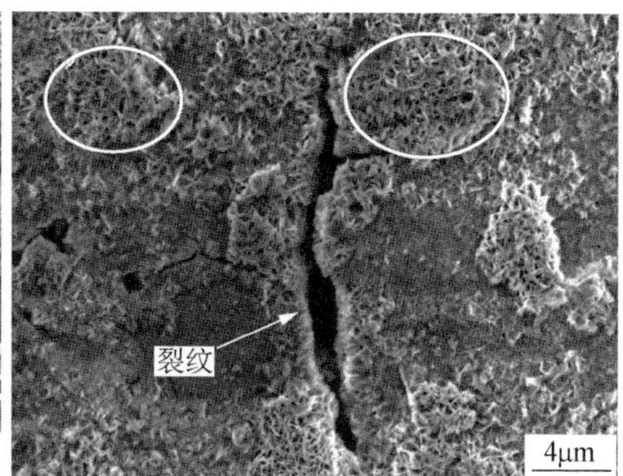

(d) 600MPa

图 4.17（续）

为进一步研究不同拉伸变形程度镍铝青铜合金内部的腐蚀情况，图 4.18 显示了不同拉伸变形应力条件下镍铝青铜合金浸泡腐蚀后的纵截面形貌。从图 4.18 中可以明显看到，随着拉伸变形应力的增大，镍铝青铜合金在 3.5% NaCl 溶液中的腐蚀深度有显著的增大。在浸泡 20 天后，未变形镍铝青铜合金的腐蚀最大深度仅为 1.9μm；而拉伸变形应力为 600MPa 时，腐蚀最大深度可达 8.9μm。同时，我们还可以观察到，在拉伸变形应力增大到 450MPa 或以上时，镍铝青铜合金表面生成的氧化膜开始出现明显的纵向裂纹，如图 4.18（c）和（d）中黑色箭头所示，这些裂纹主要出现在$\alpha+\kappa_{III}$共析组织处。这是因为镍铝青铜合金存在选相腐蚀行为，共析组织是具有层片状的连续性结构，腐蚀溶液容易从两相界面处进入而加剧腐蚀。同时，在拉伸变形应力的作用下，相界面容易塞积大量的位错缺陷，从而加剧腐蚀开裂的形成。此外，由于表面氧化膜层与基体金属对应力的响应能力不同，较高残余应力的存在会使主要由氧化物陶瓷成分构成的膜层与基体金属发生脱离，出现横向裂纹，如图 4.18（c）和（d）中箭头（垂直向上、向下）所示。

塑性变形对镍铝青铜多相合金的腐蚀性能影响的研究有以下结论。

1）塑性变形导致的位错运动被κ相所阻碍，随着变形程度的增加，α相和κ相界面周围的位错密度逐渐增大。

2）随着镍铝青铜合金变形引起的相间内应力的升高，位错密度升高导致机械化学效应，使腐蚀电位降低。变形诱发马氏体孪晶的形成，导致海水中腐蚀倾向加剧。

3）由变形引起的马氏体含量的升高引起镍铝青铜合金表面氧化膜厚度的增加，最终导致阻抗的加剧和腐蚀电流密度的降低。

4）变形残余应力会破坏镍铝青铜合金表面生成的氧化膜，造成明显的腐蚀膜层开裂，使腐蚀溶液可以破坏合金更深处，降低合金的耐腐蚀性能。

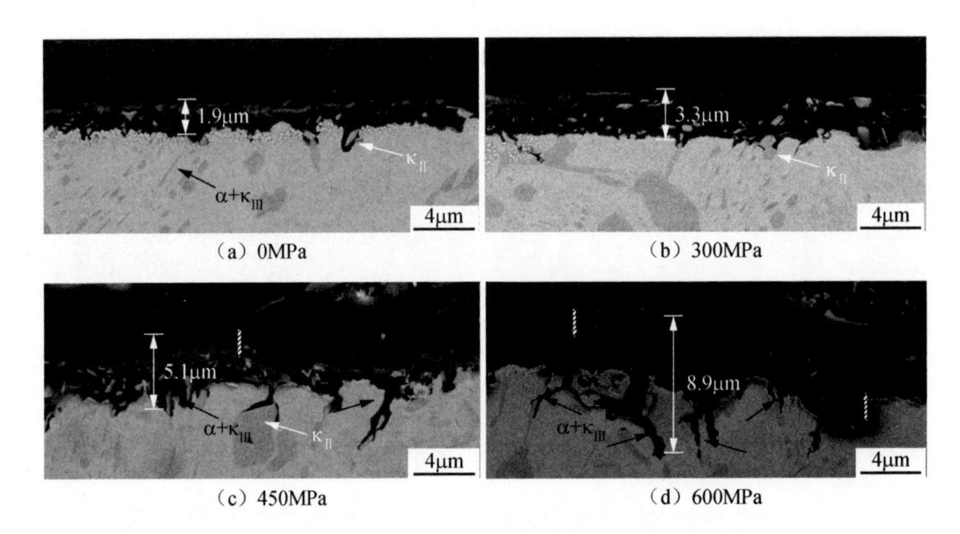

（a）0MPa　（b）300MPa　（c）450MPa　（d）600MPa

图 4.18　不同拉伸变形应力条件下镍铝青铜合金浸泡腐蚀后的纵截面形貌

4.4　镍铝青铜合金的应力腐蚀敏感性

微观组织往往是影响合金应力腐蚀敏感性的关键因素，研究镍铝青铜合金不同微观组织对其应力腐蚀性能的影响关系，有助于理解合金的应力腐蚀作用机制，并为进一步调控合金微观组织，提高合金耐应力腐蚀性能提供理论依据与指导。慢拉伸实验是一种常用的研究合金应力腐蚀敏感性的实验测试方式。

4.4.1　镍铝青铜合金应力腐蚀敏感性测试实验过程

1. 材料制备

根据 ASTM B148—2014 标准中对镍铝青铜合金成分的规定，通过真空冶金熔炼方式对合金进行制备，得到直径为 180mm、高度为 240mm 的镍铝青铜合金铸锭。利用线切割方式在铸锭的相同位置取样，以最大限度地消除成分偏析，并对其分别进行三种不同方式的热处理，以得到具有三种不同显微组织的镍铝青铜合金，热处理制度如表 4.2 所示。

表 4.2　三种不同的镍铝青铜合金热处理制度

热处理制度	工艺过程
退火	675℃/6h，随炉冷却
正火	920℃/1h，空气中冷却
淬火/时效	920℃/1h，水中冷却；之后 550℃/2h，空气中冷却

根据 ASTM E8M—2013 标准中对慢拉伸实验中试样的加工要求，利用线切割将三种不同热处理后的镍铝青铜合金加工成狗骨头棒状拉伸试样，如图 4.19 所示。利用 2000 号砂纸打磨、电化学抛光等方式去除标准段表面不平整缺陷。

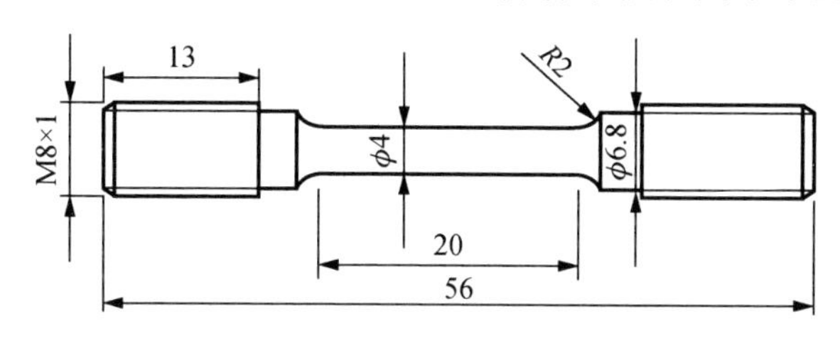

图 4.19　慢拉伸试样加工尺寸示意图

2. 实验方法

利用伺服液压万能拉伸机，在空气和 3.5% NaCl 溶液中对三种具有不同热处理组织的镍铝青铜合金试样进行慢拉伸实验，实验温度 30℃，设计的拉伸应变速率有 $10^{-5}s^{-1}$、$10^{-6}s^{-1}$ 和 $10^{-7}s^{-1}$。为评估不同组织对镍铝青铜合金应力腐蚀敏感性的影响，根据 ASTM G129—2013 标准，引入延伸率损失 I_δ 这一概念对该性能进行评价。其具体的定义公式可以表示为

$$I_\delta = \left(1 - \frac{\varepsilon_c}{\varepsilon_a}\right) \times 100\% \tag{4-11}$$

式中，I_δ 为待测合金的应力腐蚀敏感性；ε_c 为该合金在腐蚀环境中的断裂延伸率；ε_a 为该合金在空气或惰性环境中的断裂延伸率。

对慢拉伸试样的断口、侧面及纵截面进行微观形貌观察，并利用聚焦离子束（focus ion beam，FIB）技术对试样表面裂纹的纵截面进行透射电子显微镜试样制备、观察。

4.4.2　结果与讨论

1. 微观组织分析

图 4.20 为三种不同热处理状态下镍铝青铜合金的微观组织形貌。退火态镍铝青铜合金的微观组织如图 4.20（a）和（b）所示。与铸态镍铝青铜合金相比，退火态合金具有相同的相种类（均含有α相、β′ 相，以及第二相析出的 κ_{II} 相、κ_{III} 相和 κ_{IV} 相），但由于在退火保温（675℃）过程中会发生 β′ →α+ κ_{III} 的相转变，以及α相基体和 κ_{II} 相颗粒的长大，在各个相含量上会与铸态镍铝青铜合金有所不同，层片状共析组织α+ κ_{III} 结构会显著增多，而 β′ 相会减少[24]。正火态镍铝青铜合金具有典型的魏氏体α相及体积分数较大的 β′ 相［图 4.20（c）］。此外，通过显微组织放大图［图 4.20（d）］可以发现，正火态镍铝青铜合金出现了较小尺寸的球形 κ_{II}

相及众多细小的κ_{IV}相颗粒，而没有层片状分布的κ_{III}相。这是因为在正火加热到920℃时，铸态镍铝青铜合金中较大尺寸的花形κ_{II}相、层片状的κ_{III}相会和α相反应生成β相，在空气中快速冷却时，长叶状的魏氏体α相便会生成，同时马氏体β相由于冷却速率过快无法及时转变为κ_{III}相。图 4.20（e）和（f）为淬火/时效态镍铝青铜合金，它显示出相当均匀的微观结构，细小的κ相均匀弥散地分布在基体α相中。利用 Image-Pro Plus 分析软件对各种热处理状态的镍铝青铜合金组织进行相体积分数含量统计，统计结果如表 4.3 所示。

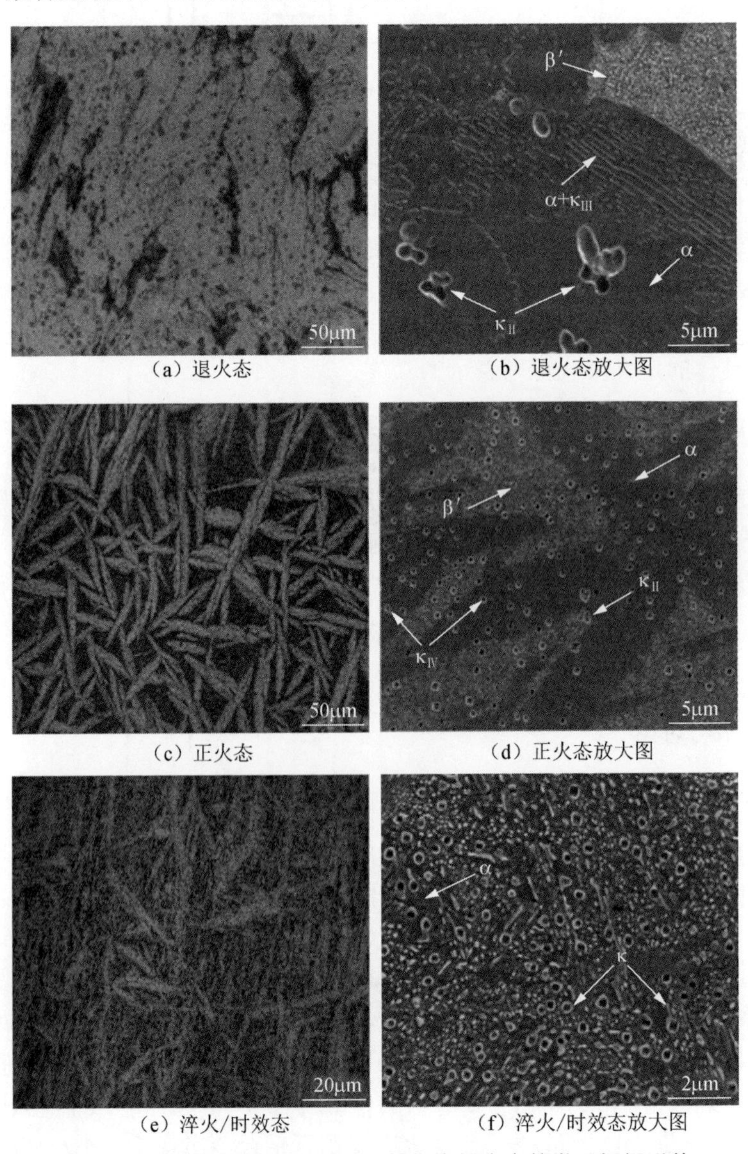

（a）退火态　（b）退火态放大图

（c）正火态　（d）正火态放大图

（e）淬火/时效态　（f）淬火/时效态放大图

图 4.20　三种不同热处理状态下镍铝青铜合金的微观组织形貌

表 4.3　不同热处理状态下镍铝青铜合金各个相的体积分数统计结果（单位：%）

镍铝青铜合金	α	β′	κ_{II}	κ_{III}	κ_{IV}
铸态	57	18.8	3.4	13.3	7.5
退火态	61	5.7	5.1	21.4	6.8
正火态	49.4	28.4	3.7	—	18.5
淬火/时效态	58.1	—	25.2	—	16.7

2. 慢拉伸实验

图 4.21 为三种热处理状态下镍铝青铜合金试样在空气和 3.5% NaCl 溶液中的应力-应变曲线，拉伸应变速率为 $10^{-5}s^{-1}$、$10^{-6}s^{-1}$ 和 $10^{-7}s^{-1}$。实验结果总结在表 4.4 中。从上述实验结果可以发现，无论是在空气中还是在 3.5% NaCl 溶液中，热处理对镍铝青铜合金的极限拉伸强度和延伸率都有显著影响。在空气中，退火态镍铝青铜合金具有最大的延伸率，而淬火/时效态镍铝青铜合金表现出最高的极限拉伸强度。此外，由于实验服役环境的变化，退火态镍铝青铜合金在 3.5% NaCl 溶液中的强度和延伸率较空气中有着明显的下降，同时随着拉伸应变速率的减慢，这种下降情况越来越严重。正火态镍铝青铜合金只有在极慢的拉伸应变速率条件下（$10^{-7}s^{-1}$），其延伸率才会出现明显的下降。然而对于淬火/时效态镍铝青铜合金而言，无论是何种实验条件下的拉伸应变速率，在空气中和 3.5% NaCl 溶液中的测试结果变化均不明显。

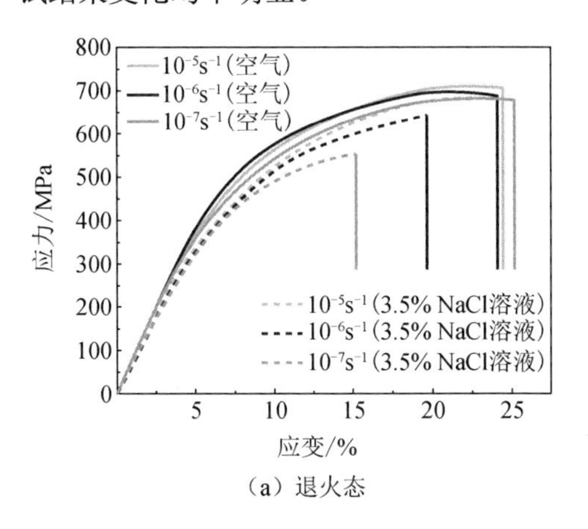

（a）退火态

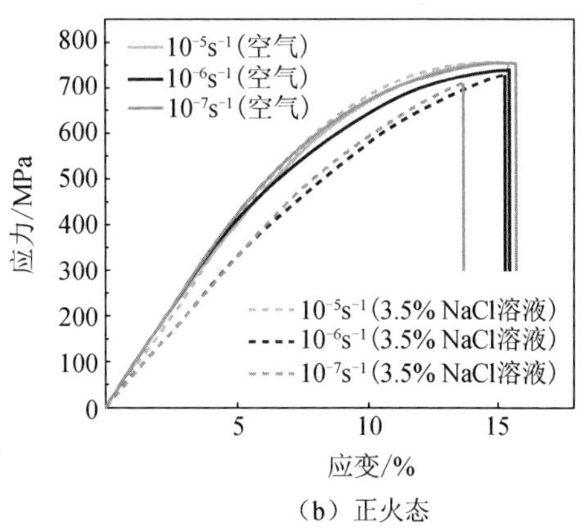

（b）正火态

图 4.21　三种热处理状态下镍铝青铜合金试样在空气和 3.5% NaCl 溶液中的应力-应变曲线

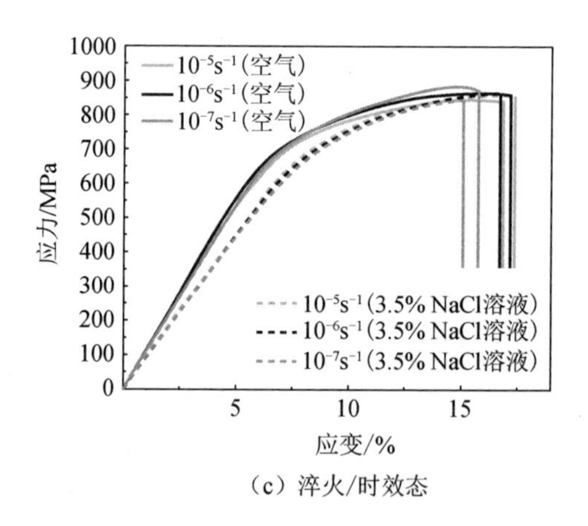

（c）淬火/时效态

图 4.21（续）

表 4.4　三种热处理状态下镍铝青铜合金慢拉伸实验结果汇总

试样状态	实验条件	极限拉伸强度/MPa	延伸率/%
退火态	$10^{-5}s^{-1}$（空气）	704	24.4
	$10^{-5}s^{-1}$（3.5% NaCl 溶液）	689	24.6
	$10^{-6}s^{-1}$（空气）	694	24.1
	$10^{-6}s^{-1}$（3.5% NaCl 溶液）	640	19.6
	$10^{-7}s^{-1}$（空气）	682	25.3
	$10^{-7}s^{-1}$（3.5% NaCl 溶液）	552	15.2
正火态	$10^{-5}s^{-1}$（空气）	754	15.4
	$10^{-5}s^{-1}$（3.5% NaCl 溶液）	756	15.5
	$10^{-6}s^{-1}$（空气）	740	15.5
	$10^{-6}s^{-1}$（3.5% NaCl 溶液）	728	15.2
	$10^{-7}s^{-1}$（空气）	752	15.8
	$10^{-7}s^{-1}$（3.5% NaCl 溶液）	703	13.7
淬火/时效态	$10^{-5}s^{-1}$（空气）	852	16.9
	$10^{-5}s^{-1}$（3.5% NaCl 溶液）	858	17.2
	$10^{-6}s^{-1}$（空气）	872	17.1
	$10^{-6}s^{-1}$（3.5% NaCl 溶液）	881	17.3
	$10^{-7}s^{-1}$（空气）	884	15.6
	$10^{-7}s^{-1}$（3.5% NaCl 溶液）	846	15.1

3. 试样断口观察

不同热处理状态下镍铝青铜合金在空气和 3.5% NaCl 溶液中的慢拉伸实验断口形貌分别如图 4.22 和图 4.23 所示，拉伸应变速率为 $10^{-7}s^{-1}$。由图 4.22 可知，不同尺寸的断裂韧窝会分布在不同热处理状态镍铝青铜合金的断口表面。退火态镍铝青铜合金断口表面具有最大尺寸的韧窝，这与之前实验测试得到的其断裂延伸率最大相对应。淬火/时效态镍铝青铜合金的韧窝细小且尺寸均匀，这可以归结为其合金组织的均匀性及大量分布的细小硬质κ相颗粒。此外，在空气中拉伸的断口没有出现沿晶的微裂纹，同时断口形貌没有出现明显的脆性断裂特征。然而在3.5% NaCl 溶液中拉伸的断口，退火态镍铝青铜合金试样的边缘出现了没有断裂韧窝但有光滑平台的准解理断裂特征，正火态镍铝青铜合金也出现了相同的形貌特征，如图4.23（a）和（c）中圆圈所示。另外，在退火态镍铝青铜合金的α相间和正火态镍铝青铜合金的β′相处都出现了微裂纹，这使沿晶断裂很有可能会发生在该区域，如图4.23（b）和（d）中黑色箭头所示。淬火/时效态镍铝青铜合金在3.5% NaCl 溶液中拉伸的断口形貌较空气中没有明显的变化，这与表4.4中得到的结果相呼应，如图4.23（e）和（f）所示。

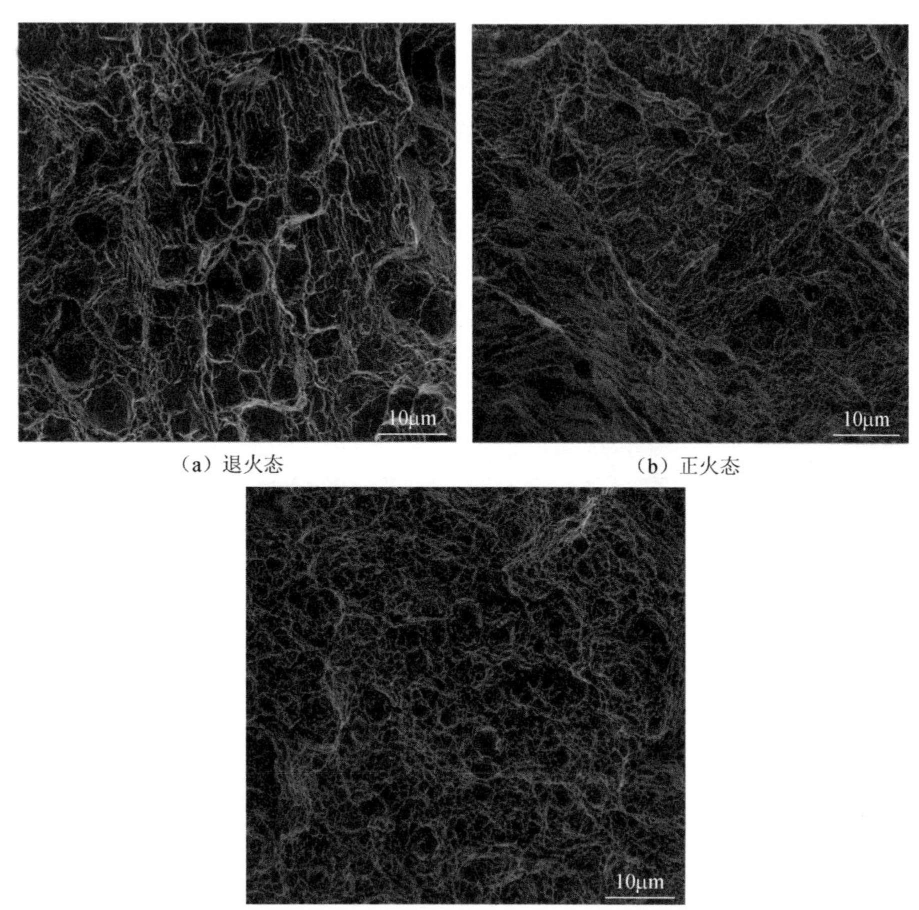

（a）退火态　（b）正火态

（c）淬火/时效态

图4.22　不同热处理状态下镍铝青铜合金在空气中的慢拉伸实验断口形貌

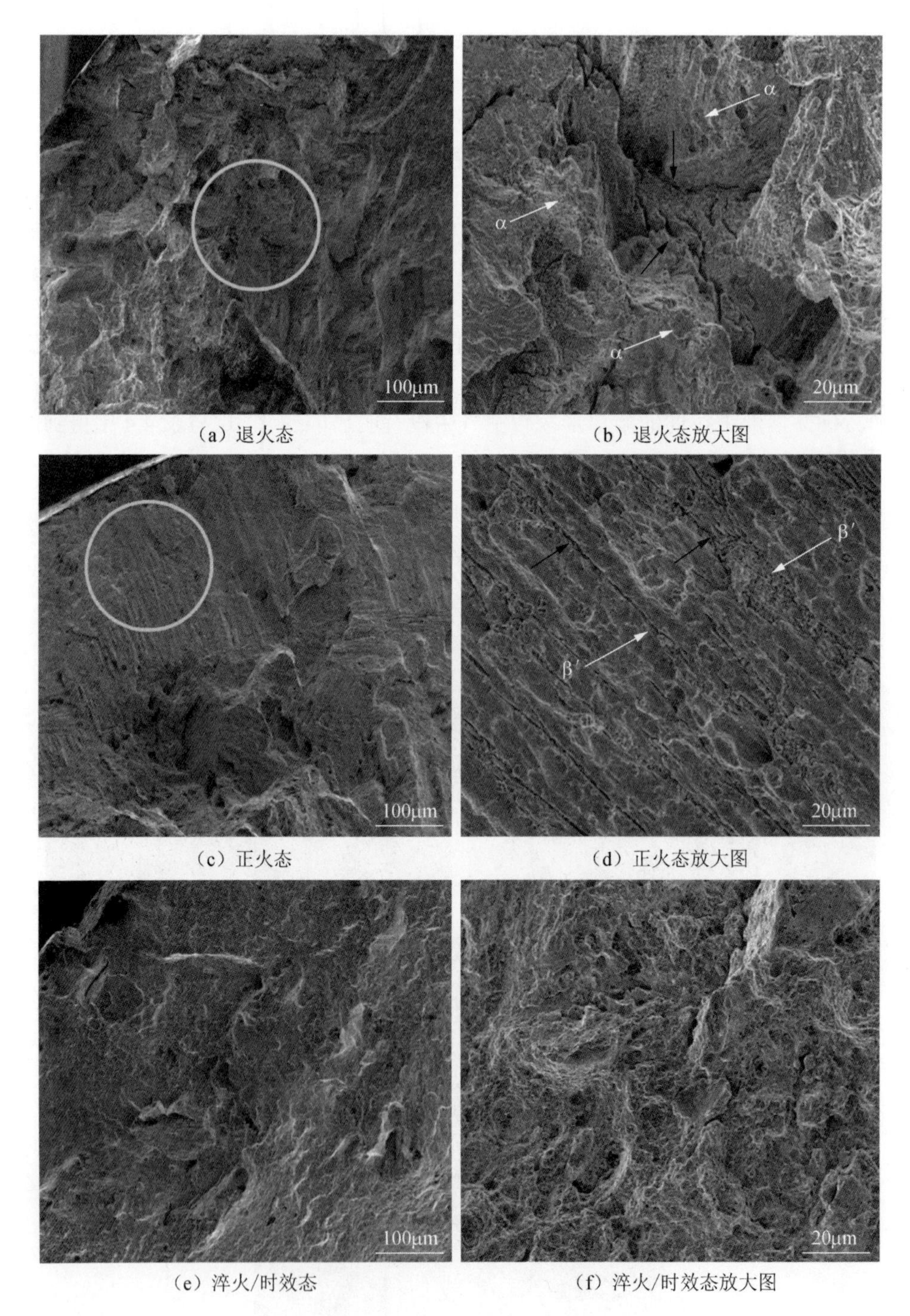

（a）退火态　（b）退火态放大图

（c）正火态　（d）正火态放大图

（e）淬火/时效态　（f）淬火/时效态放大图

图 4.23　不同热处理状态下镍铝青铜合金在 3.5% NaCl 溶液中的慢拉伸实验断口形貌

4. 试样侧面观察

图 4.24 为不同热处理状态下镍铝青铜合金在 3.5% NaCl 溶液中的慢拉伸实验侧面形貌（拉伸应变速率为 $10^{-7}s^{-1}$）。从图 4.24（a）和（b）中可以发现，退火态镍铝青铜合金的侧面出现了数百微米级的二次裂纹，且分布极不均匀，可以推测这种现象是造成合金延伸率显著下降的原因之一。对于正火态镍铝青铜合金，侧面则出现了数量较多但尺寸细小的裂纹［图 4.24（c）］，同时从放大图［图 4.24（d）］可以得知，这些裂纹的萌生与扩展常常都是在β′ 相内或者是在α相与β′ 相的相界处。图 4.24（e）和（f）是淬火/时效态镍铝青铜合金侧面图，侧面上分布着极为细小且均匀的微裂纹。需要注意的是，这些微裂纹是严格垂直于拉伸方向分布的。正是这种细小且均匀分布的裂纹存在，使淬火/时效态镍铝青铜合金在腐蚀环境下仍旧能较好地保持着力学性能。

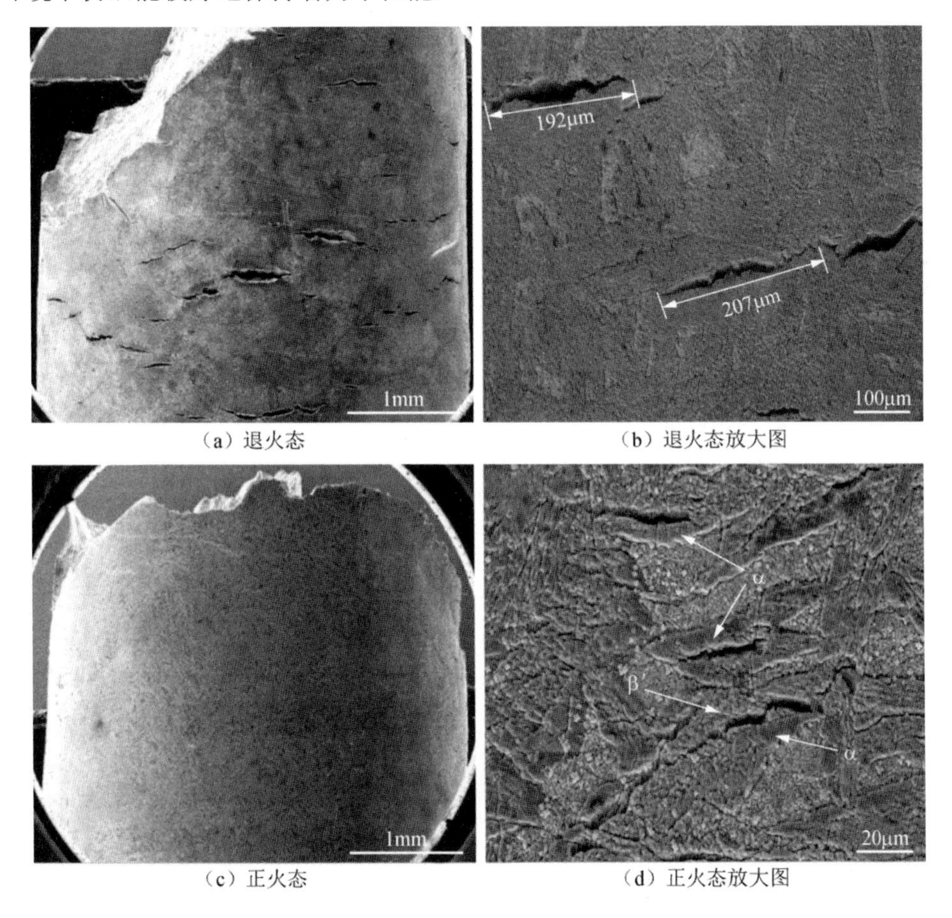

（a）退火态　　（b）退火态放大图

（c）正火态　　（d）正火态放大图

图 4.24　不同热处理状态下镍铝青铜合金在 3.5% NaCl 溶液中的慢拉伸实验侧面形貌

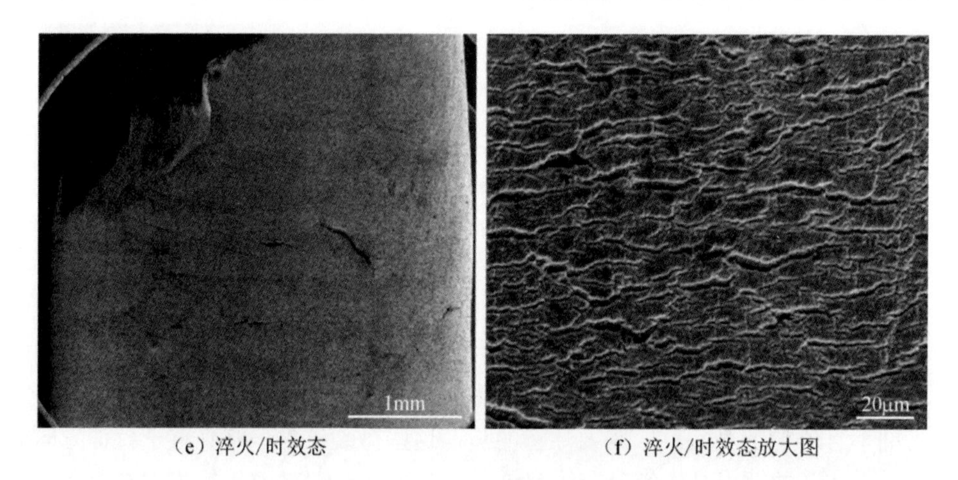

（e）淬火/时效态　　　　（f）淬火/时效态放大图

图 4.24（续）

4.4.3 微观组织与拉伸应变速率对镍铝青铜合金应力腐蚀敏感性的影响

为了进一步评价不同热处理状态下镍铝青铜合金在 3.5% NaCl 溶液中的应力腐蚀敏感性，计算延伸率损失 I_δ 这一评价指标，如图 4.25 所示。

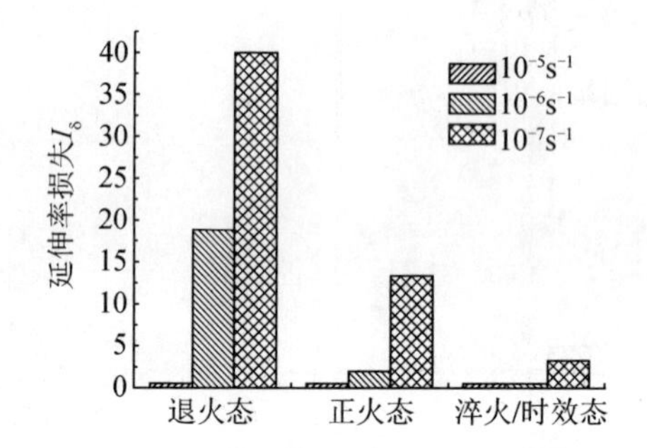

图 4.25　不同热处理状态下镍铝青铜合金在 3.5% NaCl 溶液中的延伸率损失 I_δ 直方图

在较高的拉伸应变速率（$10^{-5}s^{-1}$）下，3.5% NaCl 溶液中各种热处理状态镍铝青铜合金的延伸率较空气中均没有表现出明显的差异，此时延伸率损失 I_δ 基本上均为 0。这说明，在如此短的拉伸时间内，腐蚀介质对合金的破坏是极其微弱的，因此没有表现出应力腐蚀敏感性。随着拉伸应变速率减小，退火态镍铝青铜合金在 $10^{-6}s^{-1}$ 和 $10^{-7}s^{-1}$ 都表现出了相当高的应力腐蚀敏感性，在 $10^{-7}s^{-1}$ 时其延伸率损失 I_δ 高达 40%。对于正火态镍铝青铜合金，当拉伸应变速率为 $10^{-6}s^{-1}$ 时，其延伸率损失 I_δ 仅为 1.9%；而当拉伸应变速率降低到 $10^{-7}s^{-1}$ 时，则迅速上升至 13.3%。上述实验结果说明，在较低的拉伸应变速率条件下，腐蚀作用对镍铝青铜合金的应力腐蚀行为起到了至关重要的作用，随着拉伸应变速率的降低，合金的应力腐蚀敏感性越来越大。但对于淬火/时效态的镍铝青铜合金，即便是在 $10^{-7}s^{-1}$ 拉伸应变速率下，其延伸率损失 I_δ 仍旧可以小到忽略不计，说明在该种实验条件下，淬火/时效态镍铝青铜合金表现出了较好的耐应力腐蚀行为。

因此，可以根据上述实验结果对三种不同热处理状态下镍铝青铜合金的应力腐蚀敏感性从大到小排序：退火态>正火态>淬火/时效态。镍铝青铜合金的微观组织结构对其应力腐蚀行为有着显著影响。

为了探明镍铝青铜合金微观组织结构对合金应力腐蚀敏感性的影响关系，将在空气中慢拉伸、3.5% NaCl 溶液中纯浸泡 20 天及 3.5% NaCl 溶液中慢拉伸这三种实验条件的合金纵截面微观形貌总结在图 4.26 中。

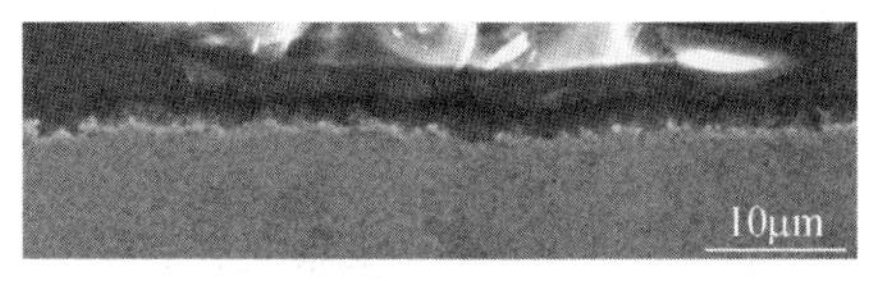

（a）退火态（在空气中以$10^{-7}s^{-1}$拉伸后）

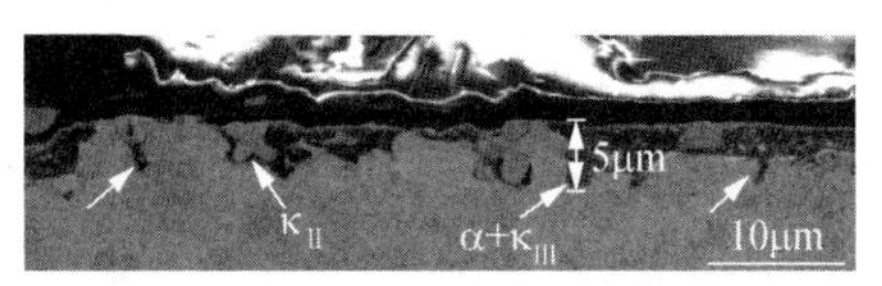

（b）退火态（在3.5% NaCl溶液中纯浸泡20天后）

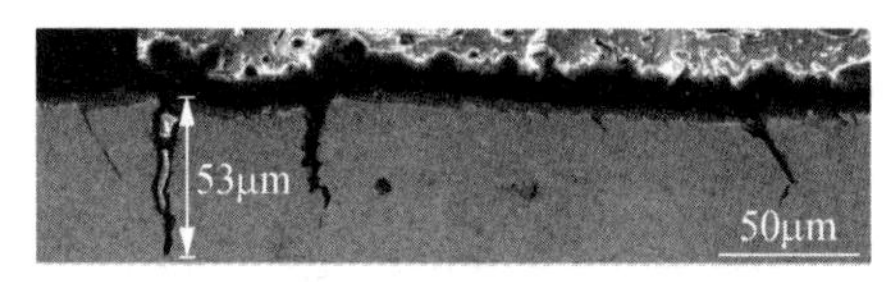

（c）退火态（在3.5% NaCl溶液中以$10^{-7}s^{-1}$拉伸后）

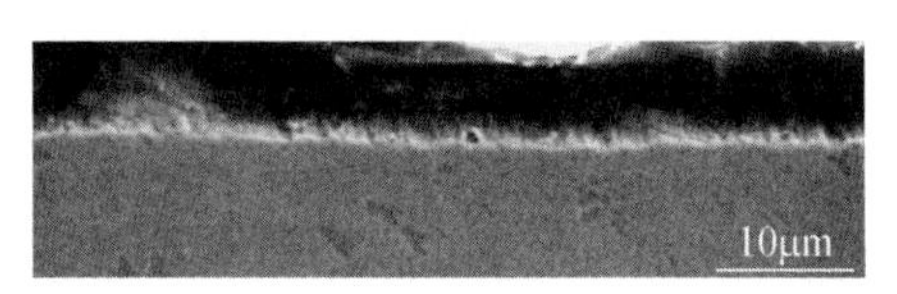

（d）正火态（在空气中以$10^{-7}s^{-1}$拉伸后）

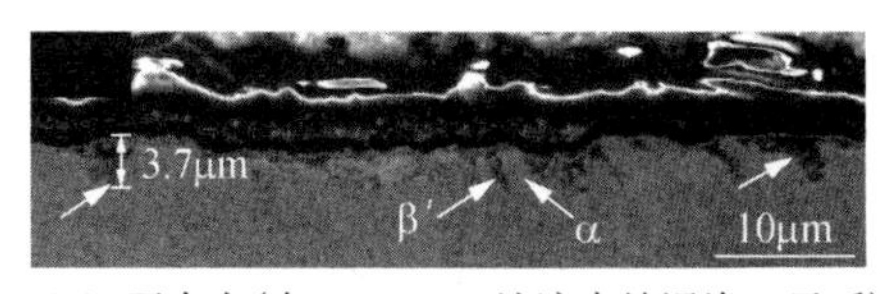

（e）正火态（在3.5% NaCl溶液中纯浸泡20天后）

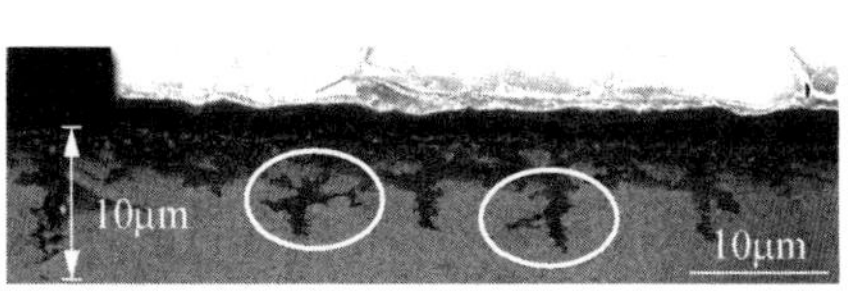

（f）正火态（在3.5% NaCl溶液中以$10^{-7}s^{-1}$拉伸后）

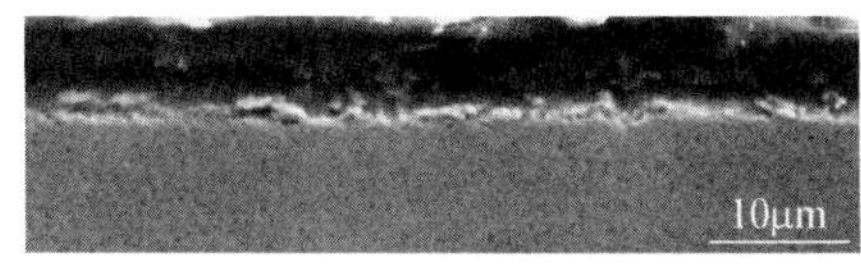

（g）淬火/时效态（在空气中以$10^{-7}s^{-1}$拉伸后）

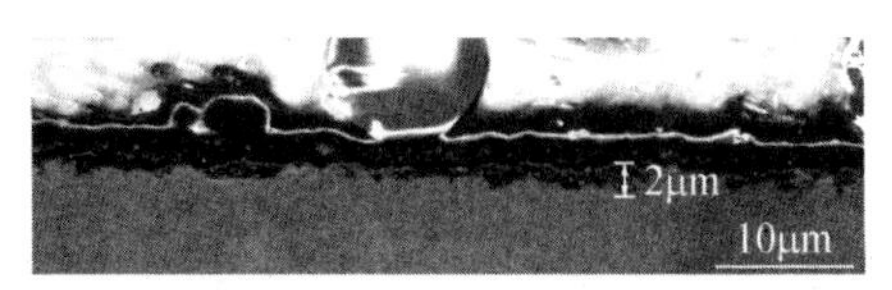

（h）淬火/时效态（在3.5% NaCl溶液中纯浸泡20天后）

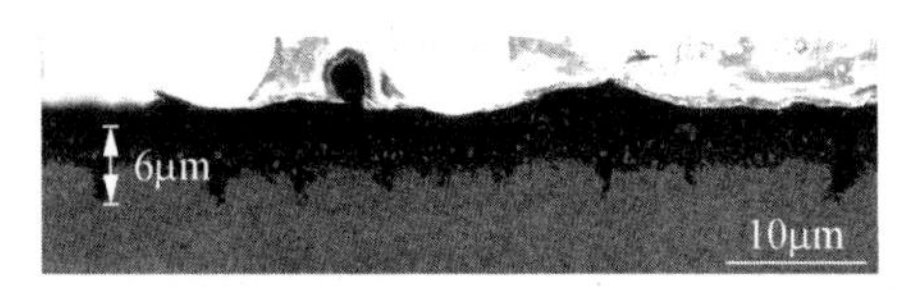

（i）淬火/时效态（在3.5% NaCl溶液中以$10^{-7}s^{-1}$拉伸后）

图 4.26　不同热处理状态下镍铝青铜合金在纯浸泡和慢拉伸实验后的纵截面微观形貌

对于退火态镍铝青铜合金，从图 4.26（c）中可以看到，在 3.5% NaCl 溶液中以 $10^{-7}s^{-1}$ 拉伸后，试样侧面出现稀疏且较深的侧面裂纹，从放大图像[图 4.27（a）]可以得知，这些裂纹主要集中在连续或半连续的$\alpha+\kappa_{III}$共析组织结构中。从表 4.3 中可以得知，退火态镍铝青铜合金 κ_{III} 相的体积分数达到 21.4%，而在合金的纯浸泡实验中也观察到明显的选相腐蚀现象［图 4.26（b）］。在拉伸应力和腐蚀作用的耦合影响下，这些裂纹极易在镍铝青铜合金α相和 κ_{III} 相的相界面处萌生并扩展，而裂纹尖端形成的应力集中又同时会促使该裂纹迅速扩展。除此之外，考虑到基体和第二相在弹性模量和屈服强度上的显著差异，κ_{III} 相和其他的 NiAl 金属间化合物第二相在拉伸应力的作用下难以随 fcc 结构的α相基体变形，从而造成裂纹在相界面处迅速扩展。这些都是退火态镍铝青铜合金表现出较高应力腐蚀敏感性的原因。

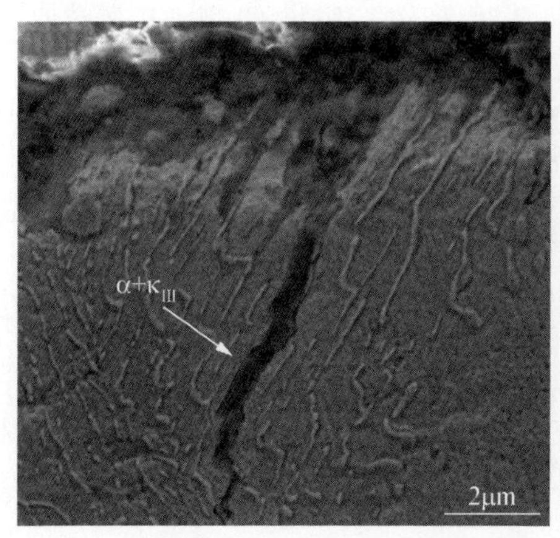

（a）退火态镍铝青铜合金中的α+κ_{III}共析组织结构

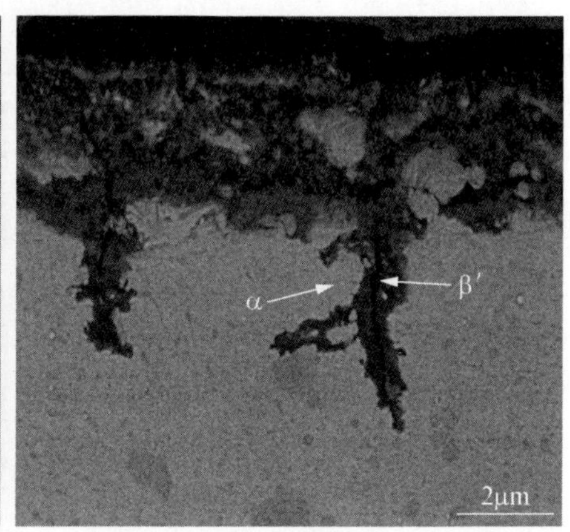

（b）正火态镍铝青铜合金中的β′相

图 4.27 不同热处理状态下镍铝青铜合金在 3.5% NaCl 溶液中以 $10^{-7}s^{-1}$ 的慢拉伸侧面裂纹尖端放大图

对于几乎不含α+ κ_{III} 共析组织结构的正火态镍铝青铜合金而言，它在拉伸应变速率为 $10^{-7}s^{-1}$ 时仍旧表现出较高的应力腐蚀敏感性。这可以归结为该镍铝青铜合金中具有较高含量的β′ 相（28.4%），这些β′ 相由于较容易被腐蚀而形成裂纹萌生源［图 4.26（e）］，从而使裂纹在其中扩展，对合金的性能造成损害。但从图 4.25 中可以看到，正火态镍铝青铜合金的应力腐蚀敏感性明显要弱于退火态合金，这可能是由于在快速空气冷却的过程中，晶粒尺寸的收缩造成较大尺寸的裂纹难于形成和扩展。另外，正火态镍铝青铜合金中的侧面裂纹在扩展过程中会出现明显的转向和分叉，如图 4.26（f）中圆圈所示，这是由于相互交叉重叠的魏氏体α相使β′ 相分布不连续，阻碍了裂纹在β′ 相中的连续扩展。这种带有分叉的裂纹会释放局部的高应变，从而降低裂纹尖端的应力集中，使裂纹不能有效地向镍铝青铜合金内部扩展[31]。

从上述分析可以得知，α+ κ_{III} 共析组织结构和β′ 相是影响镍铝青铜合金应力腐蚀敏感性的重要因素，而淬火/时效态合金不具有这些组织结构，其微观结构主要是细小的 κ_{IV} 相和 κ_{II} 相颗粒弥散分布在均匀的组织上。Liu 等[32]的研究表明，微观组织和成分的均匀化会显著减低镍铝青铜合金的应力腐蚀敏感性。此外，从

图 4.26（h）可以看出，该种镍铝青铜合金几乎没有选相腐蚀倾向，因而试样表面没有明显的应力集中。因此，淬火/时效态镍铝青铜合金在该种实验条件下没有表现出明显的应力腐蚀敏感性。

4.4.4　镍铝青铜合金应力腐蚀行为的影响机制

通过对已有文献和数据的调研发现，影响材料应力腐蚀行为的因素众多，主要包括合金元素成分、热处理状态及微观组织结构、合金耐腐蚀性能，以及材料所处的化学环境和内外部应力状态等。正是由于影响材料应力腐蚀行为的因素众多且复杂，同时各因素之间又存在相互耦合关系，建立统一、明确的应力腐蚀行为机理理论就变得非常困难。尽管如此，科研工作者们仍旧基于实验和分析，提出了许多不同的应力腐蚀影响机理，归纳起来主要可以分为如下三种：氧化膜破坏和阳极溶解机理、氢脆理论、混合机理等[33]。

从之前的实验结果可以得知，镍铝青铜合金的应力腐蚀敏感性是与拉伸应变显著相关的，拉伸应变速率降低，合金的应力腐蚀敏感性上升（图 4.25）[34]。从应力腐蚀的定义可得，材料的应力腐蚀行为是应力作用和腐蚀作用的耦合结果。由图 4.26 中的纵截面微观形貌可知，单一的腐蚀浸泡及空气中的拉伸都不会导致镍铝青铜合金试样侧面出现明显的裂纹萌生与扩展。同时，拉伸应变速率较快时（$10^{-5}s^{-1}$），试样在短时间内迅速被拉断，腐蚀介质对镍铝青铜合金表面及主裂纹尖端的影响破坏非常有限，因此仍旧表现出与空气中拉伸断裂一致的行为。而当拉伸应变速率降低时，腐蚀介质中的 Cl^- 有足够的时间扩散到基体和裂纹尖端形成破坏，使材料中的铜原子和铝原子阳极溶解加剧[35]。同时，阳极溶解又会加剧裂纹尖端的应力集中，使变形位错密度上升，并移动、塞积在裂纹尖端处[36]。另外，金属基体表面形成的脆性、多孔的氧化膜（主要成分为 Cu_2O 和 Al_2O_3）难以发生塑性变形，因而在外加应力的作用下会发生开裂、破损，从而促使裂纹迅速向前扩展[37]。这又造成了新的金属基体暴露在腐蚀环境中，进而又在裂纹尖端继续形成氧化膜，如图 4.28 所示。这使镍铝青铜合金在没有出现明显的塑性变形情况下发生断裂，表现出较大的应力腐蚀敏感性。这种氧化膜层的破损与再生、裂纹尖端的阳极溶解在一定程度上很好地解释了镍铝青铜合金的应力腐蚀行为。

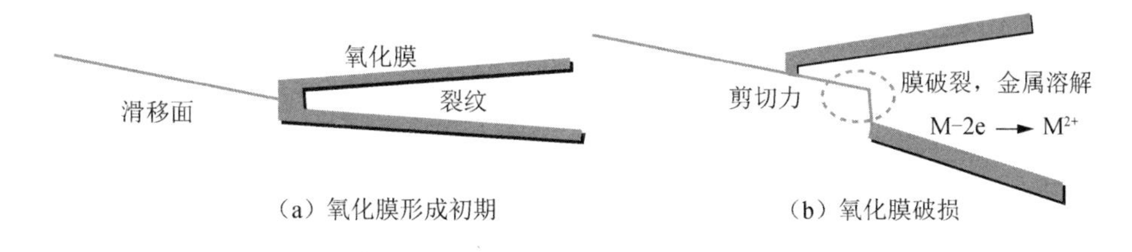

（a）氧化膜形成初期　（b）氧化膜破损

图 4.28　氧化膜破损-再修复模型示意图

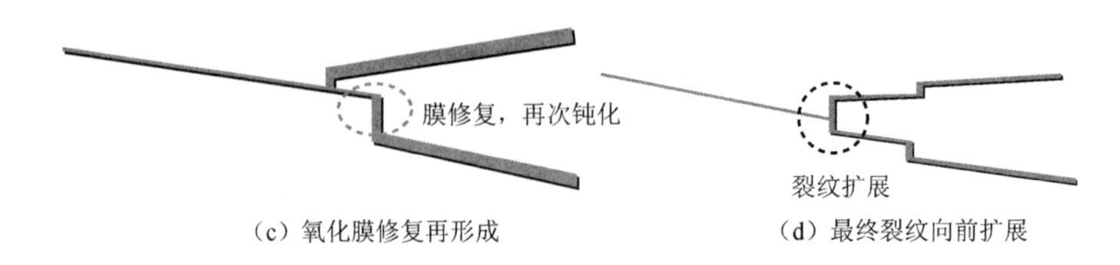

（c）氧化膜修复再形成　　（d）最终裂纹向前扩展

图 4.28（续）

氢脆理论也可以解释镍铝青铜合金的一些应力腐蚀行为。退火态镍铝青铜合金以 $10^{-7}s^{-1}$ 的拉伸应变速率在 3.5% NaCl 溶液中慢拉伸的断口放大图（图 4.29）显示，试样的断口出现了光滑平面［图 4.29（a）中圆圈］和锯齿状台阶［图 4.29（b）］的准解理断裂特征。

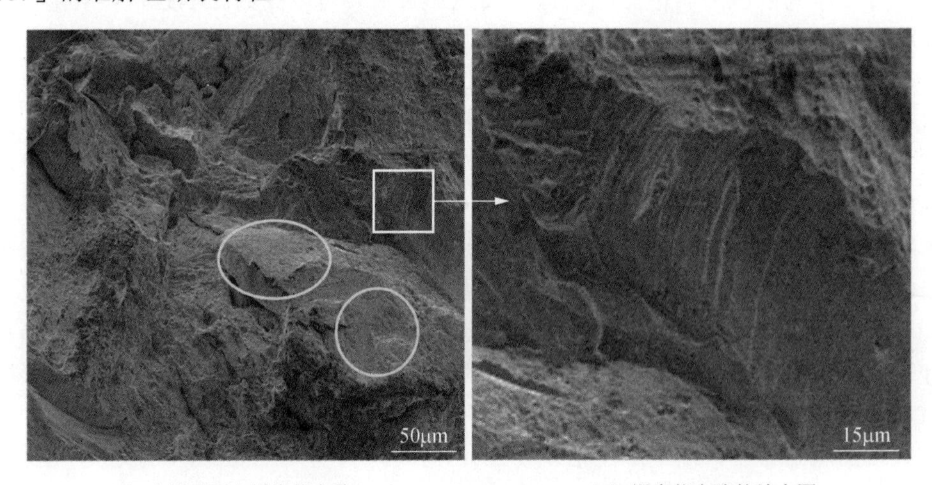

（a）光滑平面和锯齿状台阶　　（b）锯齿状台阶的放大图

图 4.29　退火态镍铝青铜合金以 $10^{-7}s^{-1}$ 的拉伸应变速率在 3.5% NaCl 溶液中慢拉伸的断口放大图

从前面的实验结果和分析可知，退火态镍铝青铜合金在腐蚀环境中容易出现微裂纹的萌生与扩展，而随着裂纹的扩展深入，在尖端处会存在一个缺氧的区域，进而发生严重的金属离子水解反应[38]：

$$2CuCl_2^- + H_2O \longrightarrow Cu_2O + 2H^+ + 4Cl^- \quad (4\text{-}12)$$

$$2AlCl_4^- + 3H_2O \longrightarrow Al_2O_3 + 6H^+ + 8Cl^- \quad (4\text{-}13)$$

由式（4-12）和式（4-13）可知，裂纹尖端的 pH 下降，使水化学环境恶化。Wharton 等[39]对镍铝青铜合金的缝隙腐蚀行为的研究表明，随着阴极反应的不断进行，缝隙内氧的消耗速率超过外部环境向缝隙内氧的扩散速率，缝隙或裂纹内的氧浓度会出现一个明显的下降。此时，由于裂纹深处与外界环境难于进行物质交换且水解反应有着充足的时间进行（拉伸应变速率足够慢），即便是在中性环境 3.5% NaCl 溶液中，裂纹尖端也会出现明显的酸化，H^+富集。在高浓度的 H^+环境和应力集中形成的畸变场作用下，H^+吸附在裂纹尖端附近并向金属内部扩散，使尖端出现富氢区[37]，这造成了位错更容易开动滑移并相互缠结、塞积在裂纹尖端[40]。利用聚焦离子束技术对裂纹尖端区域进行切割，制备透射电子显微镜试样。从图 4.30 中可以看到，大量的位错缠结和层错出现在裂纹尖端附近，这与之前的分析相吻合。氢在裂纹尖端的富集，会降低位错在晶格间运动滑移的能量和所需的应力场，同时随着氢的扩散，位错之间的排斥力降低，相互缠结、塞积的概率增加。这两方面都会造成高密度的位错滑移在裂纹尖端附近形成。

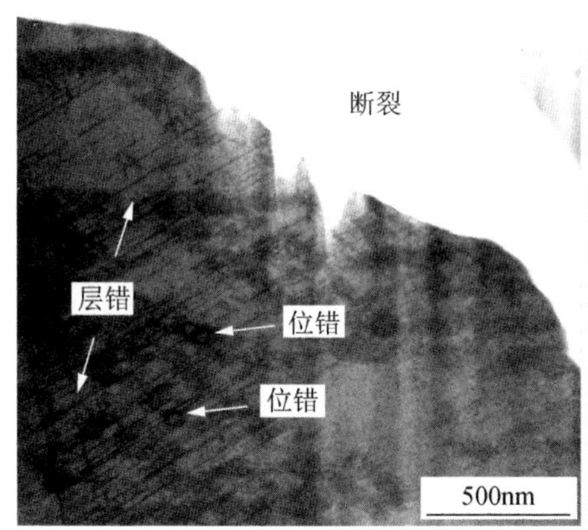

（a）低放大倍数

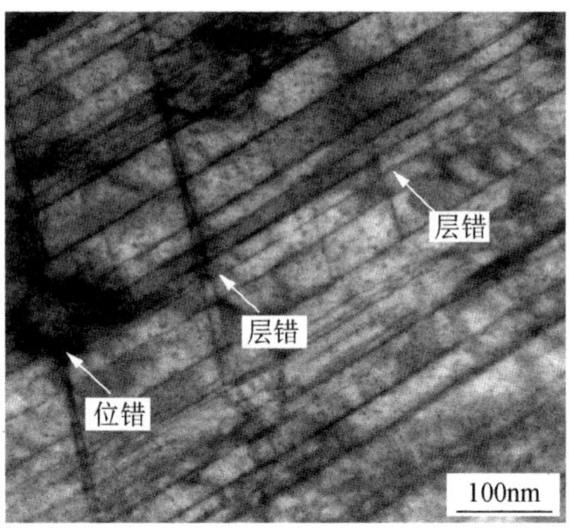

（b）高放大倍数

图 4.30　退火态镍铝青铜合金在 3.5% NaCl 溶液中慢拉伸实验后的裂纹尖端附近位错和层错分布图

随着位错密度的持续增大，并不断相互缠结和塞积，裂纹尖端会形成一个局部塑性变形区，并在外加拉伸应力的作用下逐步达到材料的断裂韧性，使裂纹向前扩展。当裂纹向前扩展一小段距离后，尖端的局部塑性变形得到释放，扩展便停止，之后“新鲜”的裂纹尖端又会重新吸收富集氢，并在位错堆积后，在新的裂纹尖端形成局部塑性变形区，从而继续扩展，周而复始[41]。这种局部的氢脆机制很好地解释了镍铝青铜合金应力腐蚀断口表现出的光滑平面和锯齿状台阶的准解理断裂特征，其机理示意图如图 4.31（彩图见书末）所示。此外，这种氢脆机理控制的应力腐蚀行为要求拉伸应变速率足够慢，使氢的吸附与扩散能够有效作用于裂纹尖端，否则断裂行为会主要以机械破坏为主，如上述实验结果中拉伸应变速率 $10^{-5}s^{-1}$ 所示。

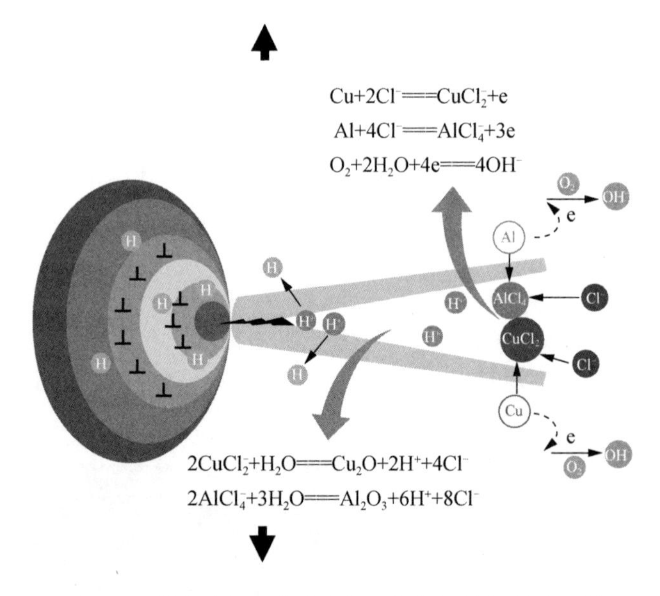

图 4.31　镍铝青铜合金应力腐蚀行为氢脆机理示意图

参 考 文 献

[1] 褚武扬，乔利杰，李金许，等．氢脆和应力腐蚀：基础部分[M]．北京：科学出版社，2013.

[2] 乔利杰，王燕斌，诸武扬．应力腐蚀机理[M]．北京：科学出版社，1993.

[3] XU X, WANG H, LV Y, et al. Investigation on deformation behavior of nickel aluminum bronze by neutron diffraction and transmission electron microscopy[J]. Metallurgical & Materials Transactions A, 2016, 5 (47): 2081-2092.

[4] 董捷．金属材料残余应力分析与探讨[J]．中国化工贸易，2015，3：110.

[5] TANG W M, ZHENG Z X, TANG H J, et al. Structural evolution and grain growth kinetics of the Fe-28Al elemental powder during mechanical alloying and annealing[J]. Intermetallics, 2007, 8 (15): 1020-1026.

[6] SHENG L, ZHANG W, GUO J, et al. Effect of Au addition on the microstructure and mechanical properties of NiAl intermetallic compound[J]. Intermetallics, 2010, 4 (18): 740-744.

[7] TOMOTA Y, TOKUDA H, ADACHI Y, et al. Tensile behavior of TRIP-aided multi-phase steels studied by in situ neutron diffraction[J]. Acta Materialia, 2004, 20 (52): 5737-5745.

[8] 田荣璋，王祝堂．铜合金及其加工手册[M]．长沙：中南大学出版社，2002.

[9] KIM Y S, KIM Y H. Sliding wear behavior of Fe_3Al-based alloys[J]. Materials Science & Engineering A, 1998, 1 (258): 319-324.

[10] OJIMA M, INOUE J, NAMBU S, et al. Stress partitioning behavior of multilayered steels during tensile deformation measured by in situ neutron diffraction[J]. Scripta Materialia, 2012, 3 (66): 139-142.

[11] VLASSAK J J, NIX W D. Measuring the elastic properties of anisotropic materials by means of indentation experiments[J]. Journal of the Mechanics & Physics of Solids, 1994, 8 (42): 1223-1245.

[12] NUMAKURA K I. Young's moduli in ordered and in disordered states of Fe_3Al single crystals[J]. Journal of the Physical Society of Japan, 2007, 11 (16): 2344-2345.

[13] LAZAR P, PODLOUCKY R. Ab initio study of the mechanical properties of NiAl microalloyed by X=Cr,Mo,Ti,Ga[J]. Physical Review B, 2006, 10 (73): 4114.

[14] DELAIRE F, RAPHANEL J L, REY C. Plastic heterogeneities of a copper multicrystal deformed in uniaxial tension: experimental study and finite element simulations[J]. Acta Materialia, 2000, 5 (48): 1075-1087.

[15] XIE L, JIANG C, LU W, et al. Investigation on the residual stress and microstructure of (TiB + TiC)/Ti-6Al-4V composite after shot peening[J]. Materials Science & Engineering A, 2011, 9 (528): 3423-3427.
[16] LU L, CHEN X, HUANG X, et al. Revealing the maximum strength in nanotwinned copper[J]. China Basic Science, 2009, 5914 (323): 607-610.
[17] ZHANG Y, TAO N R, LU K. Effect of stacking-fault energy on deformation twin thickness in Cu-Al alloys[J]. Scripta Materialia, 2009, 4 (60): 211-213.
[18] HASAN F, JAHANAFROOZ A, LORIMER G W, et al. The morphology, crystallography, and chemistry of phases in as-cast nickel-aluminum bronze[J]. Metallurgical Transactions A, 1982, 8 (13): 1337-1345.
[19] JEONG J S, WOO W, OH K H, et al. In situ neutron diffraction study of the microstructure and tensile deformation behavior in Al-added high manganese austenitic steels[J]. Acta Materialia, 2012, 5 (60): 2290-2299.
[20] WILLIAMSON G K, SMALLMAN R E. III. Dislocation densities in some annealed and cold-worked metals from measurements on the X-ray Debye-Scherrer spectrum[J]. Philosophical Magazine, 1956, 1 (1): 34-46.
[21] BREUER D, KLIMANEK P, PANTLEON W. X-ray determination of dislocation density and arrangement in plastically deformed copper[J]. Journal of Applied Crystallography, 2000, 5 (33): 1284-1294.
[22] HORDON M J, AVERBACH B L. X-ray measurements of dislocation density in deformed copper and aluminum single crystals [J]. Acta Metallurgica, 1961, 9 (3): 237-246.
[23] OLIVER E C, DAYMOND M R, WITHERS P J. Interphase and intergranular stress generation in carbon steels[J]. Acta Materialia, 2004, 7 (52): 1937-1951.
[24] SABBAGHZADEH B, PARVIZI R, DAVOODI A, et al. Corrosion evaluation of multi-pass welded nickel-aluminum bronze alloy in 3.5% sodium chloride solution: a restorative application of gas tungsten arc welding process[J]. Materials & Design, 2014, 6 (58): 346-356.
[25] KEAR G, BARKER B D, STOKES K, et al. Flow influenced electrochemical corrosion of nickel aluminium bronze: part II. anodic polarisation and derivation of the mixed potential[J]. Journal of Applied Electrochemistry, 2004, 12 (34): 1241-1248.
[26] GUTMAN E M. Mechanochemistry of Solid Surfaces[M]. Singapore: World Scientific, 1994.
[27] FISCHER H. Elektrokristallisation von Metallen unter idealen und realen Bedingungen[J]. Angewandte Chemie, 1969 3 (81): 101-114.
[28] KOSEC T, MERL D K, MILOSEV I. Impedance and XPS study of benzotriazole films formed on copper, copper-zinc alloys and zinc in chloride solution[J]. Corrosion Science, 2008, 7 (50): 1987-1997.
[29] HIRSCHORN B, ORAZEM M E, TRIBOLLET B, et al. Determination of effective capacitance and film thickness from constant-phase-element parameters[J]. Electrochimica Acta, 2010, 21 (55): 6218-6227.
[30] LENARD D R, BAYLEY C J, NOREN B A. Electrochemical monitoring of selective phase corrosion of nickel aluminum bronze in seawater[J]. Corrosion -Houston Tx-, 2008, 10 (64): 764-772.
[31] VERDHAN N, BHENDE D D, KAPOOR R, et al. Effect of microstructure on the fatigue crack growth behaviour of a near-α Ti alloy[J]. International Journal of Fatigue, 2014, (74): 46-54.
[32] LIU Z Y, LI X G, DU C W, et al. Stress corrosion cracking behavior of X70 pipe steel in an acidic soil environment[J]. Corrosion Science, 2008, 8 (50): 2251-2257.
[33] 天华化工机械及自动化研究设计院．腐蚀与防护手册[M]．北京：化学工业出版社，2009．
[34] GOEBEL J, GHIDINI T, GRAHAM A J. Stress-corrosion cracking characterisation of the advanced aerospace Al-Li 2099-T86 alloy[J]. Materials Science & Engineering A, 2016, (673): 16-23.
[35] DU D, CHEN K, LU H, et al. Effects of chloride and oxygen on stress corrosion cracking of cold worked 316/316L austenitic stainless steel in high temperature water[J]. Corrosion Science, 2016, (110): 134-142.
[36] ZHOU C, HUANG Q, GUO Q, et al. Sulphide stress cracking behaviour of the dissimilar metal welded joint of X60 pipeline steel and Inconel 625 alloy[J]. Corrosion Science, 2016, (110): 242-252.
[37] LIU Z Y, LI X G, DU C W, et al. Effect of inclusions on initiation of stress corrosion cracks in X70 pipeline steel in

an acidic soil environment[J]. Corrosion Science, 2009, 4 (51): 895-900.

[38] QIN Z, WU Z, ZEN X, et al. Improving corrosion resistance of a nickel-aluminum bronze alloy via nickel ion implantation[J]. Corrosion -Houston Tx-, 2016, 10 (72): 1269-1280.

[39] WHARTON J A, STOKES K R. The influence of nickel–aluminium bronze microstructure and crevice solution on the initiation of crevice corrosion[J]. Electrochimica Acta, 2008, 5 (53): 2463-2473.

[40] CHEN X, GERBERICH W W. The kinetics and micromechanics of hydrogen assisted cracking in Fe-3 pct Si single crystals[J]. Metallurgical and Materials Transactions A, 1991, 1 (22): 59-70.

[41] SMITH T J, STAEHLE R W. Role of slip step emergence in the early stages of stress corrosion cracking in face centered iron-nickel-chromium alloys[J]. Corrosion -Houston Tx-, 1967, 5 (23): 117-129.

第5章 镍铝青铜合金的疲劳性能和腐蚀疲劳性能

5.1 引　　言

镍铝青铜合金是一种主要用于螺旋桨、泵体、阀门等构件的结构材料，其服役工况要求合金具备良好的力学性能、抗疲劳性能及耐腐蚀性能。研究镍铝青铜合金的疲劳性能及腐蚀疲劳性能，建立合金微观组织结构与疲劳破坏的响应关系，是实现对合金的组织调控、提升其相关性能的理论依据。但是，根据相关文献调研发现，关于镍铝青铜合金微观组织、第二相等对其疲劳性能、腐蚀疲劳行为等特性影响的研究还比较少。此外，关于利用搅拌摩擦加工对组织进行调控优化后镍铝青铜合金疲劳性能的研究更少。本章研究不同微观组织及第二相等对镍铝青铜合金疲劳性能的响应关系，并对搅拌摩擦加工镍铝青铜合金的不同区域进行疲劳、腐蚀疲劳裂纹扩展速率的测定，从而建立不同搅拌摩擦加工的镍铝青铜合金组织与疲劳裂纹扩展速率的响应关系。此外，还开展了对镍铝青铜合金腐蚀疲劳行为的相关研究，探究交变载荷与腐蚀介质耦合后对合金的破坏作用。通过观察裂纹扩展路径和断口分析，研究镍铝青铜合金的疲劳与腐蚀疲劳机理，试图建立相关的裂纹理论模型，以便更好地理解镍铝青铜合金的静态疲劳、腐蚀疲劳性能。

5.2 热处理后镍铝青铜合金的疲劳裂纹扩展

本节对铸态镍铝青铜合金进行热处理，以获得不同κ相的组织形貌与含量，并讨论第二相形貌、分布与力学性能对腐蚀疲劳裂纹扩展路径的影响。这些研究可以帮助确定第二相在镍铝青铜合金疲劳裂纹扩展中的影响，为海水中镍铝青铜合金的腐蚀裂纹扩展研究提供参考值，并对选择合适的热处理来控制第二相种类、分布和含量参数给出建议。

5.2.1 疲劳裂纹扩展速率测试实验过程

用真空熔炼法铸造直径为 150mm、长度为 200mm 的镍铝青铜合金铸锭。用荧光光谱法测量镍铝青铜合金的化学成分（质量分数）为 9.85%的铝、3.86%的铁、3.76%的镍、1.03%的锰和余量的铜。使用车床将铸锭表层去掉，直至不能用肉眼看到缩孔为止。使用线切割将铸锭切成 15mm 厚的圆盘。为了降低组织结构对实验结果的影响，本实验所用的拉伸试样与疲劳实验试样均取自同一块圆盘。

本实验共采用三种显微组织结构进行对比与实验，一种为镍铝青铜合金的铸态组织，另外两种是热处理后的组织：675℃/6h 退火及 920℃/1h 正火。冷却采用随炉冷却，冷却速率为 15～20℃/s。这三种不同显微组织结构的试样经过处理后，使用 5g $FeCl_3$+2mL HCl+95mL C_2H_5OH 的腐蚀液腐蚀，然后用光学显微镜观察显微组织结构，并利用 Image-Pro Plus 软件计算每个相的体积分数。

使用 ZwickT1 拉伸仪器和 10^{-3} 的变形速率对镍铝青铜合金拉伸试样进行拉伸性能测试。每种样品的测试试样数量为 2、3 个。

疲劳裂纹扩展实验采用 DLU-50 实验机，根据 ASTM E647—2015 标准对三点弯曲试样进行测试。图 5.1 显示了根据 ASTM E399—2009 标准加工的疲劳裂纹扩展试样尺寸。为了引导疲劳裂纹扩展方向，试样两个侧边被开了边槽。实验在室温与实验室空气环境下，选取载荷比 R=0.3（$R=K_{min}/K_{max}$，K_{min} 和 K_{max} 分别为最小、最大应力强度因子），1Hz 的加载频率完成。每种显微结构的试样进行一次疲劳裂纹扩展实验。

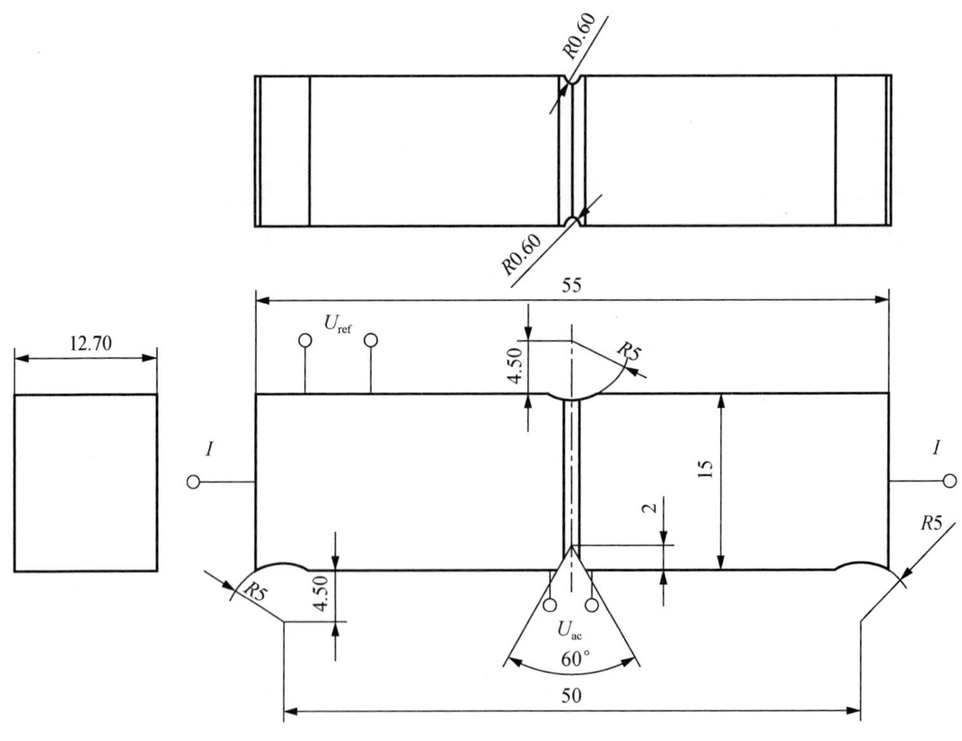

图 5.1　疲劳裂纹扩展试样尺寸

本实验采用直流电压降（direct current potential drop）法测量疲劳裂纹的扩展

速率。直流电压降定义为V_0，可由以下公式得出：

$$V_0 = \frac{U_{ac} / U_{a0}}{U_{ref} / U_{r0}} \tag{5-1}$$

式中，U_{a0}为初始状态的主要电压降；U_{r0}为参考电压降；U_{ac}为裂纹扩展时的主电压降；U_{ref}为裂纹扩展时的参考电压降。

使用有限元模拟建立直流电压降与 a/W（裂纹长度/试样宽度）比值的关系，如图 5.2（a）所示，得出以下公式：

$$V_0 = 0.4 + 7.1\left(\frac{a}{W}\right)^1 - 30.2\left(\frac{a}{W}\right)^2 + 106.7\left(\frac{a}{W}\right)^3 - 157.5\left(\frac{a}{W}\right)^4 + 89.1\left(\frac{a}{W}\right)^5 \tag{5-2}$$

根据应力强度因子与加载应力的关系，使用软件控制应力强度因子 K。首先，使用恒定应力强度因子 K 预先在试样上制造裂纹直至 a/W 达到 0.18。然后，K 先降低再升高。图 5.2（b）显示了退火态试样 a/W 与疲劳裂纹扩展实验时间的关系，图中也显示出三个不同的 K 区域。在本实验中使用的疲劳裂纹扩展的有效数据即为升 K 区。

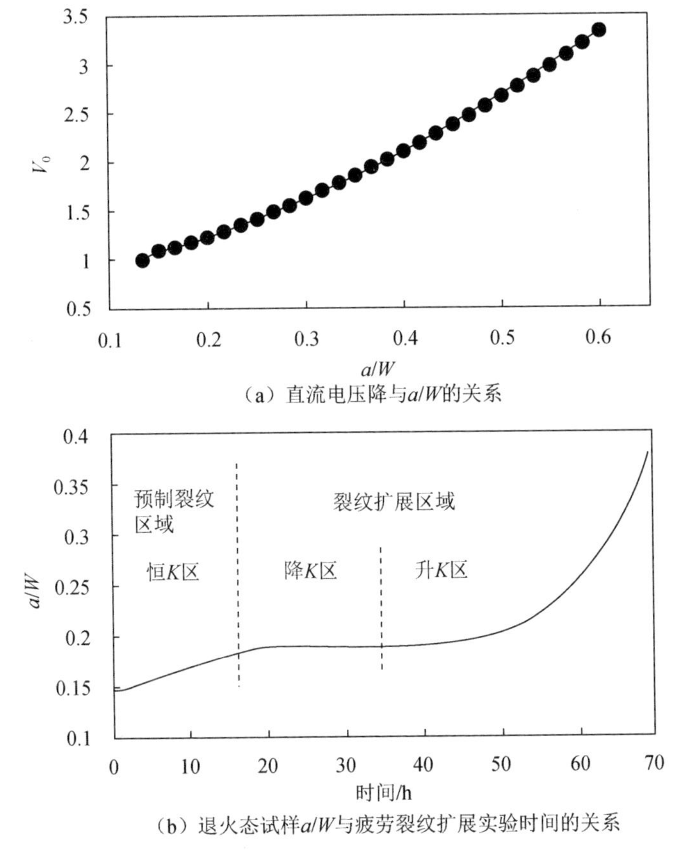

（a）直流电压降与a/W的关系

（b）退火态试样a/W与疲劳裂纹扩展实验时间的关系

图 5.2　疲劳裂纹扩展实验设计与疲劳宏观断面图

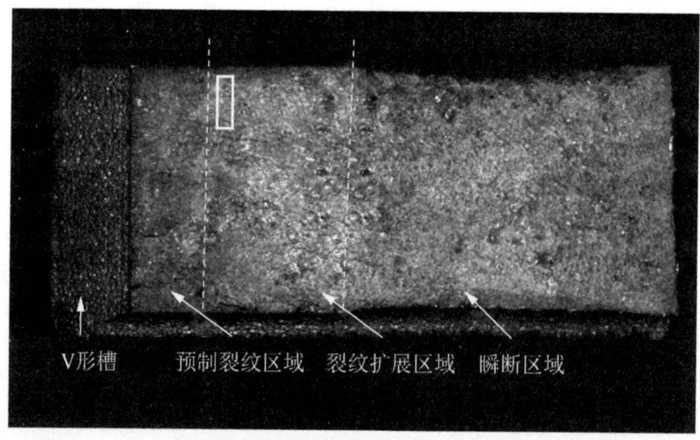

（c）退火态试样疲劳裂纹扩展实验的宏观断面

图 5.2（续）

疲劳测试结束后，试样被线切割成体积相等的三块，一块用作疲劳断裂断口观测，一块用作从侧面做疲劳裂纹扩展路径观测。图 5.2（c）显示了退火态试样疲劳裂纹扩展实验的宏观断面，包括 V 形槽、预制裂纹区域、裂纹扩展区域与瞬断区域。图 5.2（c）中的预制裂纹区域与裂纹扩展区域对应了图 5.2（b）中的两个区域。图 5.2（c）中的长方形方框为 SEM 的观测区域。

5.2.2　热处理后镍铝青铜合金疲劳裂纹扩展实验结果

图 5.3 显示了本实验中所采用的三种不同镍铝青铜合金的显微组织。图 5.3(a)为铸态镍铝青铜合金，包括α相基体（fcc 铜固溶体）、β' 相（马氏体固溶体）和三种中间相（κ_{II} 相为花状，κ_{III} 相为与α相伴生的片层状的共析组织，κ_{IV} 相为在α相基体中弥散分布的颗粒）。图 5.3（b）显示了退火态镍铝青铜合金的显微结构，包括与铸态结构相同的相种类，但是相含量不同。退火态镍铝青铜合金中$\alpha+\kappa_{\text{III}}$ 相层状结构的体积分数大于铸态试样，β' 相相对减少。但是，正火态试样的显微结构与其他两个有很大不同，图 5.3（c）显示了α相、β' 相与 κ_{IV} 相。

镍铝青铜合金圆盘边缘的显微组织与圆盘中心相比，边缘材料有较快的冷却速率，因此显示出较大的α相、较少的 κ_{III} 相，以及更多的β' 相。退火处理会将β' 相转变为$\alpha+\kappa_{\text{III}}$ 结构[1]，同时将会促使α相晶粒长大。

使用 Image-Pro Plus 软件计算光学显微镜下每个试样中每相的体积分数，计算结果如表 5.1 所示。每相的标准偏差在 0.1%～2%。由于正火态α相晶粒尺寸差异较大，正火态各相的标准偏差大于其他两种试样。相对于铸态试样，退火态试样含有较少的 κ_{IV} 相与β' 相，但是含有较多的 κ_{III} 相［(18.6±0.8）%］。退火态镍铝青铜合金的$\alpha+\kappa_{\text{III}}$ 片层结构主要位于α相晶粒交界处，或环绕β' 相。退火态较低的β' 相含量和$\alpha+\kappa_{\text{III}}$ 片层结构的分布证实了退火态的$\alpha+\kappa_{\text{III}}$ 片层结构是由β' 相转化而来的。正火态镍铝青铜合金试样含有少量的 κ_{II} 相与 κ_{III} 相，但是含有大量的 κ_{IV} 相。本实验之所以选择退火态试样，是因为其 κ_{III} 相体积分数相比于铸态试样有较大改变，但是其他相变化不大；之所以选择正火态试样，是因为相比于其他两种材料，正火态合金中 κ_{II} 相与 κ_{III} 相体积分数基本为零，性能有较大区分度。

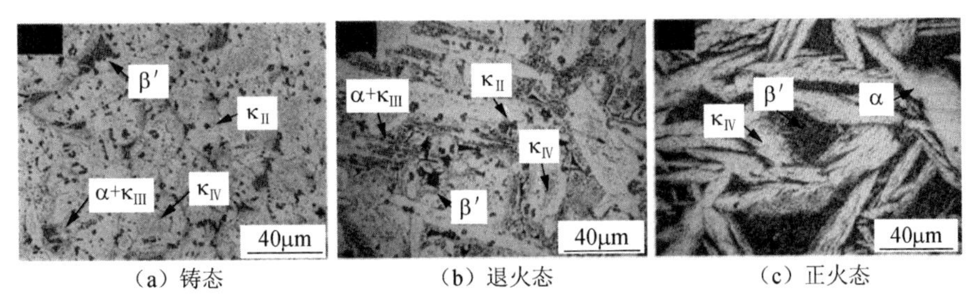

（a）铸态　（b）退火态　（c）正火态

图 5.3　三种不同镍铝青铜合金的显微组织结构

表 5.1　铸态、退火态和正火态镍铝青铜合金试样的 α 相、β′ 相和三种 κ 相的体积分数（单位：%）

试样	α	β′	κ_{II}	κ_{III}	κ_{IV}	$\kappa_{总量}$
铸态	73.9 ± 0.1	3.4 ± 0.4	7.5 ± 0.3	5.5 ± 0.1	9.6 ± 0.2	22.6 ± 0.3
退火态	67 ± 1	1.1 ± 0.1	6.8 ± 0.3	18.6 ± 0.8	6.6 ± 0.4	31.9 ± 0.7
正火态	63 ± 2	21.6 ± 0.7	—	—	15.4 ± 1.4	15.4 ± 1.4

图 5.4（a）显示了三种试样的应力-应变曲线。铸态与退火态镍铝青铜合金试样有相似的拉伸强度与延伸率，正火态试样则显示出较高的拉伸强度与较低的延伸率。图 5.4（b）显示了三种试样在弹性区域的应力-应变曲线。相比于铸态与退火态试样，正火态试样含有最低的模量值。表 5.2 显示了杨氏模量、理论模量、屈服强度与延伸率的平均值与标准误差。三种试样在力学性能上的差别主要是由于显微结构的差异。退火态镍铝青铜合金显微结构与铸态相似，较高的塑性可能是由于易碎的β′ 相转化为α+ κ_{III} 片层结构。正火态镍铝青铜合金β′ 相含量较高[（21.6±0.7）%]，导致其材料具有较高的强度和较低的塑性。

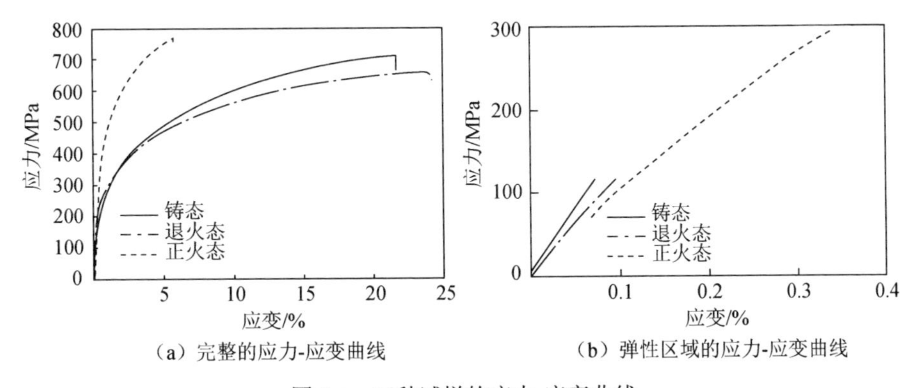

（a）完整的应力-应变曲线　（b）弹性区域的应力-应变曲线

图 5.4　三种试样的应力-应变曲线

表 5.2　三种试样的杨氏模量、理论模量、屈服强度与延伸率

试样	杨氏模量/GPa	理论模量/GPa	屈服强度/MPa	延伸率/%
铸态	141 ± 16	129	259 ± 12	20.7 ± 0.5
退火态	139 ± 24	143	270 ± 30	23.4 ± 0.5
正火态	80 ± 11	122	432 ± 18	6.9 ± 1.6

对于同一种材料，杨氏模量取决于原子间作用力的强度，而对显微组织结构的变化并不敏感。但是，杨氏模量也取决于材料中不同相的模量及含量。对于镍铝青铜合金，理论模量（E_c）可由以下方程得出：

$$E_c = E_\alpha V_\alpha + E_{\kappa_{III}} V_{\kappa_{III}} + E_{\kappa_{II}+\kappa_{IV}} V_{\kappa_{II}+\kappa_{IV}} \tag{5-3}$$

式中，E_α、$E_{\kappa_{III}}$ 和 $E_{\kappa_{II}+\kappa_{IV}}$ 分别为α相、κ_{III} 相和 $\kappa_{II}+\kappa_{IV}$ 相的杨氏模量；V_α、$V_{\kappa_{III}}$ 和 $V_{\kappa_{II}+\kappa_{IV}}$ 分别为α相、κ_{III} 相和 $\kappa_{II}+\kappa_{IV}$ 相的体积分数。

纯铜的杨氏模量为 129.8GPa[2]，随着 8%铝的加入，杨氏模量会随之降低 8%[3]。表 5.3 显示了镍铝青铜合金中不同相的组织成分。Fe_3Al 和 NiAl 相的模量分别为 141GPa[4]和 231GPa[5]。使用表 5.1 中各相的体积分数，利用式（5-3）将每种材料的理论模量计算出来，结果显示在表 5.2 中。铸态与退火态试样模量实验值与理论符合较好。正火态模量实验值较理论值高 40GPa，可能是因为每种元素对模量变化产生了不同的作用，如镍会升高铜的模量，而锰起相反的作用，而表 5.3 中β相的组织成分有不确定性。

表 5.3　镍铝青铜合金中不同相的组织成分（质量分数）[1, 6]　　（单位：%）

相	铝	锰	铁	镍	铜
α	6.5～8.4	1.0～1.5	0.7～4.7	1.7～3.9	86.0～89.4
β	8.2～28.1	1.1～2.5	2.0～20.0	2.8～43.7	23.9～86.0
κ_{II}	12.0～17.8	1.2～2.2	29.7～61.0	8.0～24.5	12.1～26.9
κ_{III}	9.0～26.7	1.0～2.0	3.0～13.8	28.3～41.3	17.0～38.5
κ_{IV}	10.5～23	1.2～2.4	58～73.4	3.0～7.3	6.6～14.0

图 5.5 显示了铸态、退火态与正火态镍铝青铜合金试样的疲劳裂纹扩展速率（da/dN）与应力强度因子（ΔK）的关系。图 5.5 展示了清晰的稳态扩展区域，服从以下关系：

$$\frac{da}{dN} = C(\Delta K)^n \tag{5-4}$$

式中，C 和 n 为关于材料、环境、频率、温度与应力比的常数。

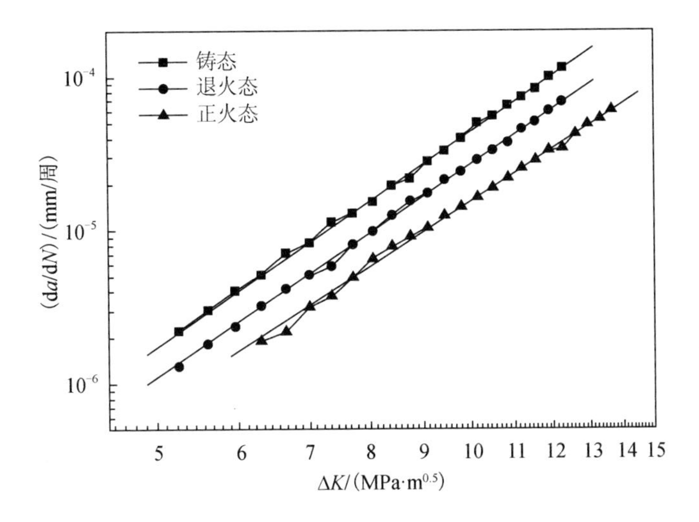

图 5.5　铸态、退火态和正火态镍铝青铜合金试样的疲劳裂纹扩展速率（da/dN）与应力强度因子（ΔK）的关系

由图 5.5 可以明显看出，铸态镍铝青铜合金的疲劳裂纹扩展速率是三种试样中最高的，然后是退火态试样，最慢的是正火态试样。三条曲线在稳态扩展区域接近于平行，材料常数 C 和 n 可从图 5.5 中的曲线计算得到，计算得出的数值列于表 5.4 中。其中，每条曲线拟合的系数（R^2）也显示在表 5.4 中，其值都不小于 99.8%。与铸态和退火态试样相比，正火态试样的 n 值较低，而铸态试样拥有最高的 C 值。

表 5.4　不同镍铝青铜合金的材料常数

试样	C	n	R^2/%
铸态	9.13×10^{-10}	4.68	99.9
退火态	6.59×10^{-10}	4.61	99.9
正火态	6.26×10^{-10}	4.39	99.8

图 5.6 显示了三种试样疲劳裂纹扩展区域的断面形貌。图 5.6（a）中的解理状断面表明了由有限的塑性导致的脆性断裂。疲劳裂纹或沿着$\alpha+\kappa_{III}$共析层片的界面，或穿过$\alpha+\kappa_{III}$共析层片组织，或穿过β'相。图 5.6（a）中的箭头显示了α相解理面的长度都短于 20μm，该长度与共析层状$\alpha+\kappa_{III}$结构α相片层长度相符。同时，图 5.6（a）中的圆圈显示疲劳裂纹穿过了β'相。疲劳裂纹更倾向于从与β'相方向相同的针状α相界和$\alpha+\kappa_{III}$层片状结构的相界穿过，而不是α相晶粒[7]。

图 5.6（b）显示了退火态镍铝青铜合金的疲劳裂纹扩展断面，疲劳裂纹倾向于穿过$\alpha+\kappa_{III}$层片状结构继续扩展。图 5.6（b）中的箭头显示了沿着α/κ_{III}层状结

构界面扩展的二次裂纹，圆圈显示了 κ_{II} 相颗粒被拉出α相基体后的韧窝形状区域。因此，α相和 κ_{II} 相颗粒同样也是退火态试样疲劳裂纹扩展的路径之一。

正火态镍铝青铜合金的组织包括较大α相晶粒、α相片层与β′相马氏体。正火态镍铝青铜合金的疲劳断面相比于铸态与退火态，含有较少的解理断裂和较多的塑性穿晶断裂，如图 5.6（c）和（d）所示。图 5.6（c）中的箭头指示了疲劳裂纹扩展沿着α相片层穿过，图 5.6（d）中的圆圈显示了在正火态组织断口形貌中发现的α相晶粒上的疲劳辉纹。相比于图 5.6（a）和（b）显示的解理断裂，正火态镍铝青铜合金由于疲劳辉纹的出现会显示出较低的疲劳裂纹扩展速率。该现象与 Pilchak 文章中出现疲劳辉纹的疲劳裂纹扩展速率要比没有出现辉纹的要慢的结论相符[8]。

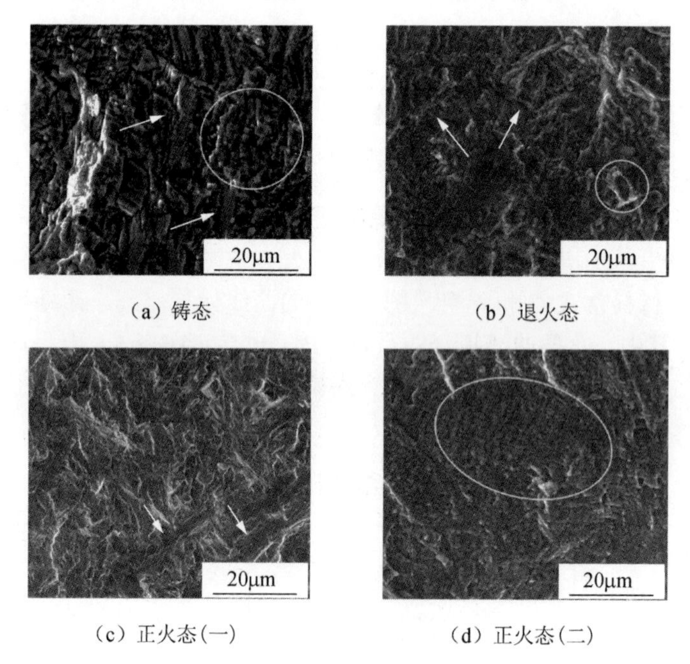

（a）铸态　（b）退火态

（c）正火态(一)　（d）正火态(二)

图 5.6　三种试样疲劳裂纹扩展区域的断口形貌（疲劳裂纹扩展方向从下到上）

三种试样中，铸态与退火态的组织结构最为相似，最明显的区别是 κ_{III} 相的含量（图 5.3 与表 5.1）。图 5.7（a）和（b）显示了铸态镍铝青铜合金的疲劳裂纹扩展路径。相比于穿过α相晶粒，铸态疲劳裂纹更倾向于沿着α+ κ_{III} 片层界面［图 5.7（a）中的黑色箭头］、穿过β′相马氏体［图 5.7（a）中的白色箭头］、切断α+ κ_{III} 片层结构［图 5.7（b）中的黑色箭头］，或者沿着α相基体与 κ_{II} 相颗粒的界面［图 5.7（b）中的白色箭头］扩展。β′相和不连续的α+ κ_{III} 片层结构经常出现在α相晶粒界面与晶粒交界处，它们容易作为不连续的晶界沉淀，会导致裂纹扩展加速[9]。相比于几乎不含有 κ_{II} 相颗粒和 κ_{III} 相片层结构的正火态试样，铸态试样的高裂纹扩展速率是合理的。

图 5.7（c）和（d）显示了退火态镍铝青铜合金的疲劳裂纹扩展路径。675℃退火的热处理目的在于将β′相转化为α+ κ_{III} 片层结构。退火态材料裂纹扩展路径与铸态材料相似，主要为穿过α+ κ_{III} 片层结构［图 5.7（c）和（d）中的白色圆圈］和 κ_{II} 相界［图 5.7（d）中的白色箭头］。相比于铸态，退火态材料的裂纹扩展路径中含有大量的二次裂纹，尤其是富含α+ κ_{III} 片层结构区域。裂纹扩展区域中有两条或三条平行的路径，或遇到颗粒停止扩展，或与其他路径合并［图 5.7（c）中的白色圆圈］。材料中分布均匀的二次裂纹对提高裂纹扩展阻力有益[9]。因此，退火态镍铝青铜合金中大量的二次裂纹能够降低裂纹扩展速率。

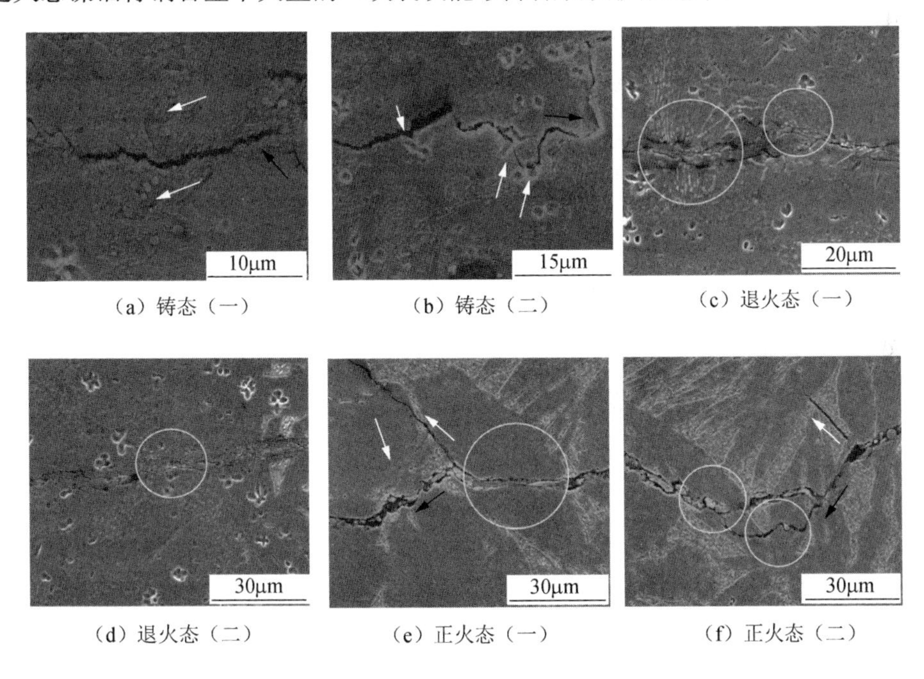

（a）铸态（一）　（b）铸态（二）　（c）退火态（一）

（d）退火态（二）　（e）正火态（一）　（f）正火态（二）

图 5.7　三种试样的疲劳裂纹扩展路径（疲劳裂纹扩展方向从左到右）

图 5.7（e）和（f）显示了正火态镍铝青铜合金的疲劳裂纹扩展路径，图中白色圆圈显示了疲劳裂纹更倾向于穿过α相晶粒。同时，白色箭头也指出了一些二次裂纹，这些二次裂纹在理论上会降低疲劳裂纹扩展速率。相比于穿过β′相［图 5.7（f）中的白色箭头］和α相晶界［图 5.7（e）中的白色箭头］，疲劳裂纹更倾向于穿过α相片层［图 5.7（f）中的黑色箭头］和α相晶粒［图 5.7（e）中的黑色箭头］。两个平行的裂纹甚至在一个α相晶粒内合并然后持续扩展。有研究发现，正火态中粗大的α相晶粒能更好地抵抗疲劳裂纹扩展。由于裂纹偏转的闭合影响，

随着晶粒尺寸的升高，疲劳裂纹扩展速率有所降低[10]。

在三种不同结构的镍铝青铜合金中，正火态试样显示出最曲折的路径，然后是铸态试样，退火态试样则显示出最直的疲劳裂纹扩展路径。曲折的裂纹会导致粗糙度诱发的裂纹闭合[7]，并且降低局部裂纹驱动力，最后导致疲劳裂纹速率减慢。降低的驱动力包括由裂纹偏转导致的裂纹尖端的有效应力因子的降低和裂纹尖端后由粗糙度引起的裂纹闭合。因此，正火态镍铝青铜合金曲折的裂纹扩展路径具有最好的抗疲劳裂纹扩展性能。

5.2.3 微观组织形貌对裂纹扩展的影响

对不同的镍铝青铜合金形貌来说，相的形貌与含量对疲劳裂纹扩展行为起着主要的影响。

1. κ_{II}相颗粒与κ_{III}相片层

κ_{III}相经常与α相伴生且形成层状结构。平行的κ_{III}相与α相界面会诱导与层状界面平行的二次裂纹。因此，退火态镍铝青铜合金中大量的κ_{III}相会导致大量二次裂纹的生成，如图 5.7（c）中的白色圆圈所示。晶界上的κ_{II}相颗粒与κ_{III}相片层作为粗大的不连续晶界沉淀物，可以起加快疲劳裂纹扩展速率的作用[9]。更进一步讲，韧窝更容易在κ_{II}相颗粒与α相界面或β'相形成，该现象在图 5.6（b）中的白色圆圈中有所指示。粗大的κ_{II}相颗粒［图 5.7（b）中的白色箭头］通过连续塑性流动形成韧窝，进而加快疲劳裂纹扩展速率。因此，含有大量κ_{II}相颗粒与κ_{III}相片层结构的铸态和退火态镍铝青铜合金会显示出较差的抗疲劳裂纹扩展性能。而相比于铸态试样，显示出均匀分布二次裂纹的退火态试样会减慢裂纹扩展。

2. κ_{IV}颗粒

如图 5.3 所示，在三种显微组织结构中，细小的κ_{IV}相颗粒均匀地分布在正火态试样和铸态、退火态试样的α相晶粒中。当材料中均匀分布一定量的细小弥散颗粒时，材料中的位错可以被位于不同平面剪切带中的细小连贯的颗粒所分担，使材料在循环加载中产生的滑移部分变得可逆。这些可逆的平面滑移带会通过增加裂纹尖端的偏移、引入裂纹闭合和降低损伤积累来减小疲劳裂纹扩展速率[11]。因此，在塑性α相基体中均匀分布的κ_{IV}相颗粒会提高正火态镍铝青铜合金的抗疲劳裂纹扩展性能，如图 5.7（f）所示。

3. α相

图 5.3（c）和图 5.7（e）显示了无沉淀区的较大的α相晶粒，其周围被细小的

κ_{IV} 相颗粒围绕。由于无沉淀区的溶解消耗现象，这些较大的α相晶粒将会有较差的力学性能且对变形较难抵抗，容易引起应变局部升高，进而导致疲劳裂纹的形核[12]。图 5.7（e）中，正火态镍铝青铜合金的裂纹扩展穿过无沉淀区的α相晶粒证实了该理论。

4. β′相

正火态镍铝青铜试样含有最多的针状马氏体β′相。针状结构的相界面容易引起裂纹偏转并增加裂纹扩展的曲折度。疲劳裂纹如果要通过β′相，则需要更多的驱动力，因此，正火态中的α相晶粒更容易成为疲劳裂纹的扩展路径，如图 5.7（f）所示。裂纹会选择更容易变形的α相晶粒扩展，并留下β′相作为二次裂纹的通道，如图 5.7（f）中的白色箭头所示。

5.2.4　各相力学性能、合金断裂韧性对裂纹扩展的影响

有报道指出，近门槛值区域几乎不依赖于合金成分、显微结构（晶粒尺寸）和屈服强度，控制因素为基体的杨氏模量，疲劳裂纹扩展速率 da/dN 与$(\Delta K/E)^4$成正比[13]；并且，对于金属合金来说，在疲劳裂纹扩展区域，疲劳辉纹间距大约等于 6 倍的$(\Delta K/E)^2$值[2]。因此，应该掌握各相的力学性能对疲劳裂纹扩展速率的影响。铸态和退火态镍铝青铜合金的裂纹扩展路径并不主要穿过α相晶粒，因此图 5.4（b）中得到的杨氏模量不能直接用于疲劳裂纹扩展速率的研究。为了研究力学性能对疲劳裂纹扩展的影响，从不同文献中总结出了不同相的含量（表 5.3）及不同相的力学性能（表 5.5）。κ_{IV} 相和 κ_{II} 相是 Fe_3Al 基的，屈服强度较高于α相的金属间化合物。Fe_3Al 合金在到达最高拉伸强度前就会断裂，但当合金固溶了其他元素时会显现一定但较低的塑性[14]。κ_{III} 相是基于 NiAl 的金属间化合物，与 Fe_3Al 和α相相比具有更高的弹性模量和屈服强度，但是 NiAl 金属非常脆。疲劳裂纹穿过脆硬的 κ_{III} 相，并且留下解理断口［图 5.6（a）及（b）］。铸态和退火态镍铝青铜合金试样含有大量体积分数的 κ_{II} 相和 κ_{III} 相，κ相和α相的相界面成为裂纹扩展的快速通道［图 5.7（a）～（d）］，加快了疲劳裂纹扩展速率。正火态镍铝青铜合金的裂纹扩展路径几乎都穿过α相晶粒，如图 5.7（d）所示。表 5.5 中，Cu-7%Al 合金最接近于α相中铝在铜固溶体中的化学成分。α相基体的延性性质（低模量、低屈服强度与高延伸率）导致了晶粒中疲劳辉纹的形成，并很好地解释了正火态镍铝青铜合金具有最低的疲劳裂纹扩展速率的原因，如图 5.4 所示。

表 5.5　铜固溶体、Fe_3Al 和 NiAl 的力学性能

相	杨氏模量/GPa	屈服强度/MPa	延伸率/%
Cu（α 相基体）	115～131	250*	70*

续表

相	杨氏模量/GPa	屈服强度/MPa	延伸率/%
Fe3Al（κ_{II} 相和 κ_{IV} 相）	141	333～760	<1
NiAl（κ_{III} 相）	231	400	0

*：Cu-7%Al 合金。

合金的断裂韧性也是影响疲劳裂纹扩展速率的重要因素之一，根据 Hinkle[15]关系，疲劳裂纹扩展速率反比于断裂韧性：

$$\frac{\mathrm{d}a}{\mathrm{d}N}=\frac{C(\Delta K)^n}{(1-R)K_{\mathrm{IC}}-\Delta K} \tag{5-5}$$

式中，$\frac{\mathrm{d}a}{\mathrm{d}N}$ 为疲劳裂纹扩展速率；K_{IC} 为材料的断裂韧性；ΔK 为应力强度因子；C、n 为与材料性质相关的常数。

因此，较高的断裂韧性会导致较低的疲劳裂纹扩展速率。较硬的材料更倾向于脆性断裂；较低强度的材料较易变形，比较坚韧。对比铸态和退火态，屈服强度较高的正火态镍铝青铜合金本应该有较高的疲劳裂纹扩展速率；然而，该推论与图 5.5 中的结论相矛盾。为了解释这个现象，三种试样的裂纹扩展路径应该被考虑在内，因为裂纹尖端的塑性变形区对裂纹扩展速率起着重要作用。

正火态镍铝青铜合金的疲劳裂纹主要穿过α相晶粒，如图 5.7（e）和（f）所示。α相基体的高塑性使裂纹尖端的塑性区增大，进而使材料更坚韧。另外，当疲劳裂纹穿过脆硬的κ相时，裂纹尖端的塑性区相对较小，材料的韧性变差。Hahn等[16]在文章中提到，在铝基材料中，大尺寸（1～10μm）颗粒的体积分数越高，断裂韧性越低；小尺寸（0.1μm）颗粒的存在会提高材料的抗断裂性能，且不会对材料韧性有害。图 5.7 中大多数的 κ_{II} 相颗粒尺寸在 5μm 左右，该尺寸的颗粒对断裂韧性有害。因此，疲劳裂纹扩展路径主要穿过α相晶粒的正火态镍铝青铜合金，相比扩展路径主要穿过脆硬κ相的铸态与退火态镍铝青铜合金显示出较低的疲劳裂纹扩展速率。

5.3 搅拌摩擦加工镍铝青铜合金的疲劳裂纹扩展

搅拌摩擦加工是一种极为重要的对镍铝青铜合金螺旋桨进行修复、强化的表面技术手段，现已得到了各国科学家越来越多的重视并开展了相应的研究，然而通过相关文献调研发现，鲜有对镍铝青铜合金微观组织与疲劳性能间关系的研究探讨，而对搅拌摩擦加工镍铝青铜合金疲劳性能的研究更是少之又少。为了研究不同组织对应的疲劳性能，根据搅拌摩擦加工镍铝青铜合金不同区域的主要显微组织对合金的区域进行划分，然后采用恒定的应力强度因子（ΔK）测试整个试样，以此来建立不同微观组织与疲劳裂纹扩展速率的响应关系，为进一步调控镍铝青铜合金微观组织，优化合金的疲劳性能提供理论指导。

5.3.1　搅拌摩擦加工镍铝青铜合金的疲劳裂纹扩展速率测试结果

本节研究中搅拌摩擦加工处理的基体为铸态镍铝青铜合金，其显微组织和搅拌摩擦加工后的纵截面宏观显微组织如图 5.8 所示。由图 5.8 可见，铸态镍铝青铜合金经锻造之后，组织主要由基体α相、球形的κ_{II}相、细小的κ_{IV}相和β'相组成［图 5.8（a)］。而搅拌摩擦加工之后，从上表面向下，组织明显不均匀，按照各个亚区的主要显微组织，可以划分为三个区域，分别对应图 5.8（b）中的 A、B 和 C 区域，其对应的距离为 0～1.1mm、1.1～1.6mm 和 1.6～2.1mm。A 区域的显微组织主要由魏氏体α相和β'相组成，如图 5.9（a）所示，该区域的放大图如图 5.9（b）所示。由图 5.9（b）可见，该区域的β'相中还含有较多的细小的κ_{IV}相。图 5.9（c）和（d）是 B 区域的光学显微镜和扫描电镜图，由图可见，该区域主要由带状的α相、β'相和分布在β'相上细小的κ_{IV}相组成。而 C 区域与 B 区域具有相似的显微组织，不同的是 C 区域的α相呈溪流状［图 5.9（e）和（f)］，而 B 区域含有最多的β'相。在搅拌摩擦加工过程中，从上表面向下形成了不同的显微组织，这主要是由于在搅拌过程中，镍铝青铜合金经历了不同的热机历史，各个亚区显微组织的形成原因在第 3 章已经进行了详细讨论，这里主要关注搅拌摩擦加工后合金的疲劳性能。

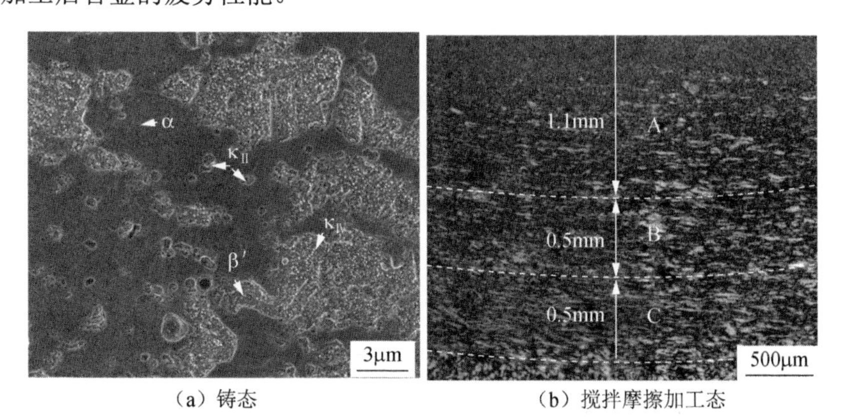

（a）铸态　　（b）搅拌摩擦加工态

图 5.8　铸态镍铝青铜合金显微组织和搅拌摩擦加工后的纵截面宏观显微组织

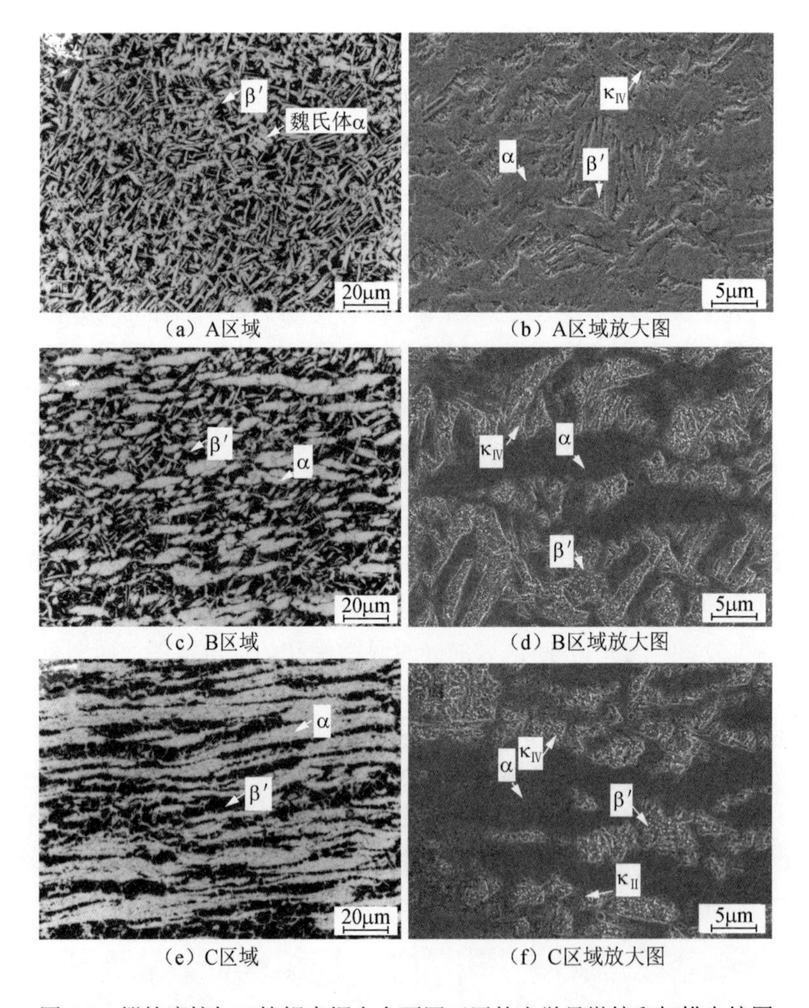

图 5.9　搅拌摩擦加工镍铝青铜合金不同亚区的光学显微镜和扫描电镜图

图 5.10 为搅拌摩擦加工镍铝青铜合金各个区域的显微硬度分布。由图可见，与基体相比，搅拌摩擦加工镍铝青铜合金各个区域的显微硬度均明显提高，其中 A 区域的显微硬度约为 265HV；B 区域的显微硬度最高，约为 280HV；继续向下到基体，显微硬度逐渐下降。搅拌摩擦加工的 B 区域具有最高的显微硬度，这主要是由于镍铝青铜合金在该区域具有最多的β′相，β′相的硬度较高，可以提高该区域的显微硬度。

搅拌摩擦加工各个区域的显微组织是变化的，为了观察各个区域的裂纹扩展速率，本实验将不同区域的主要组织划分为 A、B、C 三个区域（图 5.8），然后每个试样的所有区域都采用恒定的应力强度因子，这样就可以很清楚地测试出各个区域的裂纹扩散速率。本实验采用的有效应力强度因子（ΔK）分别为 $7\text{MPa}\cdot\text{m}^{0.5}$、

7.7MPa·m$^{0.5}$、8.4MPa·m$^{0.5}$ 和 9.8MPa·m$^{0.5}$。图 5.11（a）为时间-裂纹长度曲线，由图可见，不同的应力强度因子对镍铝青铜合金的裂纹扩展速率影响很大。根据图 5.11（a），分别在 A、B 和 C 三个区域进行线性拟合，结果如图 5.11（b）所示。在各种应力强度因子下，搅拌摩擦加工的三个区域，从上表面向下裂纹扩展速率逐渐减慢，裂纹扩展最慢的是 C 区域。在应力强度因子 7MPa·m$^{0.5}$ 下测得裂纹扩展速率，从搅拌区的 A 区域到基体，裂纹扩展速率逐渐降低，即在该应力强度因子下，基体具有更低的裂纹扩展速率。随着应力强度因子的增加，裂纹扩展速率最慢的区域为 C 区域，说明在不同的应力强度因子下不同组织展现出明显不同的疲劳裂纹扩展速率。

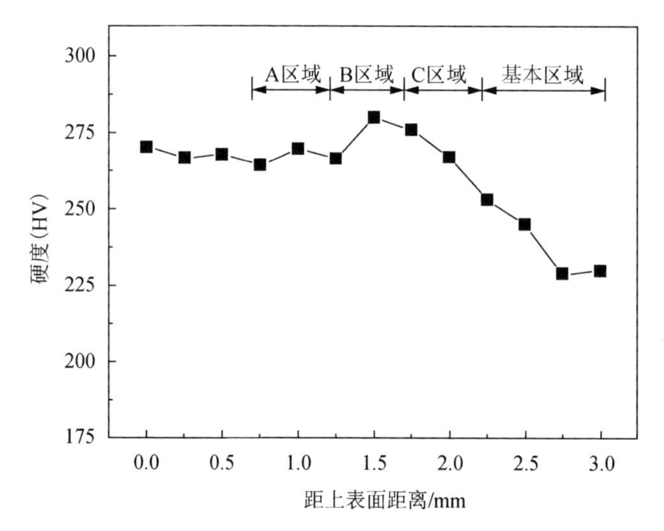

图 5.10　搅拌摩擦加工镍铝青铜合金各个区域的显微硬度分布

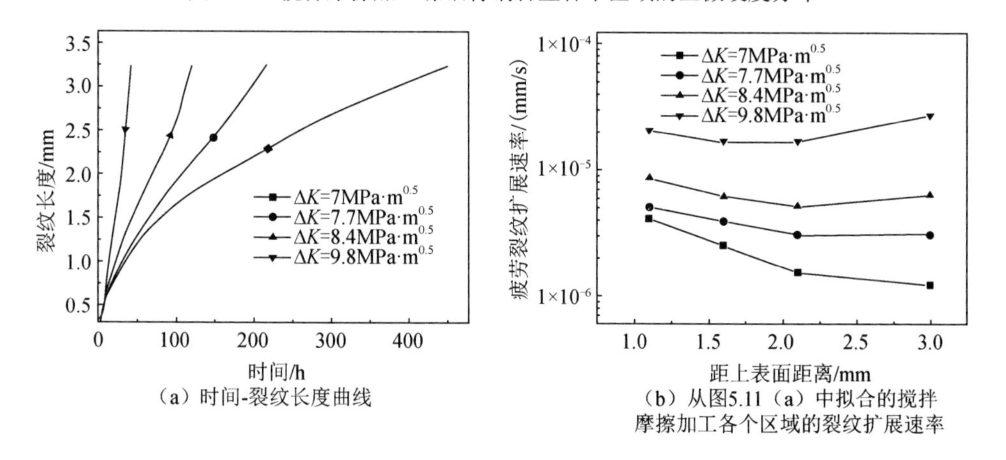

（a）时间-裂纹长度曲线

（b）从图5.11（a）中拟合的搅拌摩擦加工各个区域的裂纹扩展速率

图 5.11　搅拌摩擦加工镍铝青铜合金在不同应力强度因子（ΔK）时的疲劳裂纹扩展速率

5.3.2　显微组织对搅拌摩擦加工镍铝青铜合金疲劳裂纹扩展速率的影响

图 5.12 为搅拌摩擦加工镍铝青铜合金在应力强度因子为 $7\mathrm{MPa\cdot m^{0.5}}$ 测试的裂纹扩展路径。由图 5.12 可见，在 A 区域，裂纹扩展路径穿过魏氏体α相或者沿着α/β′ 相界［图 5.12（a）中的方框内］，β′ 相有的已经破碎，说明β′ 相要比α相更脆；在 B 区域，裂纹穿过α相和β′ 相，但是，裂纹穿过β′ 相的路径平直，而穿过α相的路径曲折；C 区域的裂纹扩展路径和 B 区域很相似［图 5.12（c）中的方框内］；与搅拌摩擦加工区对比，基体内的扩展路径更加曲折，由图 5.12（d）可以很清楚地看出，裂纹扩展更倾向于沿着α相和 κ_{II} 相界，说明这种 κ_{II} 相也可以改变主裂纹的方向。

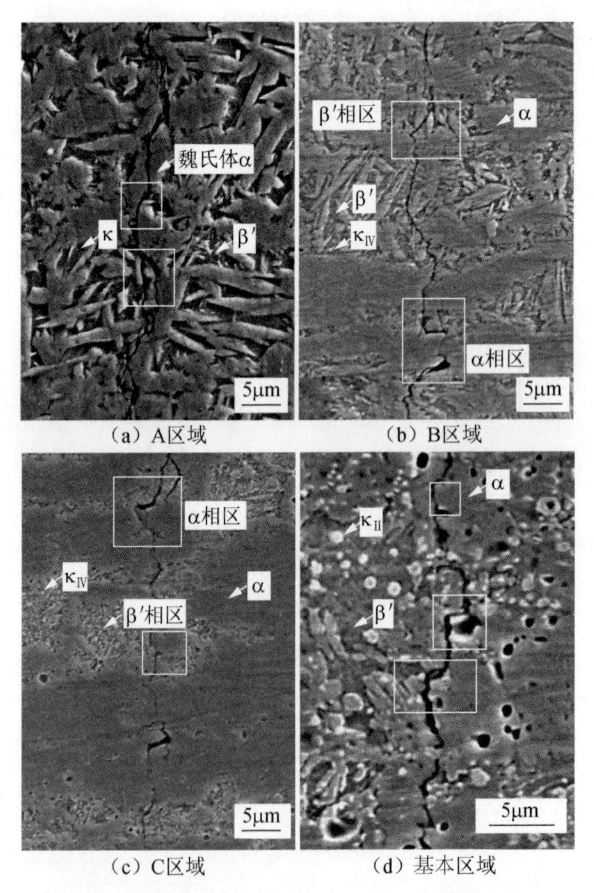

（a）A区域　（b）B区域
（c）C区域　（d）基本区域

图 5.12　搅拌摩擦加工镍铝青铜合金在 $7\mathrm{MPa\cdot m^{0.5}}$ 测试的裂纹扩展路径

由图 5.11 可知，在搅拌摩擦加工镍铝青铜合金的三个区域，无论ΔK 高还是低，A 区域具有最大的裂纹扩展速率，其次是 B 区域，最小的裂纹扩展速率是 C 区域。也就是说，以魏氏体为主的组织具有最大的裂纹扩展速率；而溪流状的α

相群落区具有最小的裂纹扩展速率，该组织主要由α相群落、β′相和细小的κ_{IV}相组成。这可能是由于与等轴状的α相相比，魏氏体组织具有较低的弹性模量。一般说来，材料的裂纹扩展速率与$(\Delta K/E)^4$成正比[17]，即具有较小弹性模量的材料具有较大的裂纹扩展速率，这可能是 B 区域和 C 区域具有较小裂纹扩展速率的一个原因。与 C 区域相比，B 区域中β′相的含量较高，β′相是一种亚稳相，且具有较高的位错密度和储存能，虽然它的显微硬度较高，但是它可以加快裂纹扩展速率，这与我们观察到的裂纹扩展路径结果相符。β′相的裂纹扩展路径平直，这可能是 C 区域具有较小裂纹扩展速率的原因。

图 5.13（彩图见书末）为搅拌摩擦加工镍铝青铜合金在ΔK为 7MPa·m$^{0.5}$测试的各个区域的裂纹扩展路径 EBSD-IPF 图，图中不同的颜色代表不同的晶粒取向。在 A 区域，穿晶和沿晶断裂都存在［图 5.13（a）中的 A、B 和 C］；在 B 区域，尽管存在一些穿晶断裂，但绝大多数的断裂是沿晶断裂［图 5.13（b）中的红色箭头］。我们认为，在低ΔK下，裂纹尖端塑性区较小，α相群落中的α相晶粒能曲折主裂纹，从而增加裂纹尖端的曲折作用，因此α相群落中的α相晶粒可以明显减小裂纹扩展速率。从图 5.12 可见，C 区域含有最多的α相，最少的β′相，这可能是 C 区域具有最小裂纹扩展速率的原因。

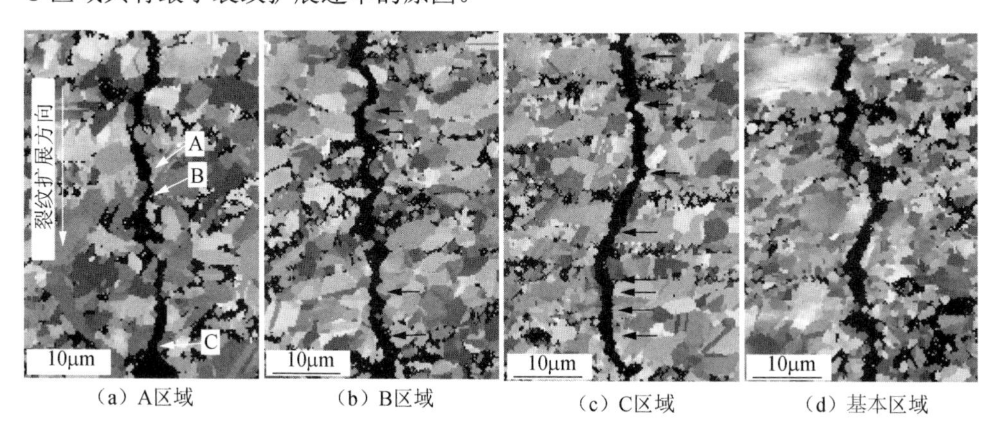

图 5.13　搅拌摩擦加工镍铝青铜合金在ΔK为 7MPa·m$^{0.5}$测试的各个区域的裂纹扩展路径 EBSD-IPF 图

由图 5.9 可知，搅拌摩擦加工镍铝青铜合金含有较多细小的κ_{IV}相，它们分布在β′相内，这种细小的κ_{IV}相与α相具有 Kurdjumov-Sachs 或者 Nishiyama-Wasserman 位相关系[6, 18]。这些细小的相可以曲折裂纹尖端或者减少裂纹尖端损坏的累计作用，因此减小了镍铝青铜合金的疲劳裂纹扩展速率。Borrego 等[19]研究了时效铝合金的疲劳裂纹扩展速率，他们把合金较小的裂纹扩展速率归结于时效形成的细小的第二相。他们认为第二相可以促进平面滑移，增加裂纹的曲折作用，因此减小了裂纹扩展速率。

5.3.3 应力强度因子对搅拌摩擦加工镍铝青铜合金疲劳裂纹扩展速率的影响

图 5.14 为搅拌摩擦加工镍铝青铜合金各个区域的疲劳裂纹扩展速率随ΔK 的变化［根据图 5.11（a）的计算结果］。由图 5.14 可见，当ΔK 为 7MPa·m$^{0.5}$ 时，各个区域的裂纹扩展速率相差较大；而当ΔK 为 9.8MPa·m$^{0.5}$ 时，这种差别明显减小。为了解释该现象，对搅拌摩擦加工镍铝青铜合金在 7MPa·m$^{0.5}$ 和 9.8MPa·m$^{0.5}$ 测试的断口形貌进行了细致观察，如图 5.15 所示。在ΔK 为 7MPa·m$^{0.5}$ 测试的镍铝青铜合金的各个区域的断口形貌比 9.8MPa·m$^{0.5}$ 测试的镍铝青铜合金的断口形貌更加粗糙（图 5.15 中的白色圆圈），这说明在 7MPa·m$^{0.5}$ 测试时，α相群落中的α相晶粒能很好地曲折主裂纹；在 9.8MPa·m$^{0.5}$ 测试时，这种曲折作用消失，这与在图 5.12 和图 5.13 观察到的裂纹扩展路径一致。这是由于，在低ΔK 时，裂纹尖端塑性区很小，α相群落中的α相晶粒能曲折主裂纹，增加裂纹的曲折作用，减小裂纹扩展速率；随着ΔK 的增加，裂纹尖端塑性区逐渐增大，导致裂纹曲折作用消失，因此，在 9.8MPa·m$^{0.5}$ 测试的镍铝青铜合金的各个区域具有相似的裂纹扩展速率。

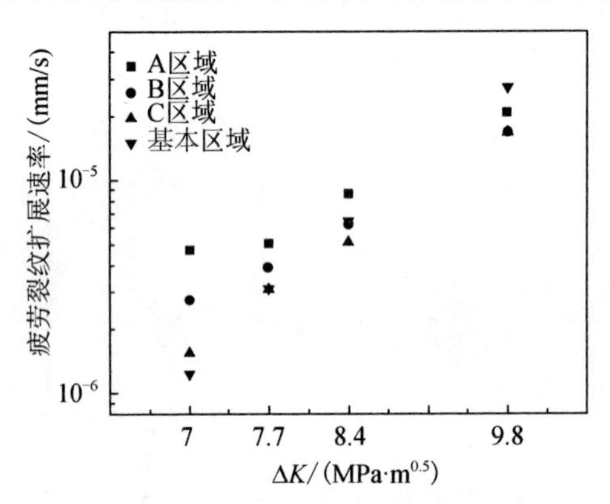

图 5.14 搅拌摩擦加工镍铝青铜合金各个区域的疲劳裂纹扩展速率随ΔK 变化

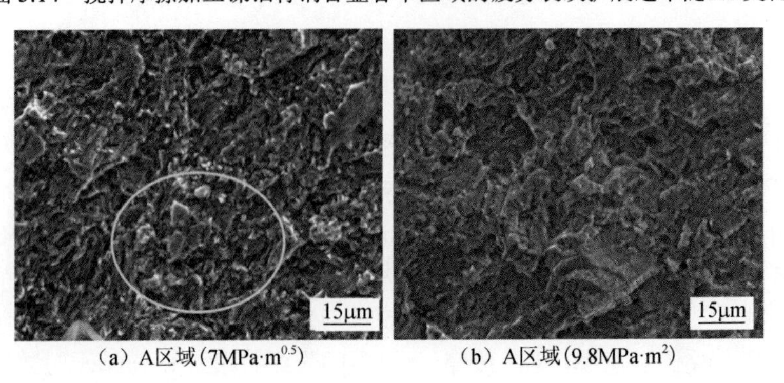

（a）A区域（7MPa·m$^{0.5}$） （b）A区域（9.8MPa·m^{2}）

图 5.15 对搅拌摩擦加工镍铝青铜合金在 7MPa·m$^{0.5}$ 和 9.8MPa·m$^{0.5}$ 测试的断口形貌

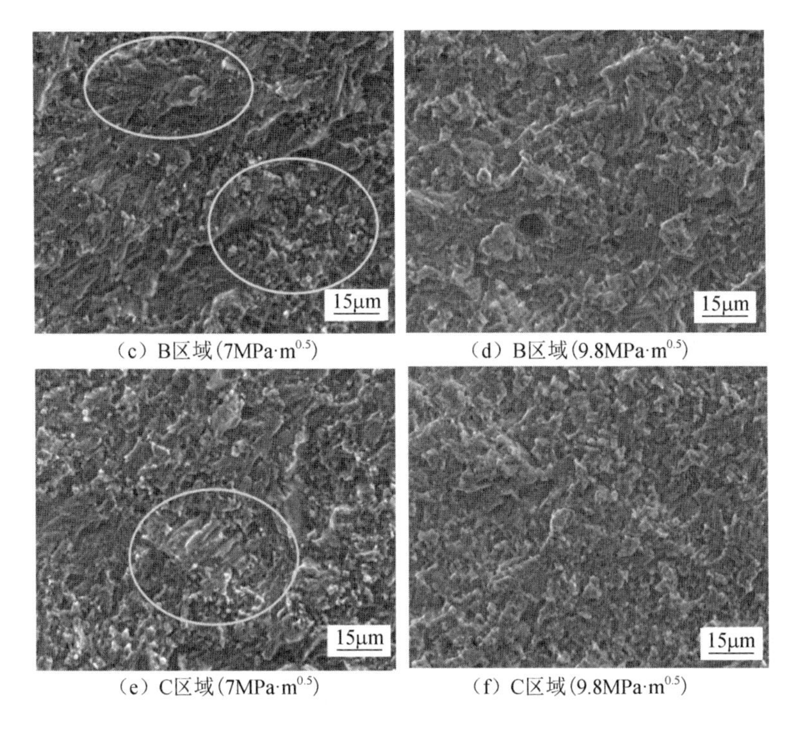

（c）B区域（$7MPa \cdot m^{0.5}$）　（d）B区域（$9.8MPa \cdot m^{0.5}$）

（e）C区域（$7MPa \cdot m^{0.5}$）　（f）C区域（$9.8MPa \cdot m^{0.5}$）

图 5.15（续）

基于以上分析，搅拌摩擦加工明显细化了基体的显微组织，增加了镍铝青铜合金的显微硬度，搅拌摩擦镍铝青铜合金应该具有较好的耐裂纹扩展能力。但是，由图 5.14 可知，搅拌摩擦加工镍铝青铜合金仅在较高的ΔK下具有较低的裂纹扩展速率，在较低的ΔK下具有较高的裂纹扩展速率，即搅拌摩擦加工镍铝青铜合金在较低的ΔK 下具有较差的疲劳性能。为了了解在较低ΔK 时基体具有较低裂纹扩展速率的原因，我们仔细对比了低和高ΔK 测试的基体断口形貌，如图 5.16（彩图见书末）所示。在图 5.16（a）中，可以观察到大的α相解理断面［图 5.16（a）中的红色箭头］，这表明大的α相主要是穿晶断裂，而之前分析过搅拌摩擦加工镍铝青铜合金的α相主要以沿晶断裂为主，这可能有助于减小合金的裂纹扩展速率，因为一般来说，穿晶断裂要比沿晶断裂具有较低的裂纹扩展速率[20]。同时，在图 5.16（a）中也发现了一些κ_{II}相颗粒和κ_{II}相颗粒形貌的空洞，这种κ_{II}相颗粒空洞的形成是由于在裂纹扩展循环承载时κ_{II}相颗粒从基体上拔出，这与我们观察到的裂纹扩展路径一致（图 5.12），这说明κ_{II}相颗粒可以明显曲折主裂纹，造成更粗糙的断口，增加裂纹的曲折性，因此κ_{II}相颗粒可以减慢镍铝青铜合金的疲劳裂纹扩展速率。而在搅拌摩擦加工的过程中，κ_{II}相颗粒被溶解在基体中，在之后的冷却中析出细小的κ_{IV}相，与大的κ_{IV}相颗粒相比，这种细小的κ_{IV}相对镍铝青铜合金的裂纹扩展速率影响较小。在较高的ΔK（$9.8MPa \cdot m^{0.5}$）时，基体形成了较平的断口形貌

[图 5.16（b)]，这表明裂纹平直扩展，在这种情况下，显微组织引起的曲折作用消失。很多文献报道称，疲劳性能主要与金属的断裂抵抗性（断裂韧性）和裂纹尖端的曲折作用有关[21, 22]。在低ΔK 的情况下，当裂纹尖端塑性区与晶粒大小相差不多，甚至小于晶粒大小时，等轴的α相和粗大的 κ_{II} 相颗粒能曲折主裂纹，在这种情况下，镍铝青铜合金的断裂机制主要是裂纹尖端的曲折作用。在高ΔK 的情况下，裂纹尖端的塑性区较大，在这种情况下，裂纹扩展性能主要取决于镍铝青铜合金的韧性，因此基体在较高ΔK 时具有较高的裂纹扩展速率。

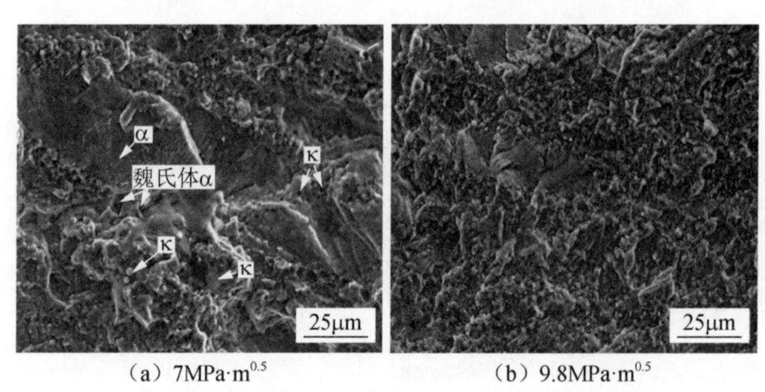

（a）$7MPa \cdot m^{0.5}$　　（b）$9.8MPa \cdot m^{0.5}$

图 5.16　基体在 $7MPa \cdot m^{0.5}$ 和 $9.8MPa \cdot m^{0.5}$ 测试的断口形貌

低ΔK 时搅拌摩擦加工镍铝青铜合金具有较高裂纹扩展速率的另一个主要原因是搅拌摩擦加工过程中，由于较高的热输入，形成了很高的峰温，在之后的冷却中形成了较多的β′ 相，这种β′ 相是亚稳相，具有马氏体结构，含有较高的位错密度和储存能。在搅拌摩擦加工镍铝青铜合金的一些富β′ 相区，观察到了一些脆性断裂（图 5.17)，这明显加快了合金裂纹的扩展速率。另外，在搅拌摩擦加工过程中，也会形成较高的残余应力。Prevey 等报道了在搅拌摩擦加工的纵向（平行于加工方向）和横向（垂直于加工方向）的最大残余应力分别为+200MPa 和 −200MPa[23]。尽管在横向上的压应力有利于搅拌摩擦加工的疲劳性能，但是有文献报道，在搅拌摩擦加工过程中，纵向的残余应力一般要比横向要大，因此这种较高的残余应力也不利于搅拌摩擦加工镍铝青铜合金的疲劳性能[24]。

许多文献报道过，材料的疲劳裂纹扩展速率主要取决于两方面，一方面是内部的抗裂纹扩展性能，即材料的韧性；另一方面是外部的抗裂纹扩展性能（裂纹尖端几何形状的作用)，即材料显微组织的曲折作用[21, 22]。根据以上结果，可以对搅拌摩擦加工镍铝青铜合金在低ΔK和高ΔK的疲劳裂纹扩展行为进行总结，如图 5.18 所示。在低ΔK时，裂纹尖端塑性区较小，裂纹更倾向沿着α相群落中的α相晶粒边界扩展，如图 5.18（a）所示，即在 B 区域和 C 区域中α相群落中的α相晶粒可以曲折主裂纹，增加裂纹的曲折作用，从而降低搅拌摩擦加工镍铝青铜合金的裂纹扩展速率。β′ 相是脆性相，扩展路径比较平直，不利于镍铝青铜合金的疲劳性能，而基体中含有较多的球形 κ_{II} 相，对裂纹尖端的曲折作用更加明显，因此明显改善了基体镍铝青铜合金的疲劳性能。因此我们认为，在低Δ*K* 时，镍铝青铜合金的裂纹扩展速率主要取决于裂纹尖端的曲折作用。在高Δ*K* 下，裂纹尖端塑性区较大，在这种情况下，由显微组织引起的曲折作用消失，主裂纹平直地穿过搅拌摩擦加工镍铝青铜合金的作用区域，如图 5.18（b）所示。在这种情况下，镍铝青铜合金的疲劳性能主要取决于合金的韧性，因此，搅拌摩擦加工镍铝青铜合金具有较低的裂纹扩展速率。

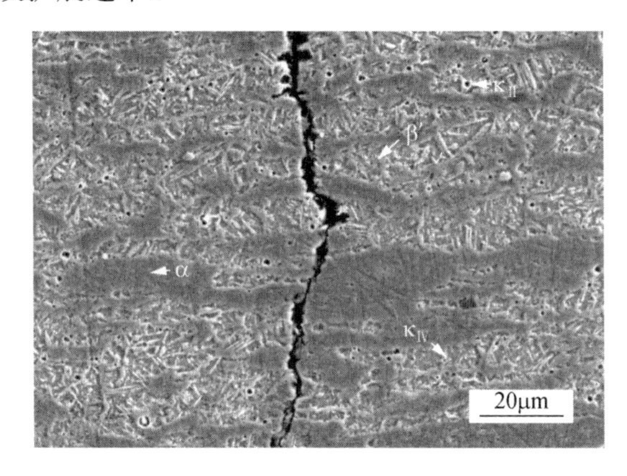

图 5.17　搅拌摩擦加工镍铝青铜合金富 β′ 相区域形成的脆性断裂

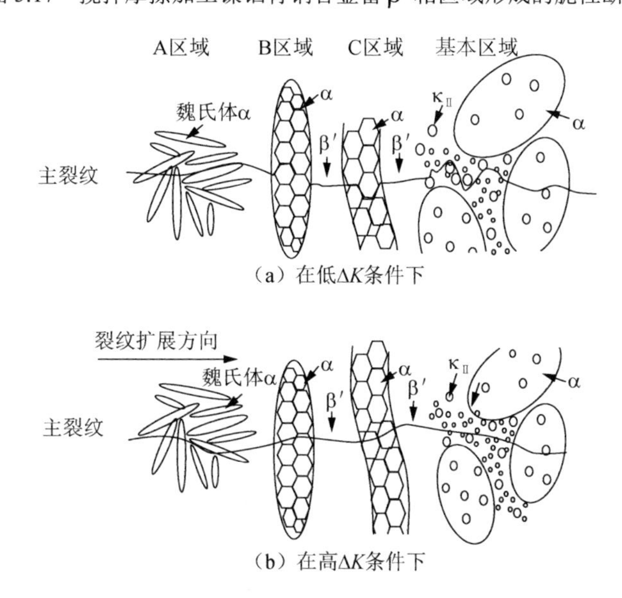

图 5.18　在低Δ*K* 和高Δ*K* 时基体和搅拌摩擦加工镍铝青铜合金各区域的裂纹扩展路径机制

5.3.4　组织优化后镍铝青铜合金的疲劳性能及机理

通过之前的实验研究发现，镍铝青铜合金具有较多的β′相，该相为脆性相，因此对搅拌摩擦加工镍铝青铜合金的疲劳性能产生不利影响。通过改进搅拌摩擦加工参数，制备出在目标区域含有极少β′相的镍铝青铜合金加工区，且该区域发生完全动态再结晶，形成均匀分布的细小的α相晶粒和κ_{II}相，因此预测该区域具有更好的疲劳性能。本节采用阶梯降K_{max}法测试了该区域和未加工镍铝青铜合金的疲劳裂纹扩展速率，结果如图 5.19 所示。由图 5.19（a）和（b）可见，随着K_{max}的逐渐减小，基体和搅拌摩擦加工镍铝青铜合金的疲劳裂纹长度曲线逐渐平缓，说明随着K_{max}的减小，两者的疲劳裂纹扩展速率逐渐减慢。由图 5.19（a）和（b）计算的疲劳裂纹扩展速率如图 5.19（c）所示，由图可见，无论在低ΔK还是高ΔK，搅拌摩擦加工镍铝青铜合金都比基体具有较低的疲劳裂纹扩展速率，说明搅拌摩擦加工明显改善了合金的疲劳性能；而改进搅拌摩擦加工工具之前制备的合金，在低ΔK时，基体比搅拌摩擦加工区具有更好的疲劳性能，说明改进搅拌摩擦加工工具是改善搅拌摩擦加工镍铝青铜合金疲劳性能的一种很有效的方法。

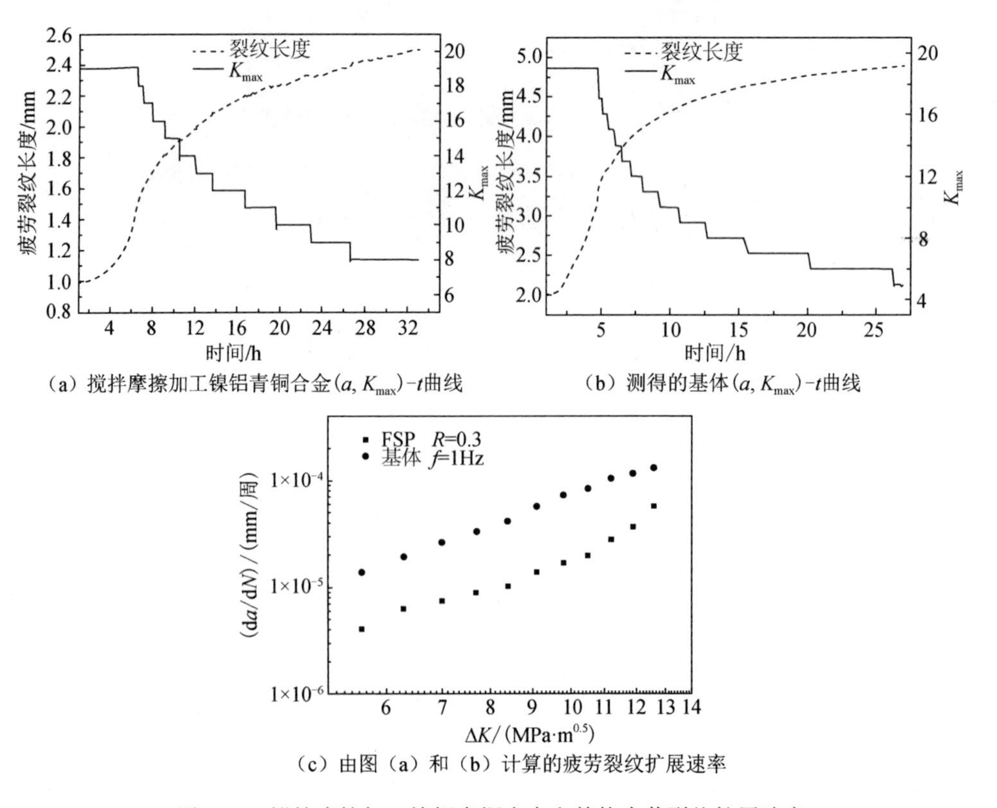

（a）搅拌摩擦加工镍铝青铜合金$(a, K_{max})-t$曲线　　（b）测得的基体$(a, K_{max})-t$曲线

（c）由图（a）和（b）计算的疲劳裂纹扩展速率

图 5.19　搅拌摩擦加工镍铝青铜合金和基体疲劳裂纹扩展速率

搅拌摩擦加工镍铝青铜合金和基体在低ΔK和高ΔK测试的断口形貌如图 5.20 所示。图 5.20（a）为搅拌摩擦加工镍铝青铜合金在高ΔK时的断口形貌，由图可见，高ΔK时形成的断口较为平直，且生成了较多的小裂纹，这种小裂纹可能会吸收裂纹尖端的能量，从而减小合金的裂纹扩展速率[25]。搅拌摩擦加工镍铝青铜合金在低ΔK时的断口形貌如图 5.20（b）所示，由图可见，断口上晶粒形貌比较明显［图 5.20（b）中的白色箭头］，说明沿晶断裂可能是搅拌摩擦加工镍铝青铜合金一个很重要的断裂方法。裂纹沿着晶界扩展可能会减慢镍铝青铜合金的裂纹扩展速率，与我们前面讨论的相似，合金的再结晶晶界在低ΔK时可能会曲折主裂纹，从而增加裂纹的曲折作用[26]。图 5.20（c）为基体在高ΔK时的断口形貌，由图可见，断口形貌较为平直，且没有较多的小裂纹形成。图 5.20（d）为基体在低ΔK时的断口形貌，由图可见，基体在低ΔK和高ΔK时的形貌差别较大，低ΔK时断口形貌较为粗糙，而且因较多的κ相被抽出而形成的空洞清晰可见［图 5.20（d）中的白色箭头］，说明在低ΔK时，基体中的第二相对裂纹有很强的曲折作用，这种曲折作用可以明显改善镍铝青铜合金的疲劳性能。

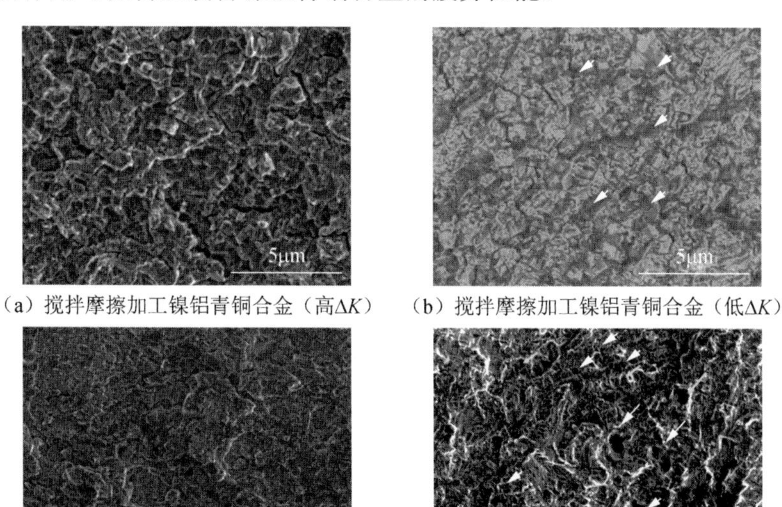

（a）搅拌摩擦加工镍铝青铜合金（高ΔK）　（b）搅拌摩擦加工镍铝青铜合金（低ΔK）

（c）基体（高ΔK）　（d）基体（低ΔK）

图 5.20　搅拌摩擦加工镍铝青铜合金和基体在高ΔK和低ΔK测试的断口形貌

和我们在 5.3.2 节讨论的相似，镍铝青铜合金的疲劳性能可以分为两部分：材料的内在耐疲劳性能（韧性）和外在耐疲劳性能（裂纹尖端的曲折作用）。对于镍铝青铜合金来说，搅拌摩擦加工可以明显改善合金的力学性能，从而改善合金的耐疲劳性能。在低ΔK时，镍铝青铜合金的第二相对裂纹尖端具有较好的曲折作用，但是对于工具改进后制备的合金，由于较少的热输入，该区域的峰温约为800℃，显微组织主要有α相、κ相和极少的β′相，α相和κ相在低ΔK时同样可以增加裂纹尖端的曲折作用，处理和未处理合金在低ΔK时的裂纹尖端曲折作用相差不明显，因此改进工具后制备合金的疲劳性能主要取决于合金的韧性。在搅拌摩擦加工过程中，材料发生强塑性变形，晶粒发生完全动态再结晶，这样明显减小了镍铝青铜合金晶粒的大小，生成均匀细小的组织，从而明显改善镍铝青铜合金的力学性能。因此，搅拌摩擦加工镍铝青铜合金具有较高的疲劳性能。

5.4　镍铝青铜合金的腐蚀疲劳性能

在实际应用中，螺旋桨工作在高盐度的海洋环境中，很容易受到腐蚀而破坏。同时，桨叶在旋转过程中要受到很大的循环应力，两者耦合，合金极易受到腐蚀疲劳作用而发生破坏。腐蚀疲劳是指在交变循环应力和腐蚀介质的共同作用下，金属的疲劳强度或疲劳寿命较无腐蚀作用（空气中的疲劳行为）时有所降低。这种腐蚀疲劳破坏对任何金属在任何腐蚀介质中都有可能发生，它不同于合金的应力腐蚀开裂，不要求金属和特定的介质组合作用才能发生。表5.6和图5.21对合金的腐蚀疲劳和应力腐蚀开裂的条件做了简要的归纳和总结[27]。

表5.6　腐蚀疲劳与应力腐蚀开裂产生条件的差异比较

项目	腐蚀疲劳	应力腐蚀开裂
应力状态	应力振幅在临界值以上的交变应力（包括压应力），但在静应力条件下不发生	临界值以上的静拉应力，或在极低交变速率的动应力
材料与环境组合条件	不需要特定的组合，在纯金属中一般也能发生	一般要求材料和介质环境有特定的组合，纯金属一般不发生
电化学条件	在活化态、钝态（或是在析氢的非活化态）都能发生	在钝态-活化态、钝态-过钝态或非活化态-活化态等过渡电位区才能发生，而活化态难于发生

国内对螺旋桨铜合金材料进行腐蚀疲劳实验所得到的疲劳强度指标主要是对光滑试样或者切口试样的实验测试结果，这使实际测得的数据为实验表面不产生裂纹（或者微裂纹不扩展）的极限最高应力。此时测得的疲劳寿命主要是裂纹萌生阶段。然而在真实的服役条件下，螺旋桨桨叶会由于铸造生成过程中的表面氧化或夹杂，在桨叶表面产生微裂纹，或者由于应力腐蚀开裂而产生裂纹源，从而在较短的时间内萌生疲劳裂纹，这与传统腐蚀疲劳测试的光滑无裂纹试样相悖[28]。因此，继续采用原有的腐蚀疲劳强度指标来衡量材料的腐蚀疲劳性能是不全面的。以断裂力学为基础的裂纹扩展实验可以比较客观地反映带有裂纹构件的断裂过

程。裂纹扩展速率 da / dN 是估算腐蚀疲劳剩余寿命（已存在裂纹扩展至断裂的疲劳寿命）的主要依据，是评价材料腐蚀疲劳性能的重要指标之一。为深入研究镍铝青铜合金腐蚀疲劳行为，比较合金在空气中腐蚀疲劳和腐蚀介质中腐蚀疲劳的不同机理，对合金在不同应力强度因子ΔK 和不同交变应力频率 f 下的疲劳裂纹扩展速率进行测定，同时对相应的疲劳断口、裂纹扩展路径进行观察。

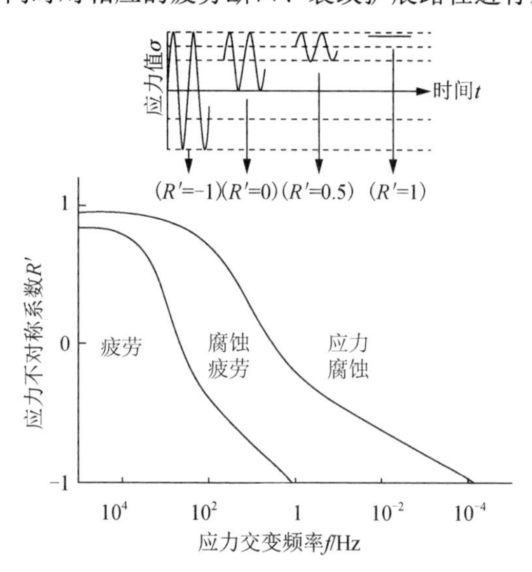

图 5.21　应力交变频率和应力不对称系数对有应力腐蚀敏感性的材料产生腐蚀疲劳和应力腐蚀开裂的影响（$R' = \sigma_{min}/\sigma_{max}$）

5.4.1　腐蚀介质（环境）对镍铝青铜合金腐蚀疲劳性能的影响

腐蚀环境是影响镍铝青铜合金腐蚀疲劳裂纹扩展速率的重要因素之一，也是使镍铝青铜合金的腐蚀疲劳破坏机制不同于空气中普通疲劳机制的核心因素[29]。图 5.22（a）为退火态镍铝青铜合金在空气和 3.5% NaCl 溶液中的ΔK-(da / dN)关系图。从图 5.22 中可以明显看出，在 3.5% NaCl 溶液中，镍铝青铜合金的裂纹扩展速率高于在空气中，并且这种差异会随着应力强度因子的降低而增大，在靠近门槛值区（低ΔK 区）表现得尤为明显。此外，在 3.5% NaCl 溶液中镍铝青铜合金具有更低的疲劳裂纹扩展门槛值，这是因为腐蚀介质会破坏损伤裂纹尖端处的组织结构，通过腐蚀反应和溶解作用加速裂纹尖端向前扩展。另外，交变应力造成的疲劳损伤又会加速裂纹尖端的腐蚀速率，两者相互耦合促进，使镍铝青铜合金在 3.5% NaCl 溶液中的疲劳性能明显弱于在空气中。这种现象在不同应力加载频率条件下也得到了很好的印证，如图 5.22（b）所示。镍铝青铜合金在空气中和 3.5% NaCl 溶液中的疲劳断口形貌如图 5.23 所示。在高ΔK 条件下，不同环境中镍铝青铜合金疲劳断口形貌差异不大，此时两者都是以机械撕裂为主的穿晶破坏。但随着ΔK的降低，腐蚀介质在裂纹扩展中发挥的作用越来越重要，断口形貌开始出现明显的差异，空气中的镍铝青铜合金疲劳断口较为平整，没有出现二次裂纹。而由于腐蚀介质作用，在 3.5% NaCl 溶液中的镍铝青铜合金的腐蚀疲劳断口出现了明显的二次沿晶裂纹［图 5.23（d）中的箭头］，同时第二相 κ_{II} 相颗粒在腐蚀和交变载荷的综合作用下出现了明显的脱落［图 5.23（f）中的圆圈］，此外断口表面上堆积有较多的腐蚀产物。

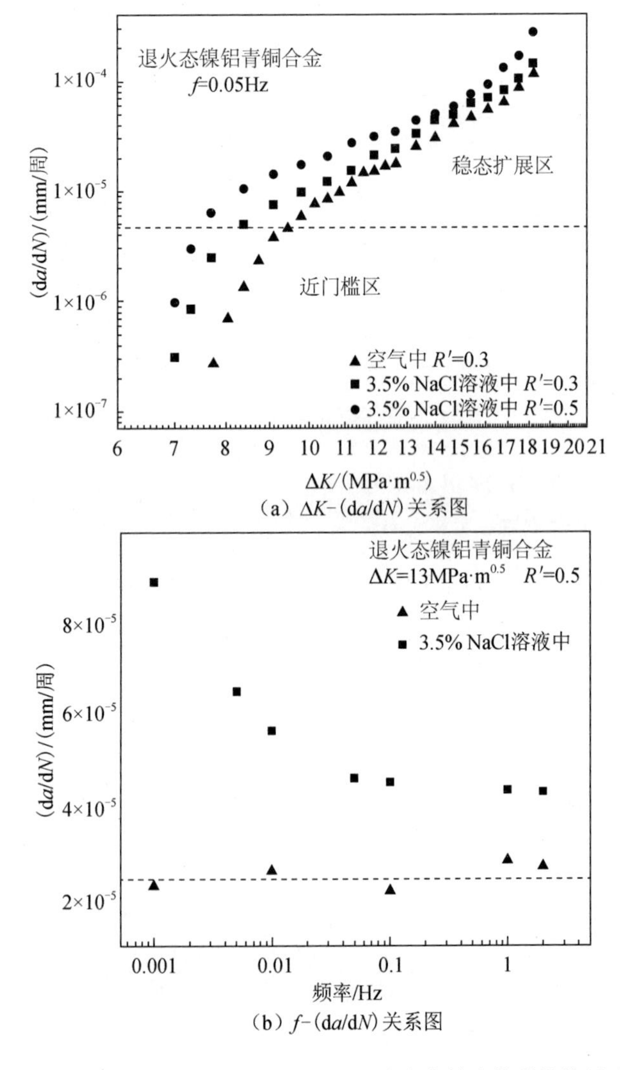

图 5.22　镍铝青铜合金在空气和 3.5% NaCl 溶液中的疲劳裂纹扩展速率对比

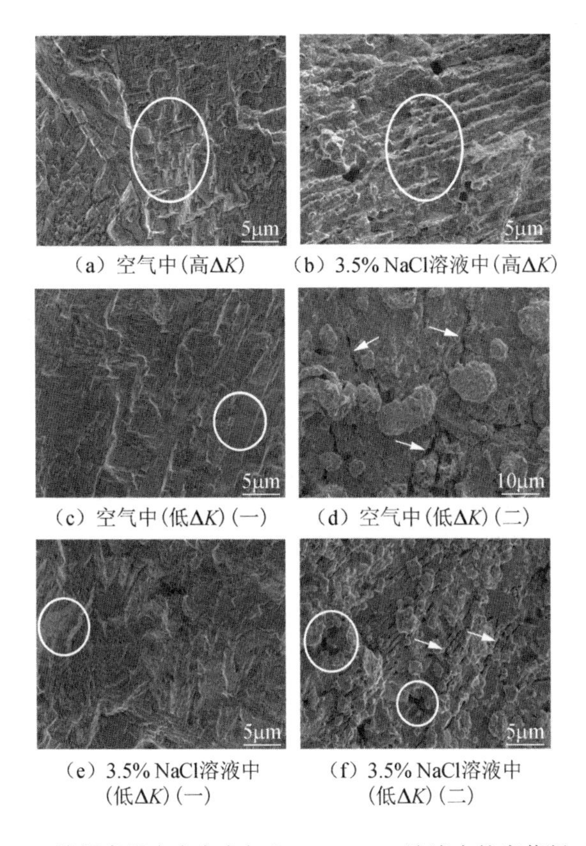

（a）空气中（高ΔK）　（b）3.5% NaCl溶液中（高ΔK）

（c）空气中（低ΔK）（一）　（d）空气中（低ΔK）（二）

（e）3.5% NaCl溶液中（低ΔK）（一）　（f）3.5% NaCl溶液中（低ΔK）（二）

图 5.23　镍铝青铜合金在空气和 3.5% NaCl 溶液中的疲劳断口形貌

5.4.2　应力强度因子对镍铝青铜合金腐蚀疲劳性能的影响

图 5.24（a）为镍铝青铜合金在 3.5%NaCl 溶液中在加载频率为 0.05Hz、ΔK 逐步降低至门槛值时的宏观腐蚀疲劳裂纹扩展路径，图 5.24（b）为合金在高ΔK 条件下的裂纹扩展路径局部放大图，图 5.24（c）为合金在低ΔK 条件下的裂纹扩展路径局部放大图。从图 5.24 中可以看到，在高ΔK 区下扩展的裂纹平直且粗大，主裂纹明显，裂纹扩展方向没有显著的选择性，在较大机械交变应力的作用下，裂纹沿着垂直于拉应力方向扩展延伸。然而在低ΔK 区时，裂纹路径出现了明显的偏转和分叉，并伴随有较多的二次裂纹生成［图 5.24（c）中的白色圆圈］。进一步观察发现，此时裂纹扩展已具有明显的选择性，裂纹倾向于沿着被腐蚀破坏的 κ_{II} 相颗粒［图 5.24（c）中的白色箭头］或层片状 κ_{III} 共析组织［图 5.24（c）中的黑色箭头］方向扩展，从而使裂纹发生偏转，这在镍铝青铜合金的腐蚀疲劳断口形貌［图 5.23（f）］中也得到了较好的印证［图 5.23（f）中的圆圈区域是 κ_{II} 相颗粒被腐蚀破坏脱落区域，箭头所指是层片状 κ_{III} 共析组织被腐蚀破坏］。此外，层片状 κ_{III} 共析组织不仅可以作为裂纹扩展的“通道”，也可以作为“挡板”，

如图 5.24（c）中的圆圈所示。当裂纹延伸方向垂直层片状 κ_{III} 共析组织接触时，裂纹会由于“挡板”的作用而分叉，形成二次裂纹。不同于空气中的疲劳裂纹，垂直于扩展方向分布的层片状 κ_{III} 共析组织在一定程度上会阻碍裂纹的扩展，而在 3.5% NaCl 溶液中，由于腐蚀溶解作用，腐蚀疲劳裂纹在遇到层片状 κ_{III} 共析组织后会分叉继续扩展，使镍铝青铜合金在腐蚀环境中具有更低的疲劳裂纹扩展门槛值，如图 5.22（a）所示。随着ΔK 的降低，镍铝青铜合金的腐蚀疲劳断裂形式从对微观组织不敏感的穿晶解理破坏，向对晶界、相界等微观结构有选择性的破坏形式转变。

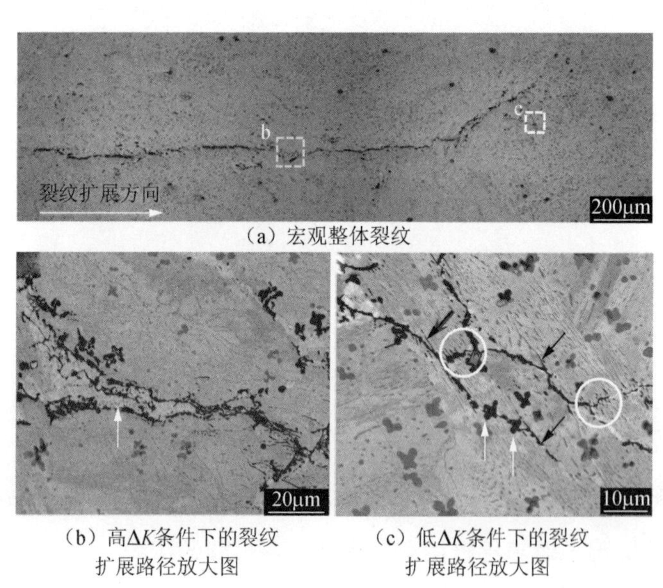

（a）宏观整体裂纹

（b）高ΔK条件下的裂纹扩展路径放大图　　（c）低ΔK条件下的裂纹扩展路径放大图

图 5.24　镍铝青铜合金在 3.5% NaCl 溶液中腐蚀疲劳裂纹扩展路径

（扩展方向从左向右，ΔK 逐渐减小）

5.4.3　应力加载频率对镍铝青铜合金腐蚀疲劳性能的影响

通过对大量文献整理调研可知，对于大多数金属来说，在空气或者其他惰性环境且相同的ΔK 和加载波形条件下，应力加载频率对疲劳裂纹扩展速率及其破坏行为是没有显著影响的。然而，对有腐蚀介质参与的合金腐蚀疲劳，加载频率是影响合金腐蚀疲劳行为的一个重要因素[30]。图 5.22（b）显示的是镍铝青铜合金在空气和 3.5% NaCl 溶液中，在相同的ΔK 和载荷比条件下，交变应力加载频率 f 与裂纹扩展速率 da/dN 的关系。从图 5.22（b）中可以发现，在空气环境中，镍铝青铜合金的裂纹扩展速率随加载频率的降低没有明显变化，这与之前报道文献的结果类似；而在 3.5% NaCl 溶液中，合金的裂纹扩展速率会明显随着加载频率的降低而加快，在频率降低到 0.05Hz 后表现尤为突出。图 5.25 为镍铝青铜合金在 3.5% NaCl 溶液中，在不同加载频率条件件下的腐蚀疲劳断口形貌。从图 5.25 中可以看到，频率的变化对镍铝青铜合金的腐蚀疲劳断口特征有着显著的影响，在高频率加载条件下，合金断口较为平整，由于腐蚀造成的合金脱落溶解现象不明显，断口处呈现较多的河流状花样［图 5.25（b）中的箭头］，合金在此条件下的腐蚀疲劳断裂有着明显的解理断裂特征。随着加载频率的降低，断口形貌出现大尺度的崎岖不平区域，从图 5.25（c）中可以看到，合金断口出现了较为严重的二次裂纹，腐蚀介质破坏明显加剧，主要分布在α相周围，断口形貌表现出沿晶断裂特征。

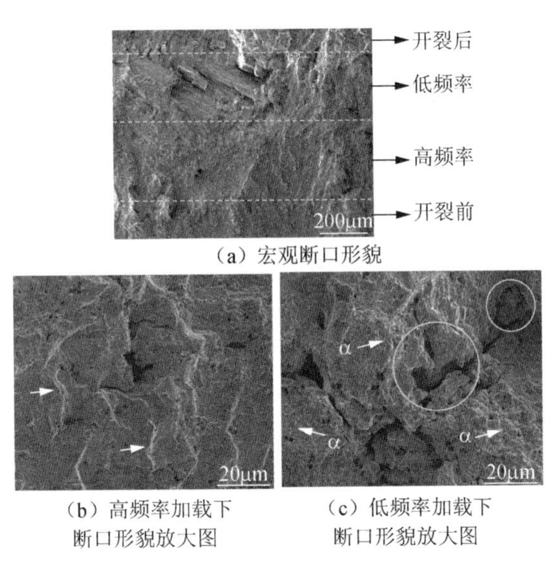

（a）宏观断口形貌

（b）高频率加载下断口形貌放大图

（c）低频率加载下断口形貌放大图

图 5.25　镍铝青铜合金在 3.5% NaCl 溶液中，在不同加载频率条件下的腐蚀疲劳断口形貌

一般认为，加载频率的变化对腐蚀疲劳行为有着较大的影响，是由于加载频率会显著影响腐蚀介质和 H^+在裂纹尖端处的吸附与扩散速率。随着加载频率的降低，裂纹尖端的金属有更长的时间暴露在腐蚀环境中，使在每个加载周期内可以有更多的腐蚀介质和 H^+扩散进入裂纹尖端金属内，从而破坏合金的性能，加快腐蚀疲劳裂纹扩展速率。值得注意的是，这种加载频率的影响存在一定的临界值[31]，从图 5.22（b）中可以发现，对镍铝青铜合金而言，只有当频率下降到 0.05Hz 以下，频率对裂纹扩展速率的影响才能表现出来，而在 0.05Hz 之上，腐蚀疲劳裂纹扩展速率没有明显的变化。这是因为当加载频率较快时，镍铝青铜合金腐蚀疲劳裂纹尖端的扩展主要是由机械疲劳损伤造成的，裂纹的扩展速率远大于腐蚀介质或 H^+在裂纹尖端金属内的扩散速率，所以在临界值之上，加载频率对合金腐蚀疲劳行为的影响不大。

5.4.4　腐蚀疲劳裂纹中的腐蚀化学反应

镍铝青铜合金在中性 3.5% NaCl 溶液中腐蚀疲劳裂纹尖端处的腐蚀化学反应是不同于普通浸泡条件下的合金腐蚀的。Song 及其团队的研究发现，镍铝青铜合金具有明显的选相腐蚀特征，在中性 3.5% NaCl 溶液中合金的β'相、共析组织$\alpha+\kappa_{\text{III}}$中的$\alpha$相部分及较大$\kappa_{\text{II}}$相颗粒周围的$\alpha$相区域是优先发生腐蚀的位置。其主要的腐蚀化学反应主要由阳极反应溶解、阴极反应吸氧和相应的水解反应构成[32]：

$$Cu + 2Cl^- \longrightarrow CuCl_2^- + e \tag{5-6}$$

$$Al + 4Cl^- \longrightarrow AlCl_4^- + 3e \tag{5-7}$$

$$O_2 + 2H_2O + 4e^- \longrightarrow 4OH^- \tag{5-8}$$

$$2CuCl_2^- + H_2O \longrightarrow Cu_2O + 2H^+ + 4Cl^- \tag{5-9}$$

$$2AlCl_4^- + 3H_2O \longrightarrow Al_2O_3 + 6H^+ + 8Cl^- \tag{5-10}$$

但从图 5.23（f）和图 5.24（c）中可以看到，镍铝青铜合金腐蚀疲劳裂纹尖端处往往是片层状的κ_{III}相和颗粒状的κ_{II}相发生明显的腐蚀溶解，而其周围区域的α相基体保持相对完好。通过进一步研究发现，这是因为在裂纹深处，阴极反应对氧气的消耗和外界扩散补充氧的不充足，造成了裂纹尖端处的氧浓度显著下降，抑制阴极反应的发生，从而在持续的水解反应作用下，裂纹尖端会出现明显的酸化。正是这种水化学环境 pH 的下降，使原本在中性环境中稳定的κ相腐蚀溶解，形成了镍铝青铜合金腐蚀疲劳裂纹扩展的“通道”，加速了其裂纹扩展速率。Nakhaie 等[33]利用 0.1mol/L 的盐酸溶液浸泡镍铝青铜合金，也证实了在酸性环境下，富铁的κ相会优先基体发生腐蚀溶解，这是因为κ相表面原本在中性条件下稳定的 Al_2O_3 保护膜容易在低 pH 环境中受到破坏，从而使κ相相对α相变成阳极而发生腐蚀溶解。此外，Wharton 等[34]还报道了在裂纹中，镍铝青铜合金的脱铝行为形成一块近似纯铜的区域。这种铜合金中脱去某种合金元素的现象是极为普遍的，如锰黄铜中的脱锌现象、铝青铜中的脱铝现象。关于这种脱合金腐蚀机理，现在较为公认的有两种说法：合金元素单独脱出机理和铜元素溶解再沉积机理。由于内部腐蚀环境的复杂多变和交变应力载荷的综合作用，镍铝青铜合金裂纹中的腐蚀化学反应目前尚无明确的定论，还需进一步研究。

5.4.5　镍铝青铜合金的腐蚀疲劳裂纹扩展规律

在腐蚀环境和交变应力载荷的综合作用下，合金的腐蚀疲劳裂纹扩展速率曲线可以归纳为三种典型的形式，如图 5.26 所示[35]。①腐蚀疲劳型，如图 5.26（a）所示，该类型的腐蚀疲劳裂纹扩展速率 da/dN 随应力强度因子ΔK 的变化规律与在空气中的纯力学疲劳相类似。②应力腐蚀型，如图 5.26（b）所示，该类型在近门槛值附近的腐蚀疲劳裂纹扩展速率 da/dN 随应力强度因子ΔK 的变化规律与应力腐蚀裂纹扩展曲线相似。当$\Delta K>K_{ISCC}$（$1-R$）时，腐蚀介质对腐蚀疲劳裂纹扩展速率的影响极大，在腐蚀疲劳裂纹扩展曲线上出现平台，形成具有应力腐蚀特征的腐蚀疲劳裂纹扩展曲线。③混合型，如图 5.26（c）所示，即综合前两种类型特征的一种形式。

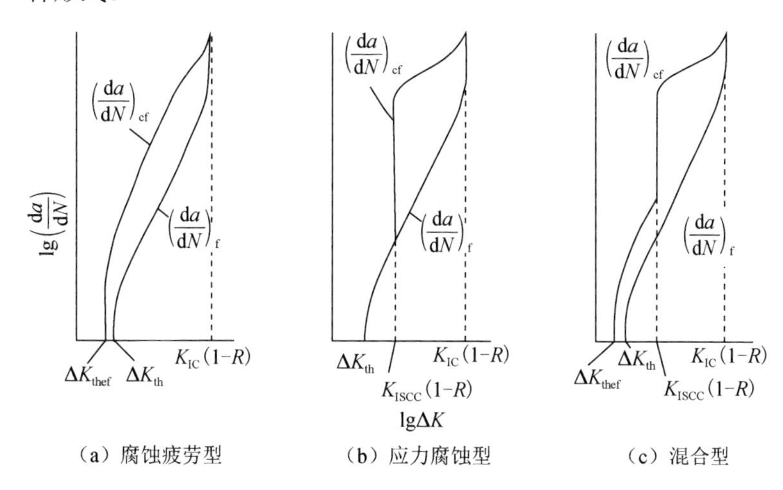

图 5.26　合金的腐蚀疲劳裂纹扩展速率曲线三种典型的形式

$\left(\frac{da}{dN}\right)_{cf}$ —腐蚀疲劳裂纹扩展速率；$\left(\frac{da}{dN}\right)_{f}$ —纯力学疲劳裂纹扩展速率；ΔK_{thef} —腐蚀疲劳裂纹扩展门槛值；ΔK_{th} —纯力学疲劳裂纹扩展门槛值；K_{ISCC} —应力腐蚀裂纹扩展门槛值

结合图 5.22（a）中镍铝青铜合金在 3.5% NaCl 溶液中的腐蚀疲劳裂纹扩展速率曲线，并对比图 5.26 中三种典型形式的特征，可以发现镍铝青铜合金具有明显的腐蚀疲劳裂纹扩展速率特征，即腐蚀介质会加速合金的腐蚀疲劳裂纹扩展速率，并在一定程度上降低其疲劳裂纹扩展门槛值[36]。需要说明的是，镍铝青铜合金的腐蚀疲劳裂纹扩展曲线是否表现出应力腐蚀裂纹扩展特征的平台，与其所在的腐蚀介质环境、交变应力载荷的状态有着重要关系。只有在镍铝青铜合金对应的腐蚀环境体系中，在高的载荷比和极低的加载频率条件下，合金才有可能在腐蚀疲劳裂纹扩展曲线上形成具有应力腐蚀裂纹扩展特征的平台。与空气中的疲劳扩展相似，从图 5.22（a）中看到镍铝青铜合金的腐蚀疲劳扩展曲线也可以分为三个区，即近门槛区、稳态扩展区和断裂快速扩展区。

一般来说，腐蚀介质和应力加载频率对近门槛区和稳态扩展区的腐蚀疲劳裂纹扩展速率影响显著，而对断裂快速扩展区的影响较小[27]。腐蚀性的环境条件和低的加载频率会明显提高镍铝青铜合金在稳态扩展区的疲劳裂纹扩展速率，这在之前的镍铝青铜合金腐蚀疲劳速率测试中有较好的印证。这种加速是由于腐蚀介质与裂纹尖端金属发生交互作用而引起的疲劳裂纹扩展机理的变化。在近门槛值区，疲劳裂纹扩展门槛值是影响疲劳裂纹扩展速率的主要因素，而腐蚀环境对疲劳裂纹扩展门槛值的影响可能有两种不同的情况：①腐蚀环境与裂纹尖端金属交互作用形成氧化膜或其他腐蚀产物诱发裂纹闭合，或者裂纹尖端金属发生阳极电化学腐蚀溶解，形成更大的应力集中造成局部塑性变形区，提高或者不降低裂纹扩展门槛值，因而降低或不影响近门槛值的裂纹扩展速率；②裂纹尖端金属基体吸氢，导致合金局部氢脆，从而降低裂纹扩展门槛值，提高近门槛值区的裂纹扩展速率。显然，镍铝青铜合金在腐蚀环境中并没有更高的裂纹扩展门槛值，因此前者不符合，而第二种情况与先前的实验结果和分析相吻合。另外，在断裂快速扩展区，金属的疲劳裂纹扩展速率很高，如在应力强度因子ΔK很大或者加载频率f很高时，腐蚀介质与裂纹尖端金属交互作用时间短，而且作用范围只限于很薄的表面层，因而此时腐蚀环境与加载频率对裂纹在断裂快速扩展区的速率影响很小。

参考文献

[1] CULPAN E A, ROSE G. Microstructural characterization of cast nickel aluminium bronze[J]. Journal of Materials Science, 1978, 8 (13): 1647-1657.

[2] HERTZBERG R W, HAUSER F E. Deformation and fracture mechanics of engineering materials[M]. New York: Wiley, 1976.

[3] MOMENT R L. Elastic stiffnesses of copper-tin and copper-aluminum alloy single crystals[J]. Journal of Applied Physics, 1972, 11 (43): 4419-4424.

[4] LIU C T, KUMAR K S. Ordered intermetallic alloys, part I: nickel and iron aluminides[J]. JOM, 1993, 5 (45): 38-44.

[5] NOEBE R D, BOWMAN R R, NATHAL M V. Physical and mechanical properties of the B2 compound NiAl[J]. International Materials Reviews, 1993, 4 (38): 193-232.

[6] HASAN F, JAHANAFROOZ A, LORIMER G W, et al. The morphology, crystallography, and chemistry of phases in as-cast nickel-aluminum bronze[J]. Metallurgical Transactions A, 1982, 8 (13): 1337-1345.

[7] VERDHAN N, BHENDE D D, KAPOOR R, et al. Effect of microstructure on the fatigue crack growth behaviour of a near-α Ti alloy[J]. International Journal of Fatigue, 2014, 74: 46-54.

[8] PILCHAK A L. Fatigue crack growth rates in alpha titanium: faceted vs. striation growth[J]. Scripta Materialia, 2013, 5 (68): 277-280.

[9] WANG Y L, PAN Q L, WEI L L, et al. Effect of retrogression and reaging treatment on the microstructure and fatigue crack growth behavior of 7050 aluminum alloy thick plate[J]. Materials & Design, 2014, 6 (55): 857-863.

[10] SURESH S. Fatigue crack deflection and fracture surface contact: micromechanical models[J]. Metallurgical Transactions A, 1985, 1 (16): 249-260.

[11] CSONTOS A A, STARKE E A. The effect of inhomogeneous plastic deformation on the ductility and fracture behavior of age hardenable aluminum alloys[J]. International Journal of Plasticity, 2005, 6 (21): 1097-1118.

[12] CAI B, ADAMS B L, NELSON T W. Relation between precipitate-free zone width and grain boundary type in 7075-T7 Al alloy[J]. Acta Materialia, 2007, 5 (55): 1543-1553.

[13] PETIT J, HENAFF G, SARRAZIN-BAUDOUX C. Mechanisms and modeling of near-threshold fatigue crack propagation[C]//Fatigue crack growth thresholds, endurance limits, and design ASTM STP, 2000, 1372: 3-30.

[14] YONG S K, YONG H K. Sliding wear behavior of Fe_3Al-based alloys[J]. Materials Science and Engineering: A, 1998, (1-2) (258): 319-324.

[15] HINKLE A J, BROCHENBROUGH J R, BURG J T. Microstructural material models for fatigue design of castings[J]. Sae Technical Papers, 1997, 8(19): 663.

[16] HAHN G T, ROSENFIELD A R. Metallurgical factors affecting fracture toughness of aluminum alloys[J]. Metallurgical Transactions A, 1975, 4 (6): 653-668.

[17] XU X, LV Y, HU M, et al. Influence of second phases on fatigue crack growth behavior of nickel aluminum bronze[J]. International Journal of Fatigue, 2016, 82: 579-587.

[18] JAHANAFROOZ A, HASAN F, LORIMER G W, et al. Microstructural development in complex nickel-aluminum bronzes[J]. Metallurgical and Materials Transactions A, 1983, 10 (14): 1951-1956.

[19] BORREGO L P, COSTA J M, SILVA S, et al. Microstructure dependent fatigue crack growth in aged hardened aluminium alloys[J]. International Journal of Fatigue, 2004, 12 (26): 1321-1331.

[20] SHI X, ZENG W, XUE S, et al. The crack initiation behavior and the fatigue limit of Ti-5Al-5Mo-5V-1Cr-1Fe titanium alloy with basket-weave microstructure[J]. Journal of Alloys & Compounds, 2015, 631: 340-349.

[21] SHI X H, ZENG W D, SHI C L, et al. Study on the fatigue crack growth rates of Ti-5Al-5Mo-5V-1Cr-1Fe titanium alloy with basket-weave microstructure[J]. Materials Science and Engineering: A, 2015, 621: 143-148.

[22] LÜTJERING G, ALBRECHT J, SAUER C, et al. The influence of soft, precipitate-free zones at grain boundaries in Ti and Al alloys on their fatigue and fracture behavior[J]. Materials Science and Engineering: A, 2007, 1 (468-470): 201-209.

[23] PREVEY P S, HORNBACH D J, JAYARAMAN N. Controlled plasticity burnishing to improve the performance of friction stir processed Ni-Al bronze[J]. Materials Science Forum, 2007, 539: 3807-3813.

[24] MISHRA R S, MA Z Y. Friction stir welding and processing[J]. Materials Science & Engineering R: Reports, 2005, 1-2 (50): 1-78.

[25] LI S, KANG Y, KUANG S. Effects of microstructure on fatigue crack growth behavior in cold-rolled dual phase steels[J]. Materials Science & Engineering A, 2014, 9 (612): 153-161.

[26] SHI X H, ZENG W D, SHI C L, et al. The effects of colony microstructure on the fatigue crack growth behavior for Ti-6Al-2Zr-2Sn-3Mo-1Cr-2Nb titanium alloy[J]. Materials Science and Engineering: A, 2015, 621: 252-258.

[27] 郑修麟，王泓，鄢君辉．材料疲劳理论与工程应用[M]．北京：科学出版社，2013．

[28] 李华基，鲍锡祥，李庆春．船用铸造高强度铜合金腐蚀疲劳性能的研究[J]．金属科学与工艺，1984，1（3）：62-72．

[29] 李志义，丁信伟．金属材料的腐蚀疲劳[J]．化工机械，1995，22（4）：53-56．

[30] ADEDIPE O, BRENNAN F, KOLIOS A. Corrosion fatigue load frequency sensitivity analysis[J]. Marine Structures, 2015, 42: 115-136.

[31] 王荣，路民旭．腐蚀疲劳裂纹扩展与寿命估算[J]．航空学报，1993，3（14）：188-192．

[32] WU Z, CHENG Y F, LIU L, et al. Effect of heat treatment on microstructure evolution and erosion-corrosion behavior of a nickel-aluminum bronze alloy in chloride solution[J]. Corrosion Science, 2015, (98): 260-270.

[33] NAKHAIE D, DAVOODI A, IMANI A. The role of constituent phases on corrosion initiation of NiAl bronze in acidic media studied by SEM-EDS, AFM and SKPFM[J]. Corrosion Science, 2014, 3 (80): 104-110.

[34] WHARTON J A, STOKES K R. The influence of nickel-aluminium bronze microstructure and crevice solution on the initiation of crevice corrosion[J]. Electrochimica Acta, 2008, 5 (53): 2463-2473.

[35] 王荣．金属材料的腐蚀疲劳[M]．西安：西北工业大学出版社，2001．

[36] TAYLOR D, KNOTT J F. Growth of fatigue cracks from casting defects in nickel-aluminium bronze[J]. Metals Technology, 2013, 1 (9): 221-228.

第6章　镍铝青铜合金的表面改性及其耐腐蚀性能研究

6.1　引　　言

镍铝青铜合金是由铝青铜合金发展而来的，在合金中添加一定量的镍元素后，能够显著增强合金的耐腐蚀性能和力学性能。但由于镍的熔点较高，在熔炼过程中增加镍的含量会比较困难，并带来一系列问题，如引起合金熔点的提高，给熔炼制备带来不便；熔炼过程中的析氢反应产生的气体会引起铸造缺陷；合金元素的引入会增加材料硬度，从而降低材料的机加工性能等。此外，镍的价格较高，也会由于经济实用性问题限制其大规模应用。腐蚀发生在材料表面，材料的耐腐蚀性能往往取决于其表面特性，因此可以通过调控镍铝青铜合金表面的成分与结构来提高其耐腐蚀性能。基于该出发点，我们利用表面处理手段，如离子注入、表面合金化等方法来提高表层金属的含镍量，构筑表面富镍梯度层；同时利用传统机械喷丸工艺，建立残余压应力与镍铝青铜合金表面腐蚀性能的响应关系，通过有效调控合金表面的化学成分及结构，提高整体材料在腐蚀环境下的使用寿命。

6.2　离子注入镍对镍铝青铜合金耐腐蚀性能的影响

6.2.1　离子注入技术构筑表面富镍层

离子注入技术是一种先进的表面处理手段，该方法不受注入元素种类的影响，能够通过调整注入剂量来实现对表层元素富集的精确控制，其特点是注入过程中温升小，对材料基体影响小。本节通过离子注入技术，意图在镍铝青铜合金表面制备梯度富镍层，以期获得高镍含量的表面组织，为制备表面富镍的镍铝青铜合金做好前期验证。

首先，利用 MEVVA 源离子注入系统在镍铝青铜合金表面注入不同剂量的镍离子，从而得到不同深度的富镍层，具体工艺参数如表 6.1 所示。

表 6.1　离子注入镍工艺参数

实验编号	加速电压/kV	束流/mA	注入剂量/（ion/cm²）*
Ni-1	40	1	5×10^{16}
Ni-2	40	3	1×10^{17}
Ni-3	40	3	5×10^{17}

*：ion 表示每平方厘米中金属离子的数量。

利用俄歇电子能谱技术对富镍层元素含量变化进行检测，结果如图 6.1 所示。由图 6.1 可知，在镍铝青铜合金表面得到了一层类高斯分布的富镍层。注入深度随着注入剂量的增加而加大，为 45～90nm，镍含量在峰值处可达 20%左右。

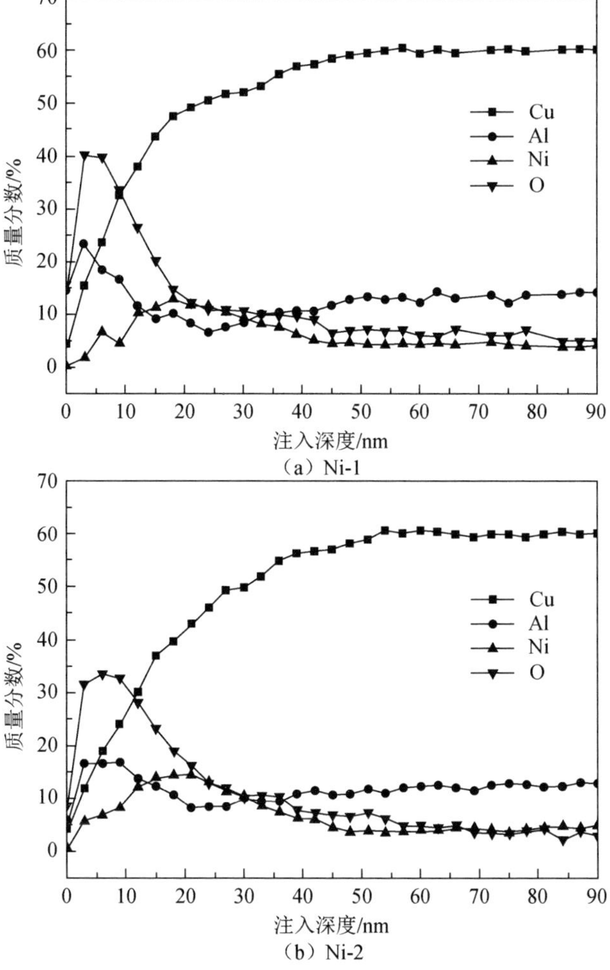

图 6.1　注入不同剂量镍后镍铝青铜合金表面元素分布曲线

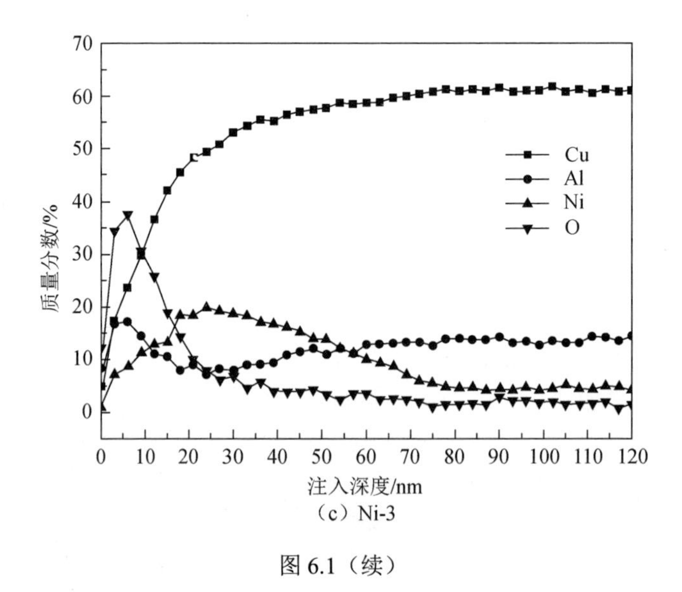

（c）Ni-3

图 6.1（续）

6.2.2　注入层结构分析

利用 XRD 小角度掠入射技术对注入层的结构进行分析，结果如图 6.2 所示。相比于铸态镍铝青铜合金，离子注入后并没有新的峰位产生，说明镍固溶在了合金中。随着注入剂量的增加，44° 左右的峰值开始变宽，并在注入剂量达到 5×10^{17} ion/cm^2 后峰值消失。这是由于注入过程中辐射损伤及原子间的级联碰撞所引起的原子杂乱排布造成的[1]。

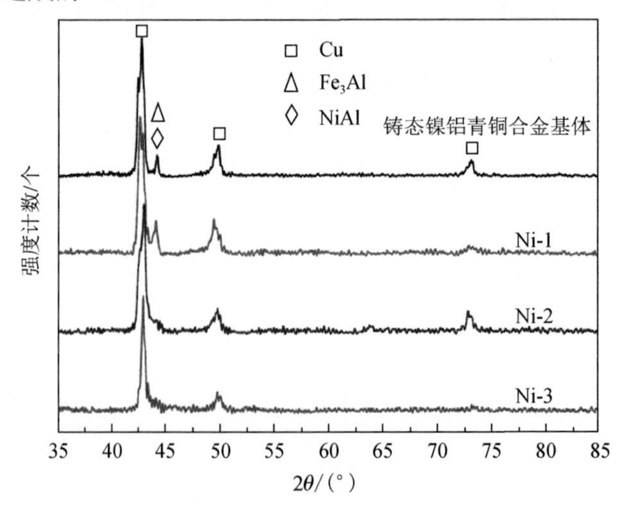

图 6.2　离子注入不同剂量镍后的 XRD 图谱

为进一步研究镍离子注入对表层材料结构的影响，选取 Ni-3 试样，对其进行透射电镜观察，如图 6.3 所示。其中，图 6.3（a）为试样截面注入区的整体形貌，注入深度约为 80nm，在注入区的最上部形成了大约 9nm 厚度的浅层。图 6.3（b）所示的高分辨晶格图像显示该区域（A 区域）原子排布较为复杂，相对应的傅里叶变换同时呈现出了无定型性的晕环和晶体结构排布的衍射斑点。相对应的原子排布图显示该区域有很多不同晶体位向的第二相，如 Al_3Ni、NiAl 及 Fe_3Al 等，如图 6.3（c）所示。与之不同的是，注入区较深的 B 区域呈现出了典型的晶体衍射斑点，原子排布较为规则。因此，离子注入镍后，在镍铝青铜合金表面所造成的原子的不规则排布仅限于最表面的几纳米深度处。随着注入深度的增加，辐射损伤和原子间的级联碰撞越来越小[1, 2]。TEM 研究结果与 XRD 结果相吻合。

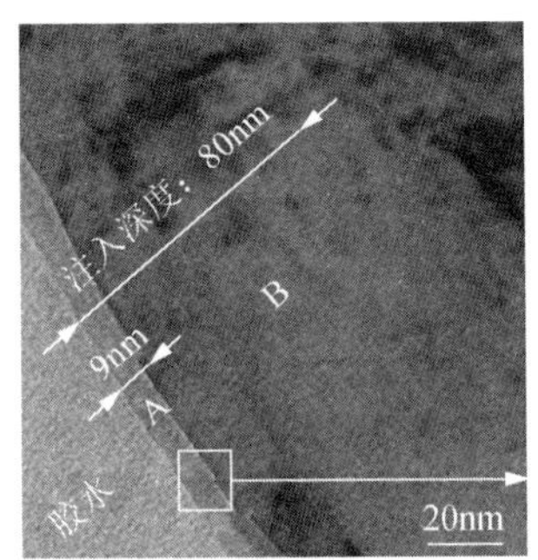

（a）注入区整体形貌

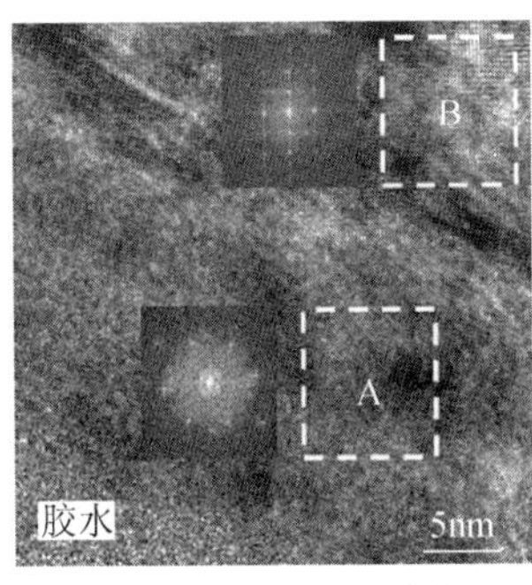

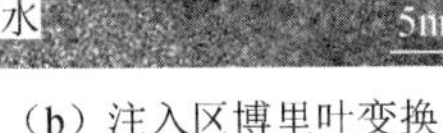
（b）注入区博里叶变换

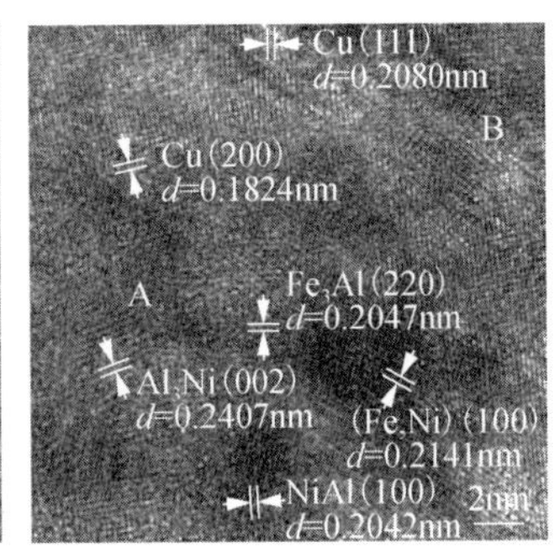

（c）注入区高分辨图像

图 6.3　Ni-3 的试样截面透射电镜观察

6.2.3　表面富镍对腐蚀行为的影响

利用电化学工作站对材料的腐蚀行为进行研究，如图 6.4 所示。开路电位随时间的变化［图 6.4（a）］表明，随着注入剂量的增多，电位逐渐正移。极化曲线［图 6.4（b）］测试表明，离子注入降低了材料的腐蚀电流密度，且使材料腐蚀电位正向移动，减小了材料发生腐蚀的倾向。

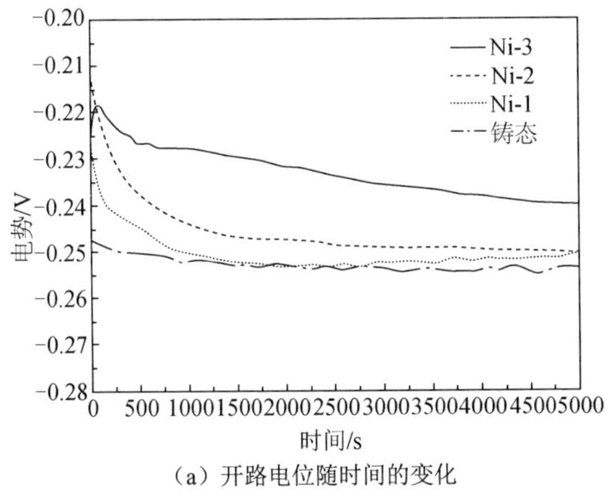

（a）开路电位随时间的变化

图 6.4　离子注入前后电化学测试

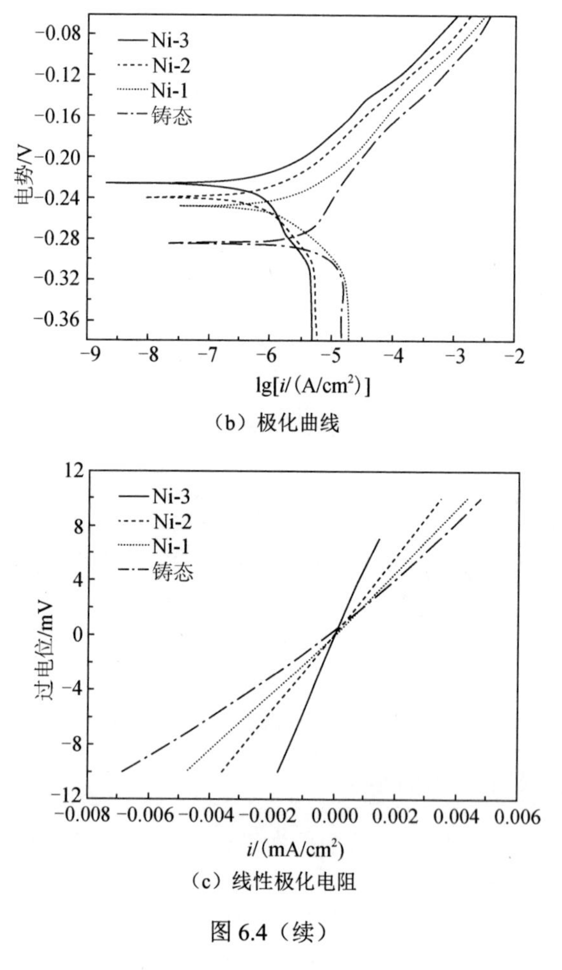

（b）极化曲线

（c）线性极化电阻

图 6.4（续）

利用 Stern-Geary 公式，得到材料的腐蚀电位、腐蚀电流密度等参数，如表 6.2 所示，可知注入后的电流密度相比于铸态镍铝青铜合金最高可减小 70%。

表 6.2　各试样极化曲线测试参数汇总

试样	E_{corr}/mV	R_p/（Ω·cm²）	b_a/（mV/dec）	b_c/（mV/dec）	i_{corr}/（μA/cm²）
铸态	−284	1661.1	62.5	−285.7	13.4
Ni-1	−248	2301.7	60.6	−500.0	10.2
Ni-2	−240	2830.6	50.3	−454.5	6.9
Ni-3	−226	5367.3	60.1	−255.7	3.9

电化学阻抗谱测试可以用来研究离子注入镍后对镍铝青铜合金腐蚀行为的影响，Bode 图如图 6.5 所示。由图可知，阻抗的值 $|z|$ 随着注入剂量的增加而逐步增加［图 6.5（a)］，意味着腐蚀过程中镍铝青铜合金表面所形成的膜层厚度增加。

相位角的最大值与双电层相关，它随着注入剂量的增加而增加，这说明金属表面的腐蚀速率逐步减小[3, 4]。图 6.6（a）为各试样的离子注入奈奎斯特曲线，所有的曲线都由高频处的半圆弧和低频处的直线段两部分组成，说明腐蚀过程不仅受电荷转移步骤控制，同时也受扩散过程控制。采用图 6.6（b）所示的等效电路模型对腐蚀过程进行模拟，其中，R_s 为溶液阻抗，R_f 为表面膜阻抗，CPE_1 为腐蚀产物膜电容，R_{ct} 为双电子层电阻，CPE_2 为双电子层电容，W 为 Warburg 阻抗。各电路元件的值如表 6.3 所示。

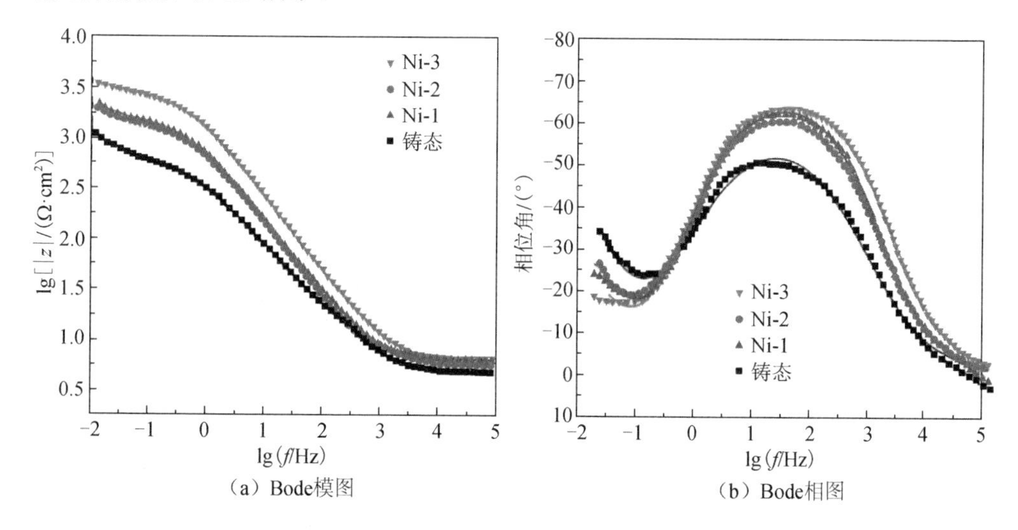

（a）Bode模图　（b）Bode相图

图 6.5　离子注入镍后的阻抗 Bode 图

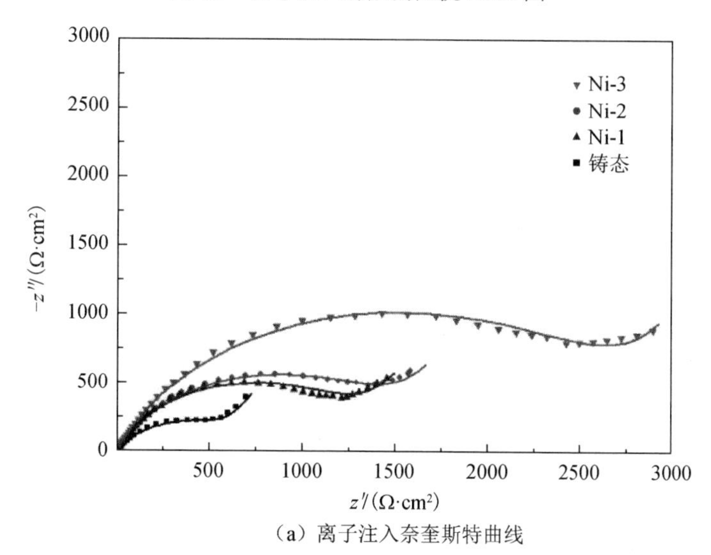

（a）离子注入奈奎斯特曲线

图 6.6　离子注入奈奎斯特曲线及等效电路模型

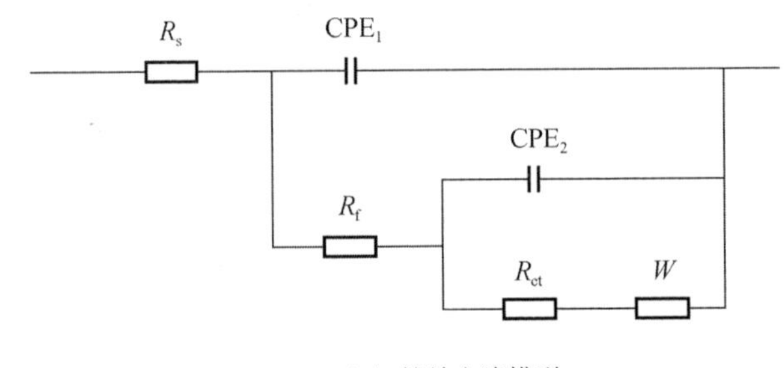

（b）等效电路模型

图 6.6（续）

表 6.3　阻抗谱等效电路模型中各元件参数

试样	R_f /（Ω·cm²）	R_{ct} /（Ω·cm²）	CPE$_1$ /（μF/cm²）	n_1	R_{ct} /（Ω·cm²）	CPE$_2$ /（μF/cm²）	n_2	W /（Ω·cm²）
铸态	6.369	69.5	317.4	0.762	556.9	325.4	0.719	2965
Ni-1	5.415	187.5	231.3	0.768	1053.0	61.6	0.772	4367
Ni-2	4.654	203.6	224.5	0.786	1346.0	37.3	0.8898	7627
Ni-3	9.889	227.1	126.3	0.797	2852.0	30.2	0.8990	11975

研究表明，阻抗谱的半径与离子在金属表面/腐蚀介质界面间的电荷转移相关，半径越大，也就意味着电荷转移电阻越大。由图 6.6（a）和表 6.3 可知，双电子层电阻 R_{ct} 及表面膜阻抗 R_f 都随着注入剂量的增加而增加，表明在金属表面形成了一个保护性越来越强的膜层[5]。此外，CPE$_1$ 值逐渐下降，n_1 值逐渐增加，说明了腐蚀所产生的膜层在离子注入后孔隙率减少，并随着注入剂量的增加而更加趋于致密，减少了金属表面/腐蚀介质间的离子交换[6, 7]。

将注入不同剂量镍离子的试样置于盐雾箱中 12 天，观察并记录各试样腐蚀情况。用数字照相机记录各试样腐蚀宏观形貌，如图 6.7（彩图见书末）所示。铸态镍铝青铜合金在盐雾环境下遭受了较为严重的腐蚀［图 6.7（a）］。经过 36h 的腐蚀，表面生成红褐色的腐蚀性产物［图 6.7（b）］；随着腐蚀的继续进行，在经过了 288h 后，表面出现了绿色腐蚀产物［图 6.7（c）］。而离子注入镍后，试样在 36h 后发生轻微腐蚀。如图 6.7（e）、（h）和（k）所示，试样表面除了少量的红褐色斑点外，基本保持着初始的金属光泽。当腐蚀进行到 288h 后，红褐色斑点继续扩大，如图 6.7（f）和（i）所示。但是在 Ni-3 的试样中，腐蚀后的表面依旧保持着试样最初始的色泽，并没有明显的腐蚀产物的累积［图 6.7（l）］。

将盐雾后的试样置于扫描电子显微镜中观测其形貌，如图 6.8 所示。为了对腐蚀过程进行原位跟踪，利用压痕仪在试样表面做标记。在腐蚀 36h 后，压痕清晰可见，而在腐蚀 288h 后，腐蚀产物覆盖在试样表面，导致压痕不可见。用抛光机将试样表面的腐蚀产物磨掉，来观察最终的腐蚀形貌。根据图 6.8（a）、（d）、（g）和（j），在实验开始前，铸态及不同注入剂量的试样表面之间没有差别。在实验进行到 36h 后，铸态镍铝青铜合金表面出现了明显的腐蚀破坏，如图 6.8（b）所示。随着腐蚀的进行，β′ 相及 $\alpha+\kappa_{III}$ 共析组织相比其他区域遭受了更为严重的腐蚀［图 6.8（c）］，即选相腐蚀。而与之不同的是，离子注入镍后的试样，在 36h 后仅发生了较为轻微的腐蚀。尤其是 Ni-3 试样，表面几乎还保持着实验前初始的形貌［图 6.8（k）］。当盐雾 288h 后，注入剂量较小的试样（Ni-1 和 Ni-2）发生了局部腐蚀，如图 6.8（f）及（i）所示；而 Ni-3 的选择性腐蚀消失，腐蚀表现为均匀性腐蚀［图 6.8（l）］。由以上观察可知，铸态镍铝青铜合金所固有的选相腐蚀缺陷，在注入一定剂量的镍后被有效抑制。基于电化学的分析，这是因为离子注入镍后使镍铝青铜合金在腐蚀过程中生成了更为致密的腐蚀产物膜。

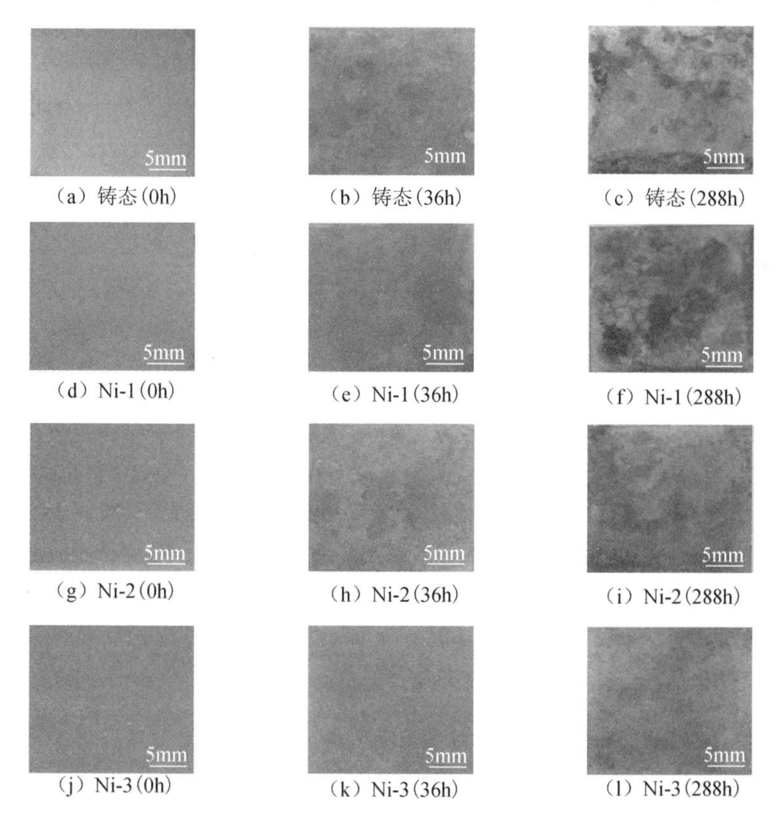

（a）铸态（0h）　（b）铸态（36h）　（c）铸态（288h）
（d）Ni-1（0h）　（e）Ni-1（36h）　（f）Ni-1（288h）
（g）Ni-2（0h）　（h）Ni-2（36h）　（i）Ni-2（288h）
（j）Ni-3（0h）　（k）Ni-3（36h）　（l）Ni-3（288h）

图 6.7　铸态及注入不同剂量镍的镍铝青铜合金盐雾腐蚀过程中表面宏观形貌变化

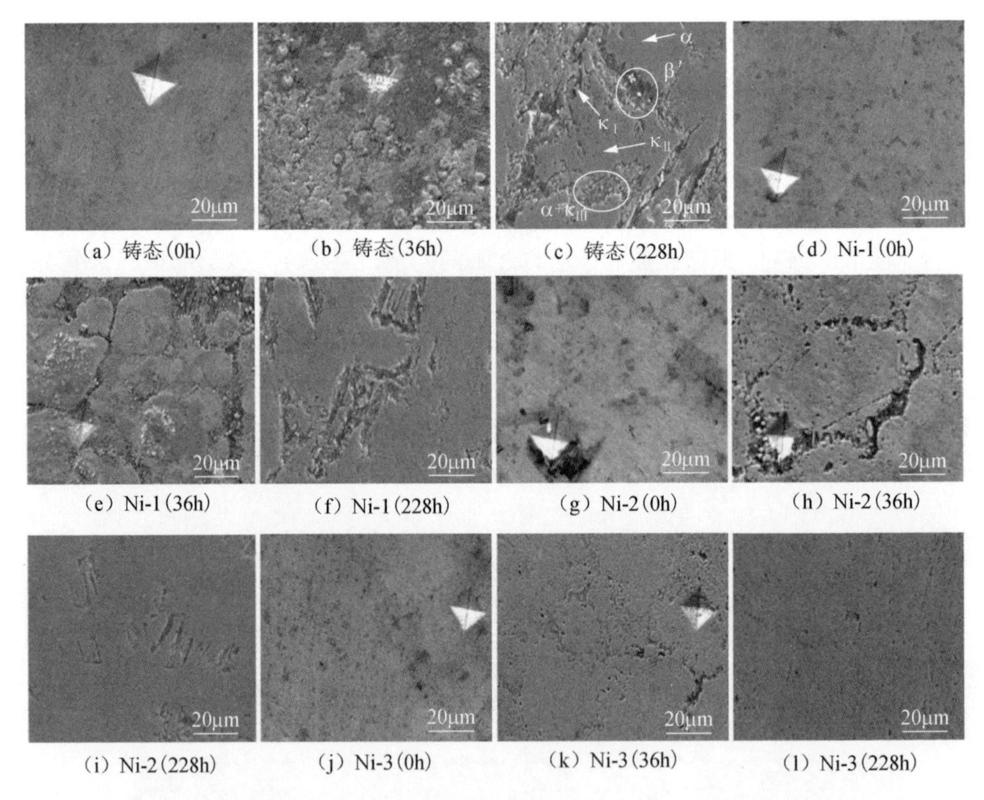

(a) 铸态(0h)　(b) 铸态(36h)　(c) 铸态(228h)　(d) Ni-1(0h)

(e) Ni-1(36h)　(f) Ni-1(228h)　(g) Ni-2(0h)　(h) Ni-2(36h)

(i) Ni-2(228h)　(j) Ni-3(0h)　(k) Ni-3(36h)　(l) Ni-3(228h)

图 6.8　铸态及注入不同剂量镍的镍铝青铜合金盐雾腐蚀过程中表面微观形貌变化

6.2.4　注入镍前后腐蚀膜层对比分析

图 6.9（彩图见书末）为铸态及注入不同剂量镍的镍铝青铜合金盐雾腐蚀 288h 后的截面背散射图片，各元素分布及含量用不同的颜色表示。对于铸态镍铝青铜合金，如图 6.9（a）所示，β′ 相及$\alpha+\kappa_{III}$共析组织处发生了优先腐蚀，形成了深坑。腐蚀产物膜层共分为三层：最外面一层主要包含的元素为氯，中间一层为铜的氧化物和氯化物，最内层为铝的氧化物。需要注意的是，铝的氧化物分布于不同相上的厚度存在差异，在κ相上形成的膜层较厚，这是因为它们主要是富含铝元素的 Fe_3Al 和 NiAl 相[8]。Ni-1 试样表面的腐蚀深度变浅，如图 6.9（b）所示。随着注入剂量的增加，腐蚀深度变得更浅，腐蚀产物中氯化物的含量变得越来越少。由于铜的氯化物是铜腐蚀的最终产物，腐蚀进程受到了抑制[9]。氯化物的减少与宏观照片中材料表面绿色腐蚀产物的减少相吻合。此外，Ni-3 试样选择性腐蚀现象消失，腐蚀产物中有少量镍的聚集，如图 6.9（c）中箭头所示。

由以上分析可知，经盐雾腐蚀 288h 后的试样表面覆盖了一层腐蚀产物膜，不同试样间的膜层厚度和成分不相同。用 XPS 技术对铸态和 Ni-3 试样的膜层进行分析，研究各腐蚀膜层最表层（2～5nm）的成分组成与相应组成元素的化学价态差别。图 6.10 为 XPS 宽谱，可知铸态腐蚀产物膜中主要包含了铜、氧和碳元素，这与前人的报道一致[9]。对于离子注入镍后的试样，除了这些元素外，膜层中还包含镍元素。

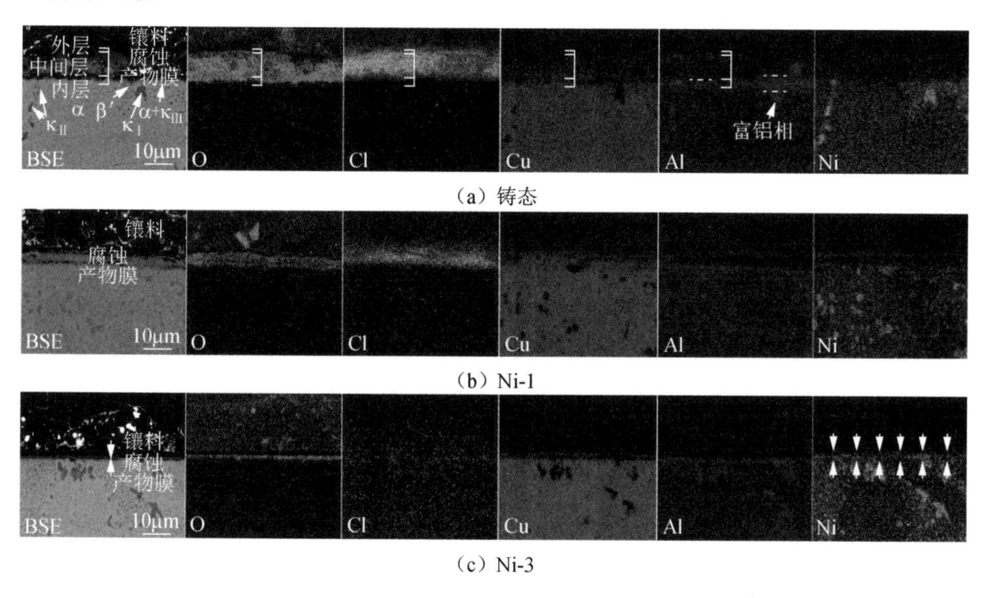

图 6.9　铸态及注入不同剂量镍的镍铝青铜合金盐雾腐蚀 288h 后的截面背散射图片

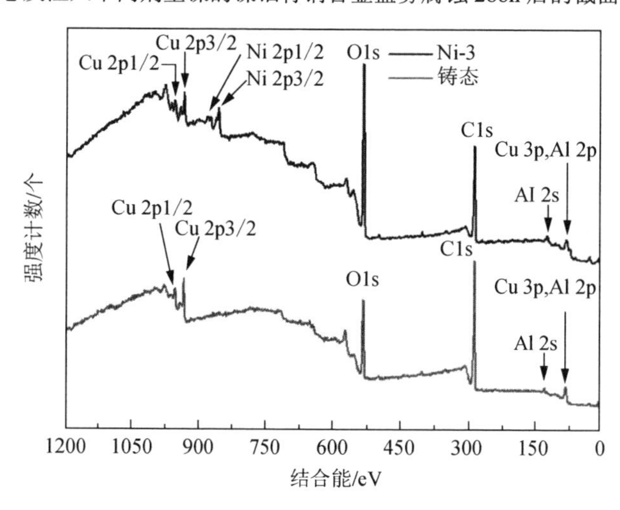

图 6.10　铸态及离子注入镍后的试样盐雾腐蚀 288h 后的 XPS 宽谱

通过对腐蚀膜层中的铜元素进行分峰，来计算各个不同化合价态的铜在腐蚀产物膜层中所占的比例。图 6.11 为 Cu 2p3/2 的光谱，相应的不同价态铜的含量列于表 6.4 中。铜元素主要包含单质 Cu、Cu_2O、CuO 和 $Cu(OH)_2$。由于单质 Cu 和 Cu_2O 的峰位离得太近不易区分[5]，我们将其并在一起来做说明。铸态镍铝青铜合金腐蚀产物膜层中主要是 CuO、较少量的 Cu/Cu_2O，以及微量的 $Cu(OH)_2$，这与相关文献的研究相符合[10, 11]。而对于注入镍后的镍铝青铜合金，Cu/Cu_2O 在腐蚀产物中占据绝大多数，其余两者量较少。

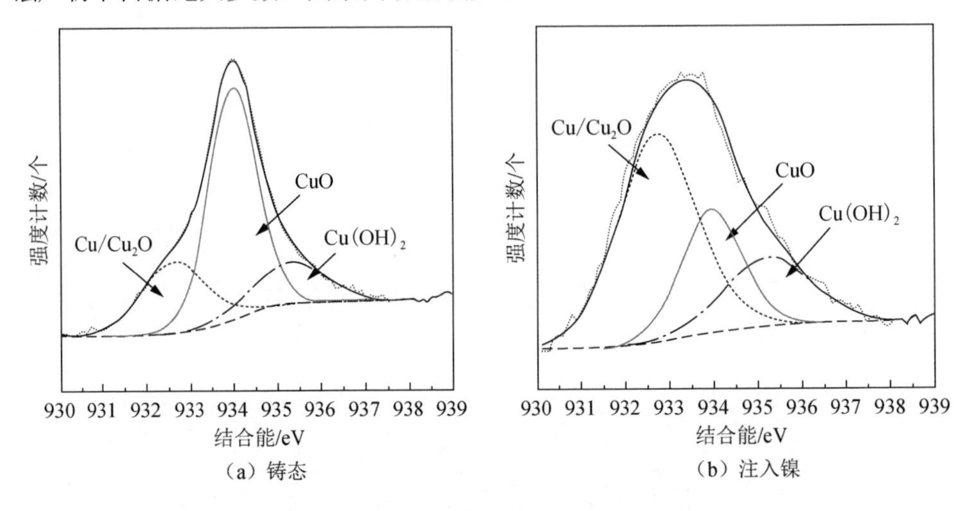

图 6.11　铸态及注入镍后的镍铝青铜合金腐蚀产物膜层中 Cu 2p 分峰

表 6.4　铸态及离子注入镍后镍铝青铜合金盐雾腐蚀 288h 后的腐蚀产物中 Cu 2p3/2 元素组成及含量

铜元素种类	铸态		注入镍	
	结合能/eV	质量分数	结合能/eV	质量分数
Cu/Cu_2O	932.6	0.242 ± 0.056	932.6	0.555 ± 0.082
CuO	933.9	0.599 ± 0.108	933.9	0.249 ± 0.046
$Cu(OH)_2$	935.2	0.159 ± 0.052	935.2	0.196 ± 0.036

由文献可知，镍铝青铜合金在腐蚀过程中表面会形成一层氧化膜。外层为铜的氧化物，内层为铝的氧化物。其中，铜的氧化物又分为最外层不连续的碱式氯化铜，次外层多孔性的铜的氧化物和氢氧化物，以及内层的氧化亚铜层[12, 13]。在腐蚀过程中，铜的氧化过程是按照以下步骤实现的：

$$Cu + Cl^- \longrightarrow CuCl + e \tag{6-1}$$

生成的产物进一步被氧化为 $CuCl_2^-$ [14, 15]：

$$CuCl + Cl^- \longrightarrow CuCl_2^- \tag{6-2}$$

随后，Cu_2O 根据以下化学反应而生成：

$$2CuCl_2^- + H_2O \longrightarrow Cu_2O + 4Cl^- + 2H^+ \tag{6-3}$$

当腐蚀时间较长时，氧化过程会按照以下步骤进一步进行[16, 17]：

$$Cu_2O + \frac{1}{2}O_2 \longrightarrow 2CuO \tag{6-4}$$

$$Cu_2O + H_2O_2 \longrightarrow 2CuO + H_2O \tag{6-5}$$

$$Cu_2O + 3H_2O \longrightarrow 2Cu(OH)_2 + 2H^+ + 2e \tag{6-6}$$

$$Cu_2O + Cl^- + 2H_2O \longrightarrow Cu_2(OH)_3Cl + H^+ + 2e \tag{6-7}$$

根据前人所做的研究报告[9, 18]，并结合前面所做的 XPS 分析，镍铝青铜合金在腐蚀过程中生成了 Cu_2O 产物。它是一种具有 P 型半导体结构的膜层，存在空位等缺陷。通过离子注入技术在镍铝青铜合金表层构筑富镍层，当材料表面发生腐蚀氧化时，镍原子能够占据 Cu_2O 中的空位[12, 19]，提高了膜层的致密性，使其更具有保护性。改良后的 Cu_2O 膜层能够有效隔离腐蚀性离子的迁移，所以就抑制了 Cu_2O 向 CuO 的进一步氧化。所以在表 6.4 中，离子注入镍后试样的腐蚀产物中 CuO 的相对含量要低于铸态试样。

6.2.5　表面富镍提高镍铝青铜合金耐腐蚀性能的机理

基于以上实验研究，我们提出了镍离子注入抑制铸态镍铝青铜合金选相腐蚀的机理，相应的示意图如图 6.12 所示。众所周知，镍铝青铜合金优良的耐腐蚀性能归因于其在腐蚀过程中表面生成的一层保护性膜层。这种保护性膜层主要包括外层的 Cu_2O 及内层的 Al_2O_3[18, 20, 21]，这已经在盐雾腐蚀后的截面元素分析图中被证实。其中，Cu_2O 为具有半导体性质的多孔层，而 Al_2O_3 膜层要比 Cu_2O 膜层更为稳定，保护性更好，因此腐蚀产物膜的保护性主要取决于内层的 Al_2O_3 膜层[20]。铸态镍铝青铜合金微观组织较复杂，各相在成分上存在着差异性，铝元素在κ相中富集，而在α相和β′相中相对匮乏[8, 22]。这就导致了κ相表面形成的 Al_2O_3 膜层较厚，其余区域相对较薄。因此所生成的 Al_2O_3 膜层具有不连续性、厚度不均匀性，如图 6.12 所示。α相及β′相因没有有效的保护而优先发生了腐蚀，覆有较厚膜层的κ相能够免受腐蚀介质的侵蚀。特别地，$\alpha+\kappa_{III}$ 共析组织中，两相呈片层相间，互相紧邻，形成电偶腐蚀，导致该区域腐蚀尤为严重。因此，相间的电势差异和腐蚀膜层的不均匀性，导致了铸态镍铝青铜合金存在选相腐蚀。Cu_2O 是一种半导体结构的膜层，膜层里有很多空位，当注入镍离子后，表层 Cu_2O 的空位被镍原子填充而变得致密，如图 6.12（b）所示。随着注入剂量的提高，更多的空位被镍原子所填充，Cu_2O 层变得更加致密，如图 6.12（c）所示。因此，离子注入后的镍铝青铜合金表面生成的 Cu_2O 膜层能够有效阻碍离子的迁移运动，阻碍了铜的进一步氧化。此时镍铝青铜合金的耐腐蚀性能不仅取决于 Al_2O_3 膜层，也取决于 Cu_2O 膜层。因为 Cu_2O 膜层在各相上分布相对比较均匀，所以各相抵御腐蚀介质的能力相对均衡，从而避免了选择性腐蚀的发生，腐蚀表现为均匀腐蚀。

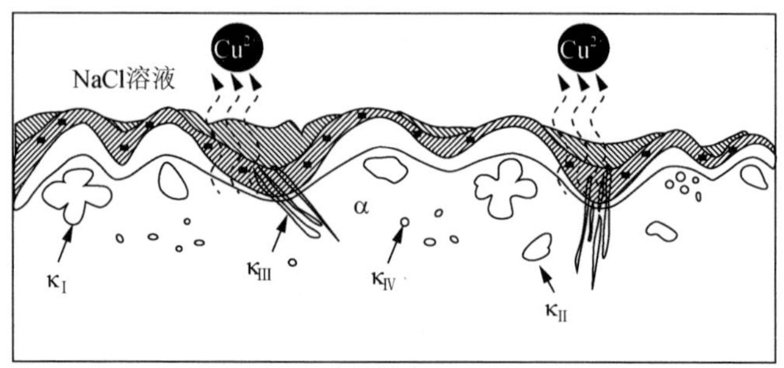

（a）铸态

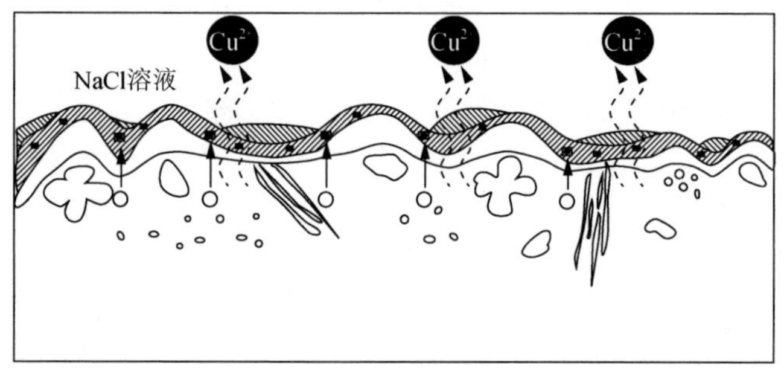

（b）离子注入低剂量镍

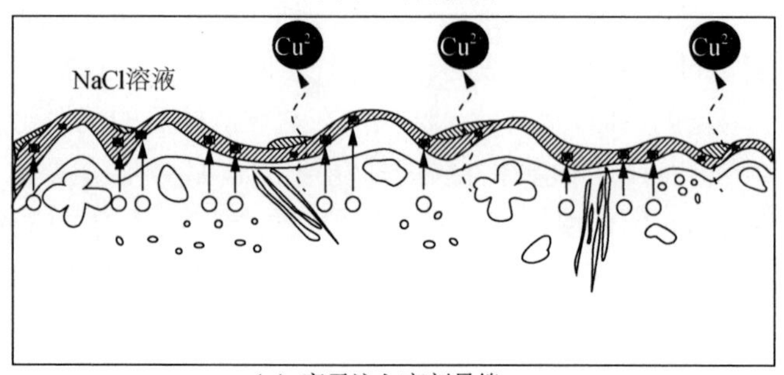

（c）离子注入高剂量镍

○ 镍原子　■ 空穴缺陷　□ Al_2O_3　▨ Cu_2O　▧ CuO

图 6.12　离子注入镍抑制选相腐蚀发生的示意图

通过离子注入在镍铝青铜合金表层构筑了富镍层，同时验证了该富镍层能够显著提高材料的耐腐蚀性能，有效抑制选相腐蚀。但是该种方法得到的富镍层薄，且不适于工业化生产。为此，我们设计了通过表面热扩渗的方法在镍铝青铜合金表面构建富镍层。

6.3　表面合金化对镍铝青铜合金耐腐蚀性能的影响

镍铝青铜合金由于其良好的力学性能和耐腐蚀性能，被广泛应用于海洋工程中，如螺旋桨、阀门等。但是其多相的微观结构导致其在海洋工况下容易发生选相腐蚀，限制其发展。本节主要对镍铝青铜合金进行表面改性，通过扩散合金化可获得外层为梯度 Ni-Cu 层和内层为均匀 Ni-Al-Cu 层的双层改性层，以此进一步改善其性能。Ni-Cu 层和 Ni-Al-Cu 层的扩散机制和微观结构将在本节讨论。不仅如此，双层改性层的耐腐蚀性能将被重点分析讨论，尤其是梯度 Ni-Cu 层的耐腐蚀机制。热处理温度选择 675℃，此为镍铝青铜合金的实际工业热处理温度，整个表面改性化涂层的制备过程建立在不降低基体力学性能的基础上，具有一定的实际参考意义。这些研究结果可以为工业应用中对耐腐蚀性能有一定要求的涂层提供一些参考。

6.3.1　表面改性合金化过程

镍铝青铜合金的表面合金化主要包括两个过程，即电镀镍涂层和热处理扩散。

1．镍铝青铜合金表面电镀镍涂层

电镀液成分为 350g/L 氨基磺酸镍［$Ni(SO_3NH_2)_2 \cdot 4H_2O$］、15g/L 氯化镍（$NiCl_2 \cdot 6H_2O$）、0.1g/L 十二烷基硫酸钠（$C_{12}H_{25}—OSO_3Na$）、40g/L 硼酸（$H_3BO_3$）。电镀液的 pH 用氨水调节为 4.0±0.1，用水浴锅将电镀液温度保持在（50±2）℃。镍铝青铜合金试样电镀之前，需先用 1200 号砂纸物理打磨，在丙酮溶液中超声清洗 5min，再用去离子水清洗。清洗后的试样先浸泡在碱性溶液中以去除表面的油脂，再浸泡在 10% $NaSO_4$ 溶液中活化。通过控制电镀参数，可以获得纳米尺寸的镍涂层，具体如表 6.5 所示。

表 6.5　电镀参数设定

参数名称	占空比 /%	频率 /Hz	正向电流密度 /（A/dm^2）	反向电流密度 /（A/dm^2）	正向电镀时间 t_{on} /ms	反向电镀时间 t_{off} /ms
参数设定	20	500	30	0	0.5	1.5

2．热处理扩散

镍铝青铜合金在工业应用中的热处理温度为 675℃，主要目的在于消除β′相[23]，从而提高其耐腐蚀性能。为了不影响镍铝青铜合金基体热处理性能和工业化实现程度，本节热处理温度设为 675℃。为了防止热处理过程中表面氧化所引起的表面改性层性能的变化，热处理过程需要通入氩气保护气体。热处理时间分别为 0.5h、6h 和 12h。

6.3.2　微观结构演变过程

图 6.13 为不同热处理扩散时间的截面图及示意图。由图 6.13（a）可知，热

处理 0.5h 后，镍铝青铜合金改性层主要为 Ni-Cu 固溶体层，厚度约为 2.65μm，而无明显的中间层。图 6.13（b）表明扩散时间延长到 6h 后，镍铝青铜合金表面出现明显的双层改性层，外层为 Ni-Cu 固溶体层，内层为 Ni-Al-Cu 层，厚度分别为 8.98μm 和 5.71μm。当热处理扩散时间继续延长至 12h［图 6.13（c）］时，双层改性层的厚度均有所增加，分别为 13.75μm 和 14.25μm。外层的 Ni-Cu 固溶体层为梯度变化的镍和铜元素，内层的 Ni-Al-Cu 层为均匀变化的镍、铝和铜元素，含量分别约为 67.3%、9.1%、23.6%。热处理过程中，改性层的获得主要是来自镍、铝和铜三元扩散体系的扩散过程。镍、铝和铜三元扩散体系可以简化为 Ni-Cu 扩散体系和 Ni-Al 扩散体系。不同二元扩散体系的扩散速率不同，从而导致双层涂层的形成。为更方便地分析扩散过程，用图 6.13（d）～（f）表示不同元素的扩散时间与扩散距离变化的示意图。由文献可知[24, 25]，Ni-Al 扩散体系在 1100℃时的互扩散系数为 $10^{-14}m^2/s$，Ni-Cu 扩散体系的互扩散系数在 300℃时为 $10^{-14}m^2/s$。不仅如此，扩散过程的快慢还取决于不同元素之间的浓度差。在镍涂层和镍铝青铜合金界面处，铜元素的浓度差明显大于铝元素，铜元素的扩散驱动力明显大于铝元素，即铜元素的扩散速率大于铝元素。因此，在 675℃扩散过程中，Ni-Cu 固溶体层在外层，而 Ni-Al-Cu 层在内层。

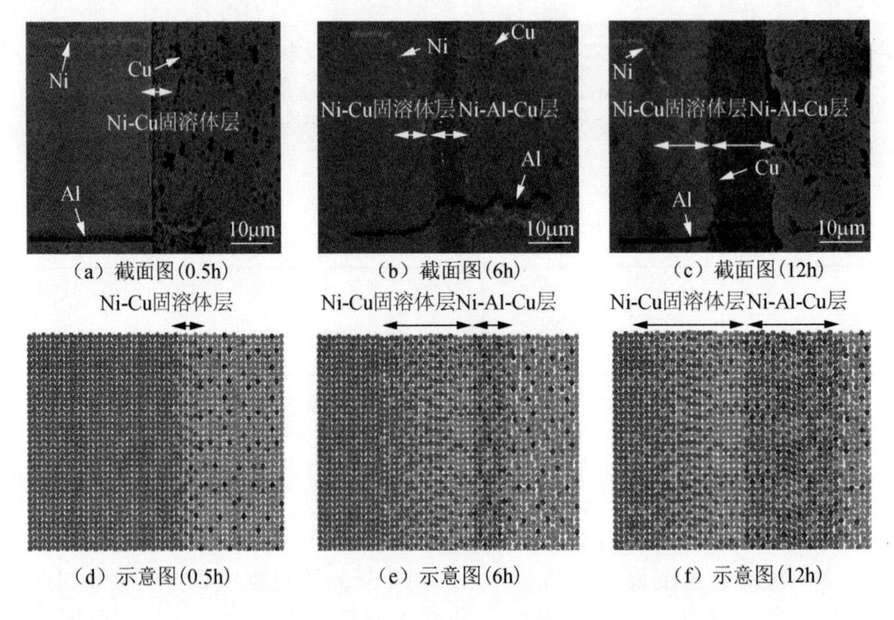

（a）截面图（0.5h）　（b）截面图（6h）　（c）截面图（12h）

（d）示意图（0.5h）　（e）示意图（6h）　（f）示意图（12h）

图 6.13　不同热处理扩散时间的截面图及示意图

●Ni　●Al　●Cu

图 6.14 为 Ni-Cu 固溶体层和 Ni-Al-Cu 层的扩散距离与扩散时间曲线。由文献可知[26]，扩散距离 d 和扩散时间 t 之间的关系为

$$d = D(t / t_0)^n \tag{6-8}$$

式中，t_0 为单位时间，1s；D 为生长速率；n 为时间指数。

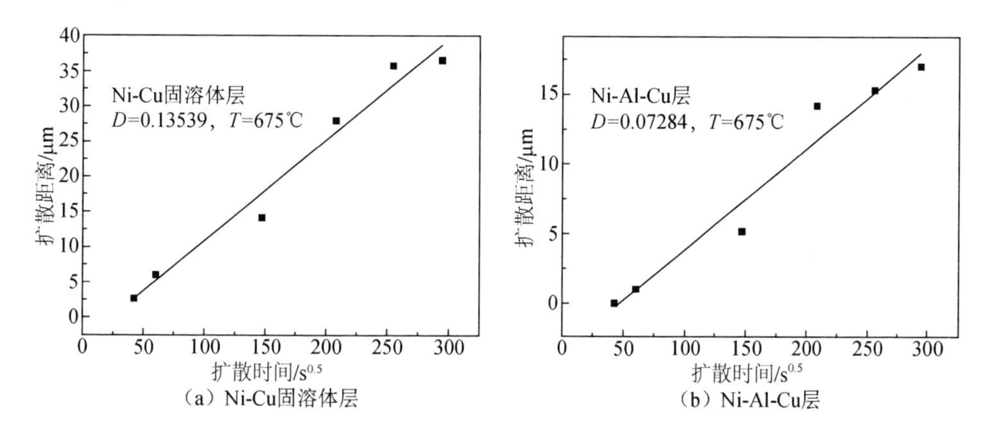

图 6.14　扩散距离与扩散时间曲线

一般来说，扩散距离与扩散时间之间是线性或抛物线关系：线性关系表明扩散层的生长主要由反应速率决定，抛物线关系表明扩散过程主要由体扩散控制[27]。在 NAB/Ni 扩散体系中，改性层的生长主要由镍、铝、铜元素的扩散形成，因此热处理过程主要为体扩散控制，且 n 为 0.5[28]。图 6.14 表明了 Ni-Cu 固溶体层和 Ni-Al-Cu 层的生长速率 D 与 $t^{0.5}$ 的关系，D 值可以通过计算曲线斜率得到。因此，Ni-Cu 固溶体层和 Ni-Al-Cu 层的生长速率分别为 1.3539×10^{-7}μm/s$^{0.5}$ 和 7.284×10^{-8}μm/s$^{0.5}$。Yamamoto 等[26]在 873K 的温度下扩散得到 Ni-Cu 层的生长速率 $D=1.0\times10^{-7.71\pm0.12}$μm/s$^{0.5}$ 和 $n=0.564\pm0.025$。因此，Ni-Cu 固溶体层的生长速率明显大于 Ni-Al-Cu 层，这也解释了 Ni-Cu 固溶体层为外层而 Ni-Al-Cu 层为内层的原因，如图 6.13 所示。

为进一步分析 Ni-Cu 固溶体层和 Ni-Al-Cu 层的微观结构，图 6.15 表明了不同元素含量的 Ni-Cu 固溶体层和 Ni-Al-Cu 层的 XRD 图谱，纯镍层的 XRD 图谱主要用于对比。不同 Ni-Cu 固溶体层的元素含量分别为铜含量 3.4%、20.3%、40.7%。由图 6.15 可以看出，Ni-Cu 固溶体层和 Ni-Al-Cu 层都有明显的 NiCu 和 Ni 的（111）面及（200）面，而 Ni_3Al 仅出现在 Ni-Al-Cu 层。由 Ni-Cu 固溶体层的 XRD 图谱可知，NiCu 和 Ni 的峰很难区分开，这主要是因为铜原子扩散到镍基体中形成 Ni-Cu 固溶体[29]。随着铜含量的增加，（111）面的 2θ值逐渐降低，表明 Ni-Cu 固溶体层的晶格常数逐渐增加（铜的晶格常数 α_{Cu}=3.6148Å，镍的晶格常数 α_{Ni}=3.5232Å）[29]。（111）和（200）面的峰宽也随着铜含量的增加而增加，表明热扩散过程中形成了层错堆积。由文献[30, 31]可知，Ni-Al 化合物的形成焓（ΔH）要低于 Cu-Al 化合物的形成焓，因此在热处理过程中铝原子优先结合镍原子形成 Ni_3Al 中间相。

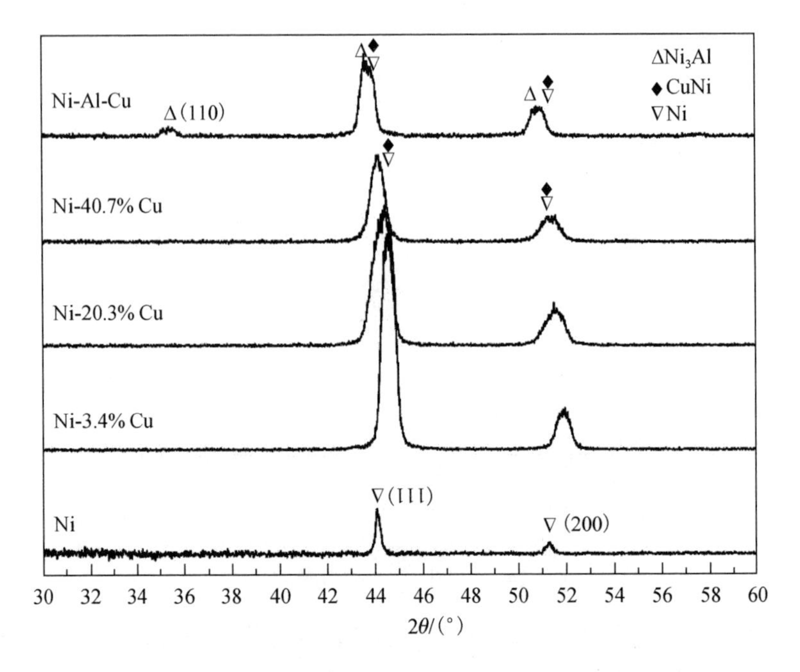

图 6.15　不同 Ni-Cu 固溶体层、Ni-Al-Cu 层和纯镍层的 XRD 图谱

6.3.3　耐腐蚀性能

为了观察 Ni-Cu 固溶体层、Ni-Al-Cu 层和镍铝青铜合金基体的腐蚀行为，将上述不同试样放在盐雾实验箱中 12 天，通过对表面宏观腐蚀形貌和微观腐蚀形貌的观察来判断其腐蚀性能。图 6.16（彩图见书末）为不同试样在盐雾实验箱中 0 天、4 天、8 天和 12 天的宏观形貌。由图 6.16 可知，盐雾时间 0 天后，镍铝青铜合金优先出现红锈，整个表面均被覆盖；Ni-Cu 固溶体层表面无明显的腐蚀产物堆积，并保持部分的镜面光泽，表明耐腐蚀性能提高；Ni-Al-Cu 层出现点蚀，并且有腐蚀产物堆积在点蚀坑周围。随着时间的延长，镍铝青铜合金表面红锈和绿色腐蚀产物不断堆积，其腐蚀程度逐渐加重；Ni-Cu 固溶体层的镜面光泽逐渐降低，腐蚀产物均匀地分布在表面；Ni-Al-Cu 层的点蚀坑周围红锈和绿色腐蚀产物也逐渐堆积，表明腐蚀穿透了 Ni-Al-Cu 层而腐蚀到了镍铝青铜合金基体。图 6.17 为盐雾实验 12 天后试样表面的扫描电镜图，在观察之前，将试样浸泡在 50% HCl 溶液中以去掉表面的腐蚀产物。由图 6.17（a）和（d）可知，镍铝青铜合金表面β相和α相优先腐蚀，为明显的选相腐蚀。由图 6.17（b）可知，Ni-Cu 固溶体层为均匀腐蚀，这主要是因为表面形成了镍的氧化物和铜的氧化物的保护膜[32]。图 6.17（e）表明 Ni-Cu 固溶体层在晶粒边界处优先腐蚀，这主要是因为铜的氧化物是多孔结构，晶粒边界为镍离子移动提供了通道，使镍离子固溶到铜氧化物空隙中，从而提高了钝化膜的致密性。因此，晶粒边界处镍含量相对降低，形成局部腐蚀

电池，从而导致腐蚀沿着晶粒边界发生[32]。图 6.17（c）和（f）表明 Ni-Al-Cu 层为明显的点蚀，这主要是因为随着 Cl^- 持续攻击，表面发生脱铝反应形成局部电偶腐蚀，从而形成点蚀坑[33]。而腐蚀产物与点蚀坑裸露的基体之间的电偶腐蚀进一步促进了点蚀坑的纵向生长，从而导致 Cl^- 穿透点蚀坑，攻击镍铝青铜合金基体。

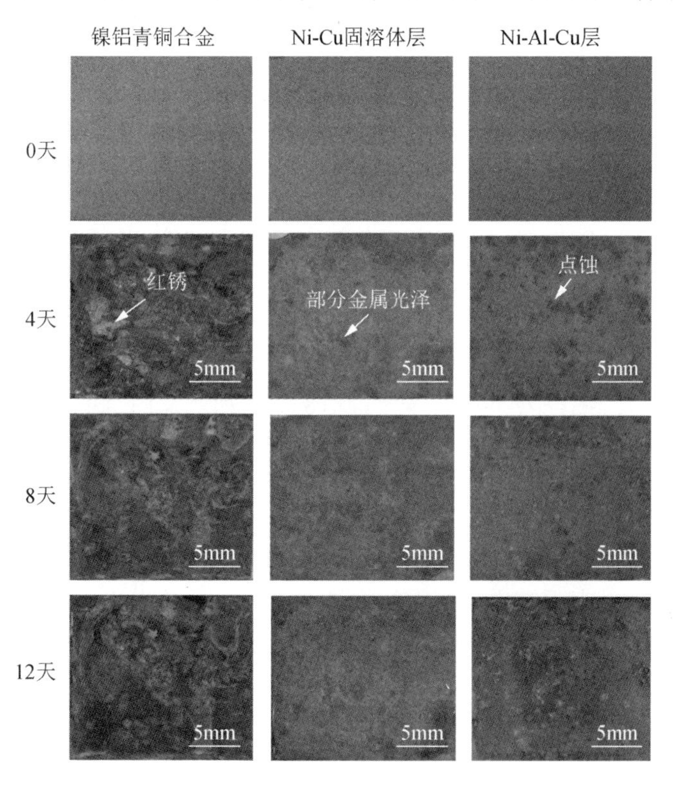

图 6.16　镍铝青铜合金、Ni-Cu 固溶体层和 Ni-Al-Cu 层在盐雾实验箱中
0 天、4 天、8 天和 12 天的宏观形貌

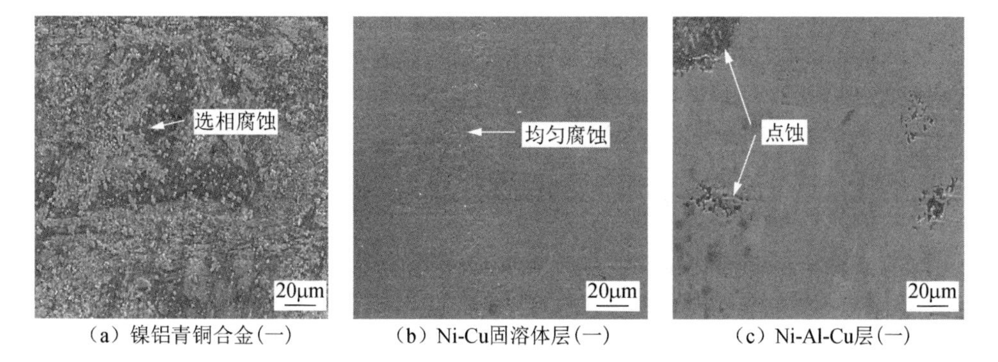

（a）镍铝青铜合金(一)　（b）Ni-Cu固溶体层(一)　（c）Ni-Al-Cu层(一)

图 6.17　盐雾实验 12 天后试样表面的扫描电镜图

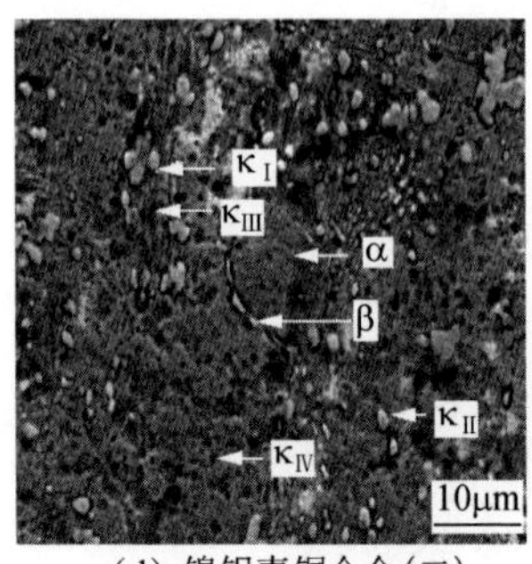

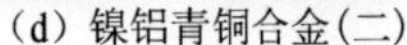
（d）镍铝青铜合金（二）

（e）Ni-Cu固溶体层（二）

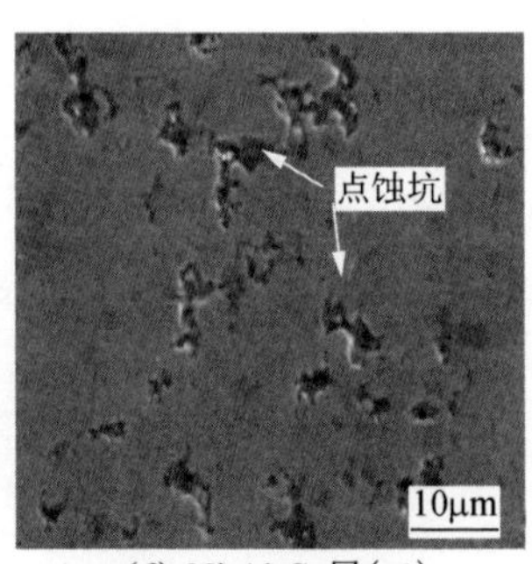

（f）Ni-Al-Cu层（二）

图 6.17（续）

为表征 Ni-Cu 固溶体层、Ni-Al-Cu 层和镍铝青铜合金基体的腐蚀特性，对三种试样进行阻抗谱测试，如图 6.18 所示。在测试之前，试样表面需经过物理打磨抛光，以降低表面质量对结果的影响，并且测试面积为 $1cm^2$。电化学测试采用传统的三电极体系，即试样为工作电极，铂电极为辅助电极，饱和甘汞电极为参比电极，并保持溶液温度为 30℃。如图 6.18（a）所示，阻抗谱弧的半径按 Ni-Cu 固溶体层、Ni-Al-Cu 层、镍铝青铜合金基体的顺序逐渐降低，表明耐腐蚀性能逐渐增加。由图 6.18（b）可知，Ni-Cu 固溶体层和 Ni-Al-Cu 层的阻抗强度分别约为 $4.7\Omega \cdot cm^2$ 和 $4.6\Omega \cdot cm^2$，镍铝青铜合金的阻抗强度约为 $3.4\Omega \cdot cm^2$，明显低于 Ni-Cu 固溶体层和 Ni-Al-Cu 层。这说明 Ni-Cu 固溶体层和 Ni-Al-Cu 层耐腐蚀性能的提高主要是由于表面钝化膜的生长。图 6.18（c）的最大相位角表明了多层钝化膜层的形成[5, 34]。Ni-Cu 固溶体层、Ni-Al-Cu 层和镍铝青铜合金基体的最大相位角分别为 80°、75° 和 60°，表明 Ni-Cu 固溶体层的腐蚀速率最低，Ni-Al-Cu 层其次，镍铝青铜合金基体的腐蚀速率最高。

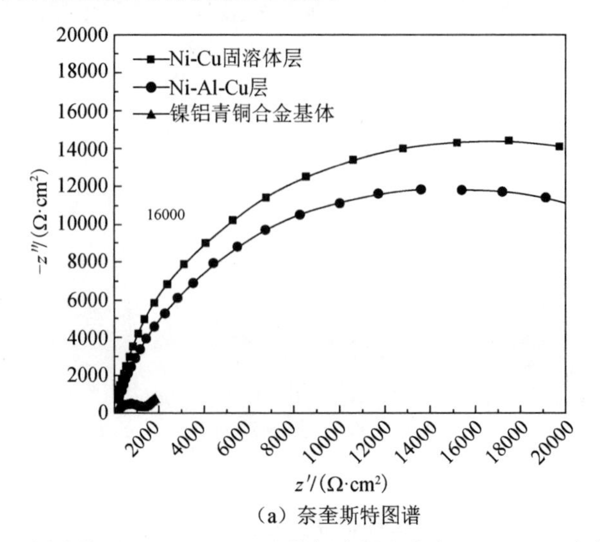

（a）奈奎斯特图谱

图 6.18　Ni-Cu 固溶体层、Ni-Al-Cu 层和镍铝青铜合金在 3.5%NaCl 溶液中的阻抗谱

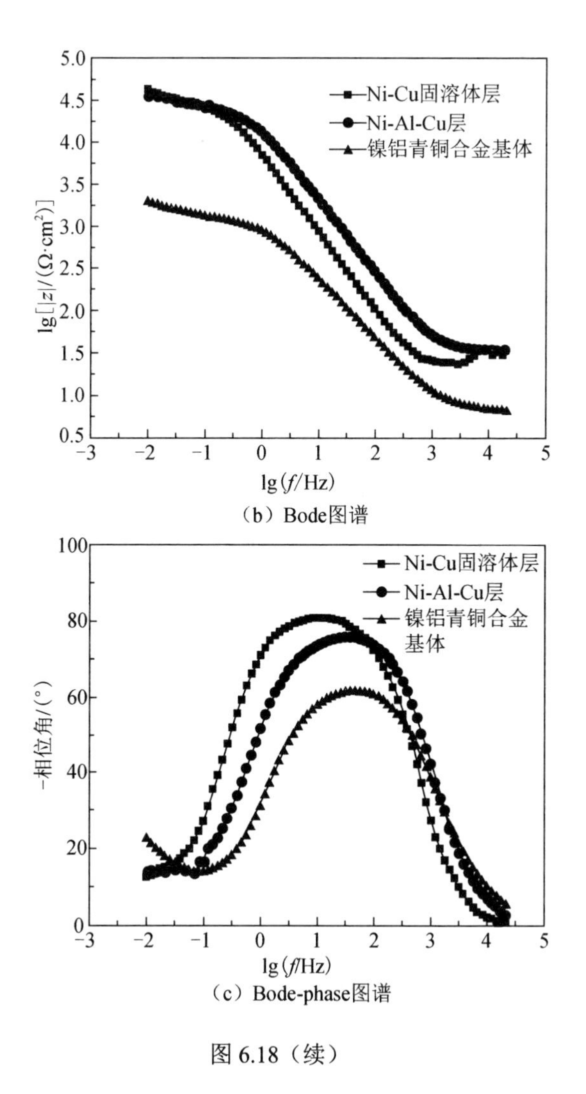

（b）Bode图谱

（c）Bode-phase图谱

图 6.18（续）

为了进一步分析表面改性层的耐腐蚀性能，不同 Ni-Cu 固溶体层的试样分别为 Ni-3%Cu 层、Ni-20%Cu 层、Ni-40%Cu 层。不同 Ni-Cu 固溶体层、Ni-Al-Cu 层及镍铝青铜合金基体的阳极极化曲线和阻抗谱如图 6.19 所示。由图 6.19（a）可以看出，Ni-Cu 固溶体层在阳极区有明显的钝化区域，这主要是因为表面生成的钝化膜有保护作用[35, 36]。根据文献可知，Ni-Cu 固溶体层表面形成的钝化膜主要由铜的氧化物和镍的氧化物组成，主要发生以下反应[37, 38]：

$$Cu + Cl^- \longrightarrow CuCl^-_{ads} \tag{6-9}$$

$$CuCl^-_{ads} + Cl^- \longrightarrow CuCl^-_2 + e \tag{6-10}$$

$$2CuCl^-_2 + H_2O \longrightarrow Cu_2O + 4Cl^- + 2H^+ \tag{6-11}$$

$$Ni + H_2O \longrightarrow Ni(H_2O)_{ads} \tag{6-12}$$

$$Ni(H_2O)_{ads} \longrightarrow Ni(OH)^+ + H^+ + 2e \tag{6-13}$$

$$Ni(OH)^+ + OH^- \longrightarrow Ni(OH)_2 \tag{6-14}$$

由于 Cu_2O 的 P 型半导体特性，镍原子可以固溶到 Cu_2O 中[38]：

$$Cu_{Cu}(ox) \longrightarrow Cu^+(aq) + V_{Cu}^-(ox) \tag{6-15}$$

$$Ni_{Ni}(m) + 2V_{Cu}^-(ox) \longrightarrow [Ni_{Cu}(V_{Cu})_2] + 2e \tag{6-16}$$

式中，$Cu_{Cu}(ox)$为氧化物中的铜离子；$V_{Cu}^-(ox)$为移动的阳离子空位；$Ni_{Ni}(m)$为镍原子；$Ni_{Cu}(V_{Cu})_2$ 为镍原子固溶到 Cu_2O 空位。

$Ni_{Cu}(V_{Cu})_2$ 为中性络合物，其降低离子特性，增加阻碍作用，从而提高钝化膜的保护作用。不仅如此，钝化电流密度和击穿电压与铜含量无关，Ni-Cu 固溶体层的钝化电流密度和击穿电压几乎保持一致，分别为 $1.56\times10^{-5}A/cm^2$ 和−0.05V。这个结果与 Wu 等[36]的研究成果类似，不同铜含量的 Ni-Cu 固溶体层的钝化区是相同的，表明其钝化膜的稳定性。而 Ni-Al-Cu 层和镍铝青铜合金基体的阳极区无明显的钝化区域，且相对应的腐蚀电流密度明显高于 Ni-Cu 固溶体层，表明 Ni-Cu 固溶体层能有效提高基体的耐腐蚀性能。图 6.19（b）为不同层在 3.5% NaCl 溶液中的阻抗谱，改性层 Ni-Cu 固溶体层和 Ni-Al-Cu 层的阻抗谱半径明显增加，表明其阻抗增加及耐腐蚀性能提高。Ni-Al-Cu 层和镍铝青铜合金基体的阻抗谱有明显的 Warburg 角，表明其腐蚀过程包括电荷转变和扩散过程。为模拟镍铝青铜合金在 NaCl 溶液中的腐蚀过程，设置了其对应的模拟等效电路[6]，如图 6.20（a）所示。其中，R_s（溶液阻抗）、R_{p1}（钝化膜电阻）和 CPE_1（钝化膜电容）表示电荷转变过程，R_{p2} 为电荷转移电阻，CPE_2 表明金属与溶液之间的双电子层电容，W 阻抗表明其扩散过程。而 Ni-Cu 固溶体层阻抗弧表明其腐蚀过程主要为电荷转移过程及双电子层电容的释放过程[10]，其模拟等效电路如图 6.20（b）所示。其中，CPE_1 包括伪电容及其指数 0.5[10]，C_{dl} 表示双电子层电容，R_{p1} 和 R_{p2} 分别表示钝化膜电阻和电荷转移电阻，R_s 为溶液阻抗。数据拟合结果如表 6.6 所示。由表 6.6 可知，Ni-Cu 固溶体层和 Ni-Al-Cu 层的电阻（$R_{p1}+R_{p2}$）明显高于镍铝青铜合金基体，表明其耐腐蚀性能提高，而 Ni-Cu 固溶体层的耐腐蚀性能要优于 Ni-Al-Cu 层。而 n_1 值主要表征表面钝化膜的致密性，这也解释了 Ni-Cu 固溶体层耐腐蚀性能的提高主要是因为表面生成了致密的钝化膜，能有效隔离金属表面。对于 Ni-Al-Cu 层和镍铝青铜合金基体，其电荷转移过程中（$R_{p1}+CPE_1$），Ni-Al-Cu 层的 n_1 值小于 0.5，表明表面生成的腐蚀产物 $Al_2O_3/Al(OH)_3$ 能有效阻碍电荷移动[39, 40]；双电层电容中指数 $0.5<n_2<1$，表明腐蚀产物更加均匀致密。因此，Ni-Al-Cu 层耐腐蚀性能的增加主要是因为电荷转移电阻的增加，降低电荷转移过程会降低腐蚀速率。不同铜含量的 Ni-Cu 固溶体层中，Ni-20%Cu 层的钝

化膜致密性最好，耐腐蚀性能最好。

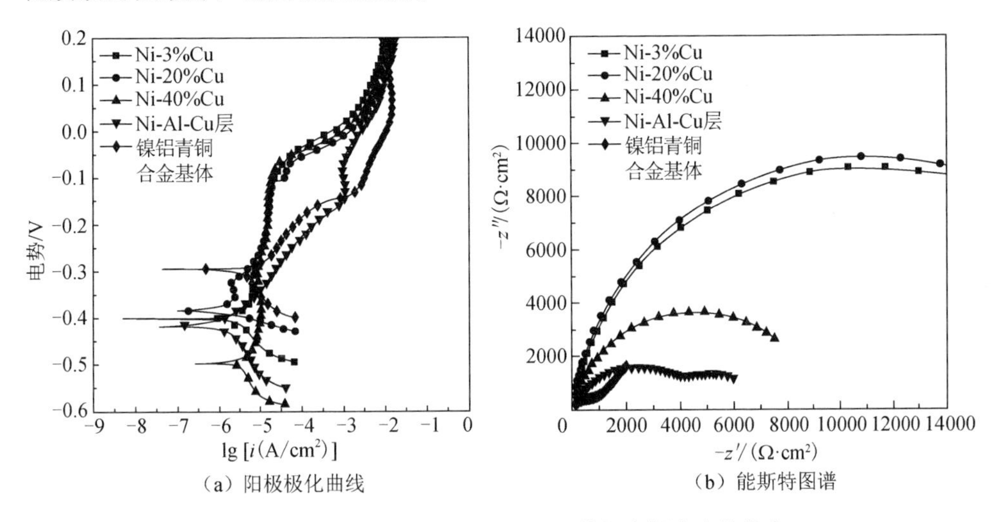

图 6.19　不同 Ni-Cu 固溶体层、Ni-Al-Cu 层和镍铝青铜合金基体在 3.5% NaCl 溶液中的阳极极化曲线和阻抗谱图

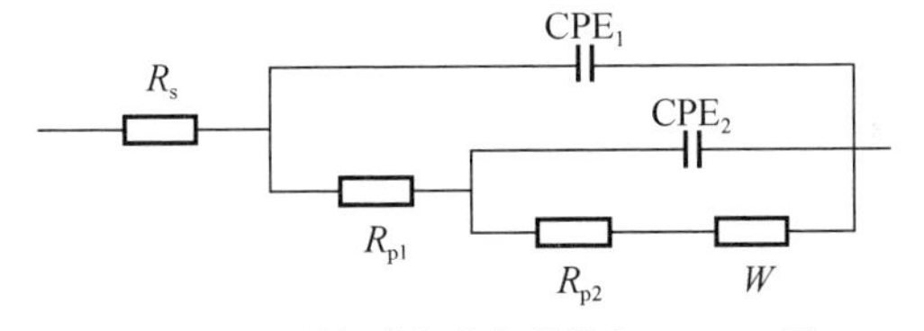

(a) 镍铝青铜合金基体和Ni-Al-Cu层

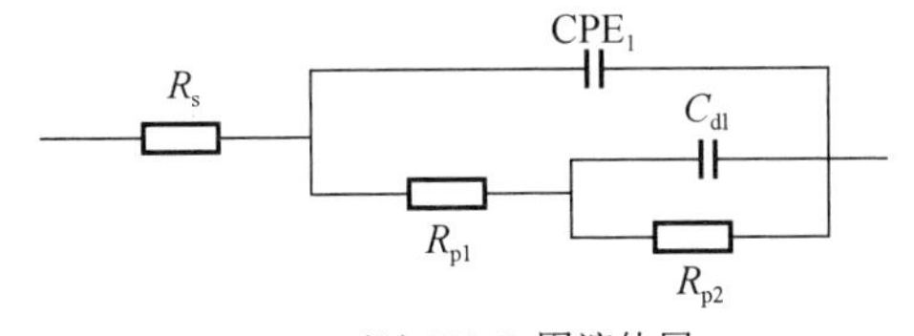

(b) Ni-Cu固溶体层

图 6.20　模拟等效电路

表 6.6　不同 Ni-Cu 固溶体层、Ni-Al-Cu 层和镍铝青铜合金基体模拟等效电路数据拟合结果

参数	镍铝青铜合金基体①	Ni-Al-Cu①	Ni-3%Cu②	Ni-20%Cu②	Ni-40%Cu②
R_s/（kΩ·cm²）	4.425	5.133	13.05	6.642	5.861
Y_{1Q}/（F/cm²）	3.829×10^{-4}	1.123×10^{-4}	3.109×10^{-5}	2.541×10^{-7}	4.718×10^{-5}
n_1	0.7116	0.3946	0.9214	0.9333	0.8888

续表

参数	镍铝青铜合金基体[①]	Ni-Al-Cu[①]	Ni-3%Cu[②]	Ni-20%Cu[②]	Ni-40%Cu[②]
R_{p1}/（kΩ·cm^2）	0.6837	0.0009	13.36	13.6	5.469
C_{dl}/（F/cm^2）	—	—	6.995×10^{-4}	1.057×10^{-4}	4.947×10^{-3}
R_{p2}/（kΩ·cm^2）	0.0676	3.612	0.681	4.98	0.208
Y_{2Q}/（F/cm^2）	4.177×10^{-5}	6.182×10^{-5}	—	—	—
n_2	0.6227	0.8766	—	—	—
$W\times10^3$/（$\Omega^{-1}\cdot s^n\cdot cm^{-2}$）	1.588×10^{-14}	3.796	—	—	—

注：① 等效电路为图 6.20（a）；② 等效电路为图 6.20（b）；Y_{1Q} 和 Y_{2Q} 为常相位元件。

6.3.4 表面合金化后的腐蚀机制

为分析梯度 Ni-Cu 固溶体层的腐蚀机制，将不同 Ni-Cu 成分的试样在 3.5% NaCl 溶液中浸泡不同时间，以观察表面宏观形貌和微观形貌，如图 6.21（彩图见书末）和图 6.22 所示。图 6.21 为不同 Ni-Cu 固溶体层浸泡不同时间的宏观形貌，20h 时 Ni-20%Cu 层的表面大部分面积都保持着镜面光泽，而 Ni-3%Cu 层和 Ni-40%Cu 层的表面逐渐灰暗，表明腐蚀产物的堆积增加，进一步说明了 Ni-20%Cu 的耐腐蚀性能最好。随着浸泡时间的延长，Ni-Cu 固溶体层表面灰暗面积逐渐增加，腐蚀产物进一步堆积，120h 后 Ni-3%Cu 层大约 75%的面积变暗，Ni-40%Cu 层几乎整个面都变暗，而 Ni-20%Cu 层还保留部分镜面光泽，表明耐腐蚀性能按 Ni-20%Cu、Ni-3%Cu、Ni-40%Cu 顺序逐渐降低，与上述电化学测试结果一致。去掉表面腐蚀产物后，不同 Ni-Cu 固溶体层在浸泡 120h 后的微观形貌如图 6.22 所示。Ni-Cu 固溶体层表面沿晶粒边界发生了局部腐蚀和小点蚀坑，与之前报道的 Monel-400 合金腐蚀形貌类似[41]。但是不同 Ni-Cu 固溶体层表面均匀腐蚀和点蚀的趋势明显不同。Ni-3%Cu 层的表面出现很多小的点蚀坑及明显的均匀腐蚀，如图 6.22（a）和（b）所示；当表面铜的含量增加到 20%时，表面点蚀坑的数量明显减少，局部腐蚀区域主要为均匀腐蚀，如图 6.22（c）和（d）所示；进一步增加铜含量到 40%，Ni-40%Cu 层表面出现严重的局部腐蚀，且主要沿着晶粒边界发生，没有发现点蚀坑，这主要是因为表面含有较高成分铜，从而降低了表面钝化膜的保护性，如图 6.22（e）和（f）所示。

由前述内容可知，Ni-Cu 固溶体层的耐腐蚀性能最好，且 Ni-20%Cu 层最好。

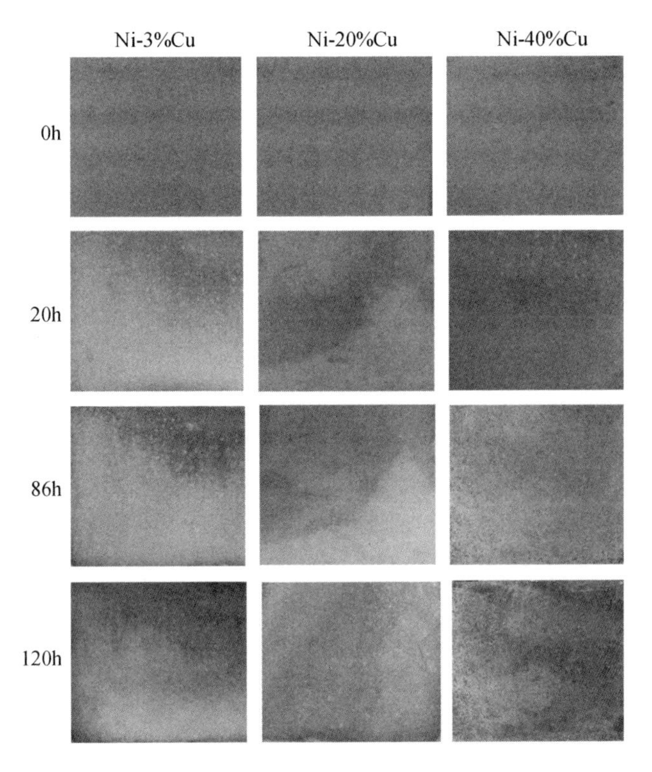

图 6.21　不同 Ni-Cu 固溶体层浸泡不同时间的宏观形貌

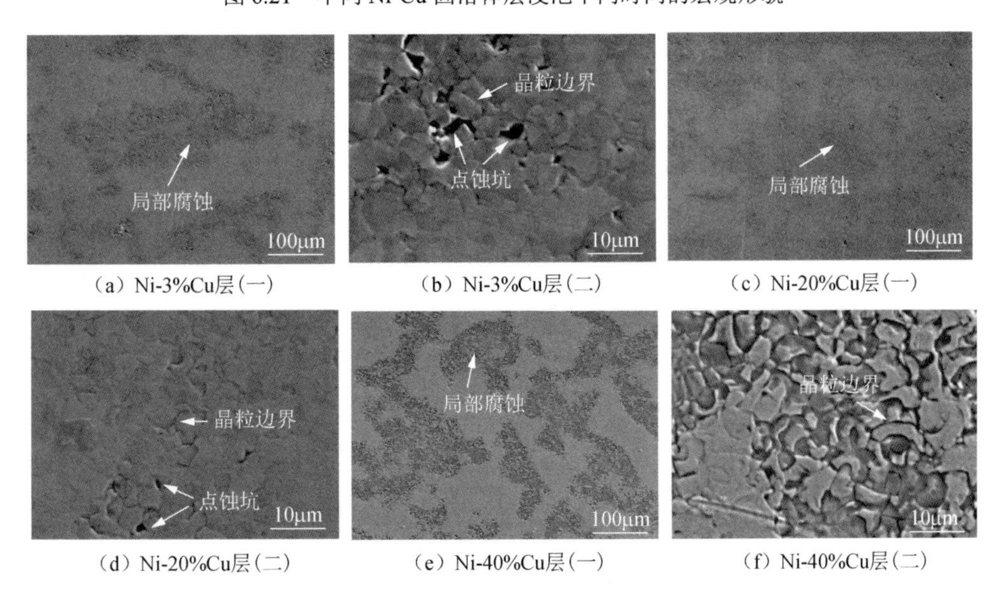

（a）Ni-3%Cu层（一）　（b）Ni-3%Cu层（二）　（c）Ni-20%Cu层（一）

（d）Ni-20%Cu层（二）　（e）Ni-40%Cu层（一）　（f）Ni-40%Cu层（二）

图 6.22　不同 Ni-Cu 固溶体层在浸泡 120h 后的微观形貌

为进一步分析 Ni-Cu 固溶体层的钝化膜的形成，Ni-20%Cu 层在 3.5% NaCl

溶液中浸泡不同时间的阻抗谱及拟合结果分别如图 6.23 和表 6.7 所示。由图 6.23（a）可知，Ni-20%Cu 表面钝化膜的形成分为三个阶段：①镍的选择性溶解及镍的氧化物的形成（0～20h）；②镍的氧化物膜的局部溶解及铜氧化物的形成（20～86h）；③钝化膜逐渐溶解，下一层 Ni-Cu 固溶体层开始生成钝化膜（86～120h）。图 6.23（c）的相位图在高频区仅有一个峰，说明表面钝化膜能有效地阻碍腐蚀的进一步发生[13]。为了确定钝化膜的组成成分，分别取浸泡时间为 20h 和 86h，对表面腐蚀产物 XPS 谱的镍峰、铜峰和氧峰展开分析，其相对含量如表 6.8 所示。

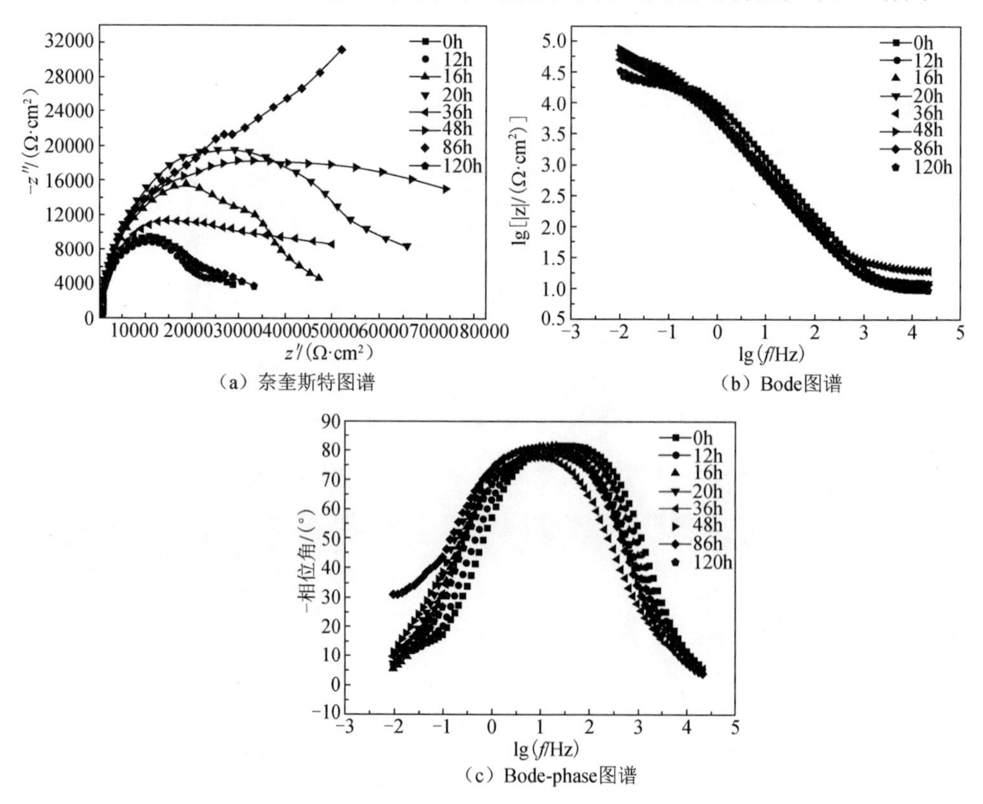

图 6.23　Ni-20%Cu 层在 3.5% NaCl 溶液中浸泡不同时间的阻抗谱

表 6.7　Ni-20%Cu 层在 3.5% NaCl 溶液中浸泡不同时间的拟合结果

浸泡时间 /h	R_s /（$\Omega\cdot cm^2$）	Q		R_{p1} /（$k\Omega\cdot cm^2$）	C_{dl} /（F/cm^2）	R_{p2} /（$k\Omega\cdot cm^2$）
		Y_Q/（F/cm^2）	n			
0	6.642	2.541×10^{-7}	0.9333	13.6	1.057×10^{-3}	4.98
12	5.6	7.941×10^{-5}	0.8753	4.878	5.424×10^{-3}	0.02145
16	6.311	4.08×10^{-5}	0.9012	21.72	4.931×10^{-4}	5.660

续表

浸泡时间/h	R_s /（$\Omega\cdot cm^2$）	Q		R_{p1} /（$k\Omega\cdot cm^2$）	C_{dl} /（F/cm^2）	R_{p2} /（$k\Omega\cdot cm^2$）
		Y_Q/（F/cm^2）	n			
20	8.209	4.423×10^{-7}	0.9236	26.98	2.769×10^{-4}	9.821
36	13.48	5.591×10^{-5}	0.8875	19.8	9.512×10^{-4}	0.804
48	7.318	5.862×10^{-5}	0.8942	27.26	3.287×10^{-4}	1.413
86	7.973	5.508×10^{-5}	0.9325	24.35	4.558×10^{-4}	3.946
120	6.292	5.874×10^{-5}	0.8	14.71	1.376×10^{-3}	1.197

表 6.8　Ni-20%Cu 层浸泡 20h 和 86h 表面腐蚀产物的相对含量

价态	浸泡时间/h	化合物	结合能/eV	强度计数/个	质量分数/%
Ni 2p3/2	20h	Ni	852.4	8600	17.63
		NiO	853.9	9400	67.68
		$Ni(OH)_2$	855.8	8900	14.69
	86h	Ni	852.4	8100	12.94
		NiO	854.5	11000	55.72
		$Ni(OH)_2$	856.0	10000	31.34
Cu 2p3/2	20h	Cu/Cu_2O	932.2	10690	66.36
		CuO	933.9	9901	33.64
	86h	Cu/Cu_2O	932.1	10200	25.96
		CuO	932.7	10150	58.68
		$Cu(OH)_2$	935.4	10000	15.36
O 1s	20h	NiO、CuO	529.4	2800	11.89
		Cu_2O	531.8	3200	20.2
		$Ni(OH)_2$、$Cu(OH)_2$	532.2	4800	67.91
	86h	NiO、CuO	529.3	3100	10.65
		Cu_2O	531.8	6800	46.85
		$Ni(OH)_2$、$Cu(OH)_2$	532.4	3600	42.50

图 6.24 表示结合能在 850～860eV 的 Ni 2p3/2 峰。浸泡 20h 时，位于 852.4eV、853.9eV、855.8eV 的峰分别表示单质 Ni、NiO 和 $Ni(OH)_2$，其相对含量分别为 17.63%、67.68%和 14.69%。这说明浸泡 20h 后表面钝化膜主要含量为 NiO 和 $Ni(OH)_2$，$Ni(OH)_2$ 还有可能是 Ni^{2+} 水解产生的[34]。当浸泡时间延长到 86h 时，Ni、NiO 和 $Ni(OH)_2$ 三个峰分别位于 852.4eV、854.5eV 和 856.0eV，其相对含量分别为 12.94%、55.72%和 31.34%。随着浸泡时间的延长，单质 Ni 的含量并没有明显降低，说明镍的氧化受到抑制，在第二阶段铜的氧化物开始形成，镍固溶到铜的氧化物中，从而增加钝化膜的致密性，钝化膜保护作用明显提高。图 6.25 表示结合能在 930～940eV 的 Cu 2p3/2 峰。浸泡时间为 20h 时，Cu 2p3/2 光谱有两个峰，分别位于 932.2eV 和 933.9eV，表示 Cu/Cu_2O 和 CuO，没有明显的 $Cu(OH)_2$[5, 10, 34]。

Cu 和 Cu_2O 的峰难以区别，主要原因是它们之间的结合能相近[5, 10, 34]。这说明在第一阶段，钝化膜的主要含量为 NiO 和 $Ni(OH)_2$。随着浸泡时间的延长，Cu 2p3/2 光谱有三个峰，分别位于 932.1eV、932.7eV 和 935.4eV，表示 Cu/Cu_2O、CuO 和 $Cu(OH)_2$，其相对含量分别为 25.96%、58.68%和 15.36%。由此可知，铜的氧化物含量明显增加，进一步证明了第二阶段铜的氧化物的生成。图 6.26 表示 O 1s 光谱，浸泡 20h 后，O 1s 光谱出现三个峰，分别位于 529.4eV、531.8eV 和 532.2eV，对应 CuO 和 NiO、Cu_2O、$Cu(OH)_2$ 和 $Ni(OH)_2$[34]。由表 6.8 可知，浸泡 20h 后表面钝化膜的主要成分为 $Cu(OH)_2$ 和 $Ni(OH)_2$，主要成分为 $Ni(OH)_2$（第一阶段）。当浸泡 86h 后，O 1s 光谱的三个峰位于 529.3eV、531.8eV 和 532.4eV，对应的化合物为 CuO 和 NiO、Cu_2O、$Cu(OH)_2$ 和 $Ni(OH)_2$[34]。$Cu(OH)_2$ 和 $Ni(OH)_2$ 的相对含量降低，而 Cu_2O 的含量成倍增加，表明在第二阶段，$Ni(OH)_2$ 逐渐溶解而形成铜的氧化物，从而抑制镍的进一步溶解。

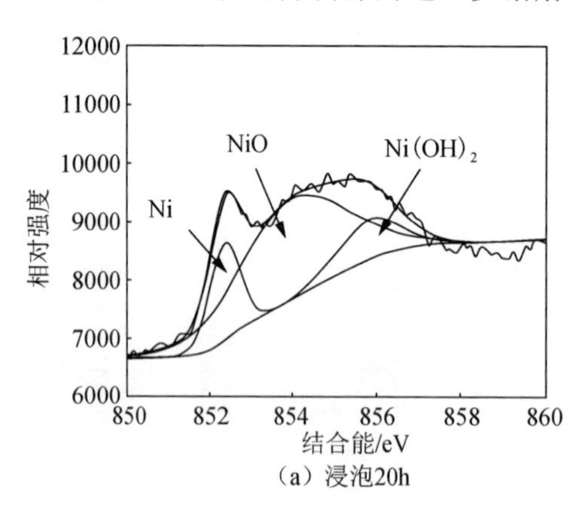

（a）浸泡20h

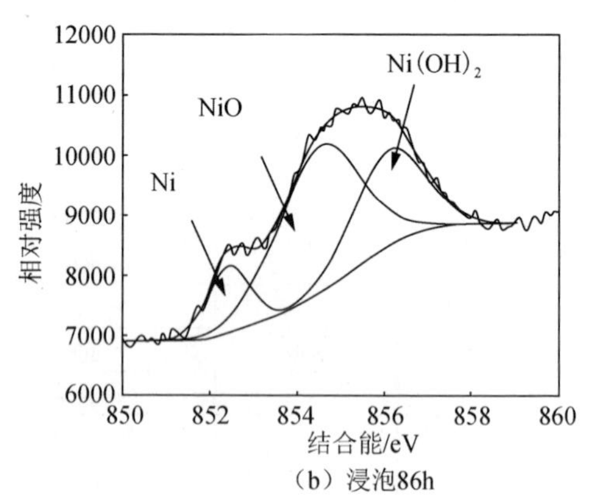

（b）浸泡86h

图 6.24　Ni-20%Cu 在 3.5% NaCl 溶液中浸泡不同时间表面腐蚀产物的 XPS 图谱的 Ni 2p3/2 光谱

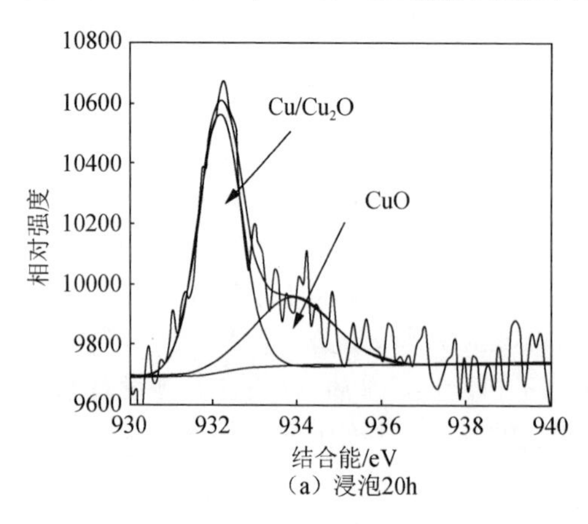

（a）浸泡20h

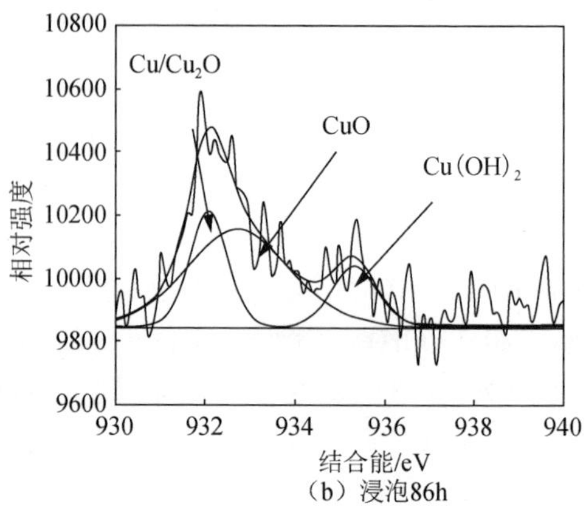

（b）浸泡86h

图 6.25　Ni-20%Cu 在 3.5% NaCl 溶液中浸泡不同时间表面腐蚀产物的 XPS 图谱的 Cu 2p3/2 光谱

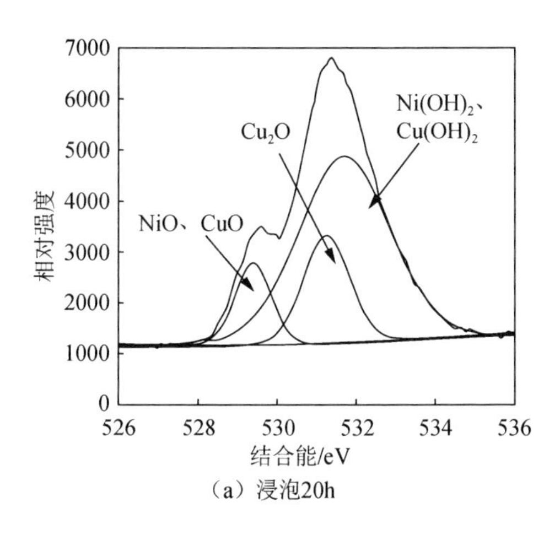

（a）浸泡20h

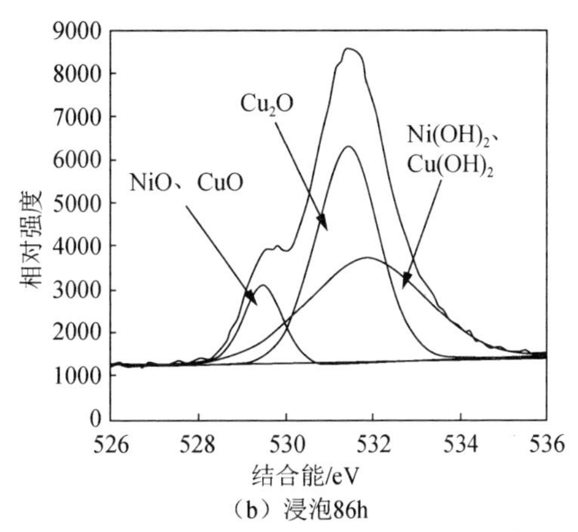

（b）浸泡86h

图 6.26　Ni-20%Cu 在 3.5% NaCl 溶液中浸泡不同时间表面腐蚀产物的 XPS 图谱的 O 1s 光谱

在第一阶段，Ni-20%Cu 层的镍的腐蚀电位要低于铜，因此表面通过镍的选择性溶解形成镍离子[42]。溶液中的 H_2O 分子吸附在镍离子上发生水解反应，从而生成 NiO 和 $Ni(OH)_2$，这些腐蚀产物在表面堆积覆盖，阻碍腐蚀溶液到达表面，从而抑制镍的溶解，提高耐腐蚀性能，如图 6.23 和表 6.7 所示。在第二阶段，随着 Cl^- 的持续攻击，镍的氧化物膜受到破坏，导致腐蚀性能下降（20～36h）。但是，铜原子在该阶段同时被氧化为 CuO 或 Cu_2O，镍固溶到 Cu_2O 空隙中，提高了钝化膜致密性。这表明在第二阶段的后期（36～86h），耐腐蚀性能的提高主要是由于镍氧化物和铜氧化物的共同作用。随着浸泡时间的延长，当 Cl^- 不断攻击时，钝化膜逐渐瓦解，腐蚀溶液接触梯度 Ni-Cu 固溶体层的下一层，从而腐蚀性能降低。而关于梯度 Ni-Cu 固溶体层对于整体耐腐蚀性能的提高将在后面继续讨论。

Ni-3%Cu 层浸泡不同时间的阻抗谱如图 6.27（a）所示，钝化膜的形成过程主要分为两个部分：钝化膜的生长阶段（0～20h）和钝化膜的逐渐溶解（20～120h）。在第一阶段，由于表层铜含量相对镍含量较低，镍选择性溶解的驱动力下降，形成 $Ni(OH)_2$ 氧化物。随着浸泡时间延长到 20h，阻抗谱弧半径逐渐增加，表明耐腐蚀性能增加，钝化膜逐渐生长。当浸泡时间超过 20h 后，在 Cl^- 不断攻击下，表面镍氧化物膜逐渐溶解形成点蚀坑，从而降低耐腐蚀性能[37]。图 6.27（b）表示 Ni-40%Cu 层浸泡不同时间的阻抗谱。由于表面镍和铜含量相当，镍选择性溶解的驱动力较大，因此在开始阶段镍快速选择性溶解，使表面形成富铜表面（0～12h）。浸泡时间延长到 20h 后，阻抗谱弧半径增加，表明耐腐蚀性能增加，这主要是因为形成了双层钝化膜：外层为 CuO、$Cu(OH)_2$、$Cu_2(OH)_3Cl$ 等铜的氧化物，内层为固溶镍的 Cu_2O[34]。随着浸泡时间的进一步延长，Cl^- 不断攻击表面，钝化膜逐渐溶解，耐腐蚀性能逐渐降低。Ni-Al-Cu 层浸泡不同时间的阻抗谱如图 6.27（c）所示。浸泡时间为 0～12h 时，耐腐蚀性能逐渐增加，这主要是由于包括铜的氧化物、镍的氧化物和铝的氧化物形成堆积，从而对表面起保护作用。随着浸泡时间的延长，Cl^-逐渐破坏钝化膜，从而降低耐腐蚀性能[33]。

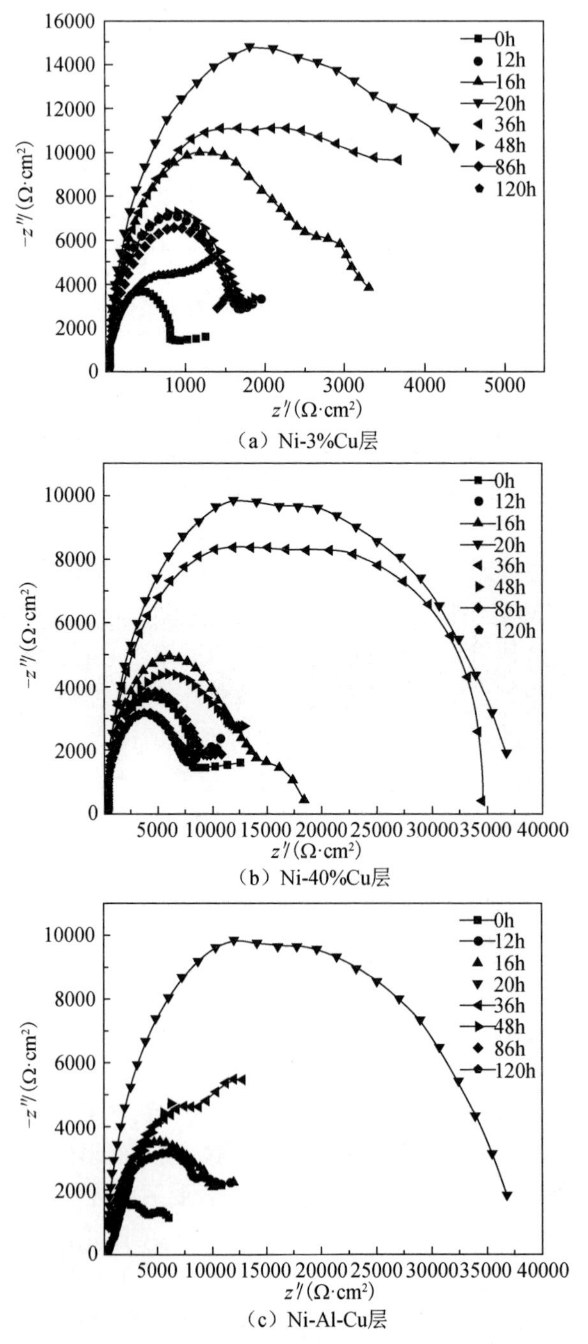

（a）Ni-3%Cu层

（b）Ni-40%Cu层

（c）Ni-Al-Cu层

图 6.27　不同 Ni-Cu 固溶体层和 Ni-Al-Cu 层在 3.5% NaCl 溶液中浸泡不同时间的阻抗谱

为分析镍和铜元素梯度变化对 Ni-Cu 固溶体层耐腐蚀性能的影响，镍铝青铜合金基体和 Ni-3%Cu 层在 3.5% NaCl 溶液中浸泡 120h 后的截面形貌如图 6.28 所示。图 6.28（a）中镍铝青铜合金基体的腐蚀产物厚度约为 10μm，明显高于 Ni-Cu 固溶体层的腐蚀深度，表明 Ni-Cu 固溶体层耐腐蚀性能提高。Ni-Cu 固溶体层的截面处出现很多点蚀坑，这主要是因为在 Cl^- 的攻击下，部分镍原子局部溶解氧化形成微孔，这些微孔逐渐生长形成点蚀坑[37, 39]。随着表面镍含量的增加，表面微孔的形成增加，与纯镍涂层表面形成的点蚀坑一致。这也解释了图 6.22 中不同 Ni-Cu 固溶体层表面点蚀坑的形成。随着浸泡时间的延长，Cl^- 不断攻击 Ni-Cu 固溶体层表面钝化膜，使表面钝化膜被逐渐破坏，从而腐蚀向纵向发展。一般来说，外层钝化膜与内层裸露基体之间的电偶腐蚀能促进点蚀坑的生长，从而加速腐蚀进程。但图 6.28（b）显示点蚀坑的纵向生长明显受到抑制，可能是因为纵向元素梯度变化导致外层钝化膜与点蚀坑内裸露基体之间的电偶腐蚀受到抑制。

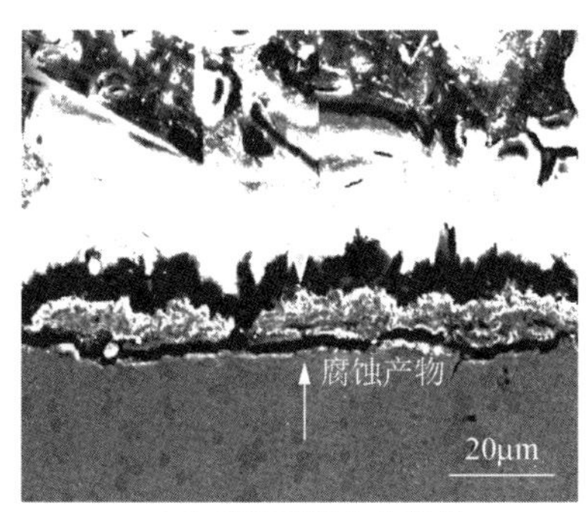

（a）镍铝青铜合金基体

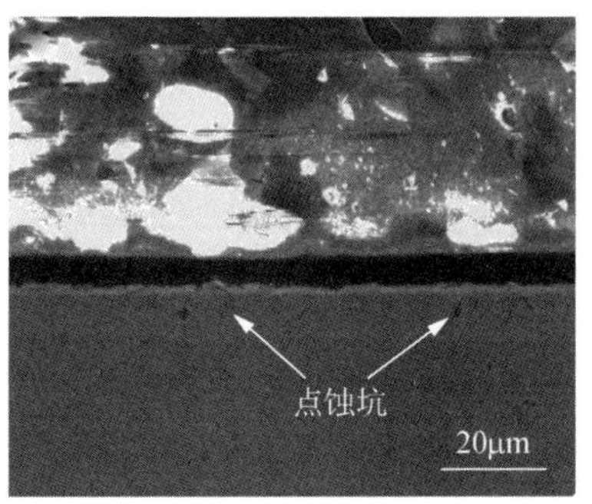

（b）Ni-30%Cu层

图 6.28 镍铝青铜合金基体和 Ni-3%Cu 层在 3.5% NaCl 溶液中浸泡 120h 后的截面形貌

为了表征 Ni-Cu 固溶体层的耐腐蚀性能，将镍铝青铜合金表面改性后的截面试样浸泡在 3.5% NaCl 溶液中进行 SVET 原位观察，如图 6.29（彩图见书末）所示。图 6.29（a）表明镍铝青铜合金基体的电流密度最高，Ni-Al-Cu 层其次，Ni-Cu 固溶体层最低，耐腐蚀性能逐渐增加。我们讨论的重点在于 Ni-Cu 固溶体层的耐腐蚀性能，Ni-Cu 固溶体层在浸泡 0.5h 和 1h 后的电流密度图谱如图 6.29（b）和（c）所示，对应的拟合电流密度曲线如图 6.29（d）所示。由图 6.29（b）和（c）可知，Ni-Cu 固溶体层的电流密度基本保持一致，浸泡 0.5h 时的电流密度约为 $-130\mu A/cm^2$，随着浸泡时间延迟到 1h，腐蚀电流密度降低到 $-280\mu A/cm^2$，表明镍在第一阶段选择性溶解及其氧化物形成，如前面所述一致。电流密度 i 与溶液电导率和电动势的关系如下所示[43, 44]：

$$i=-\Delta\phi\frac{k}{d} \tag{6-17}$$

式中，$\Delta\phi$ 为探针与试样电动势差，由离子流产生[45]；k 为溶液电导率；d 为振动幅度，即探针与试样表面的距离。

电流密度 i 与电势差 $\Delta\phi$ 成正比关系，即 Ni-Cu 固溶体层表面腐蚀产物的电势基本一致，与元素镍和铜的含量无关。这也说明了点蚀坑里梯度涂层形成的腐蚀产物对电偶腐蚀的作用可以忽略不计。因此，Ni-Cu 固溶体层表面形成点蚀坑时，电偶腐蚀也同时发生，但其驱动力来自外层钝化膜与裸露的 Ni-Cu 固溶体层的电势差。

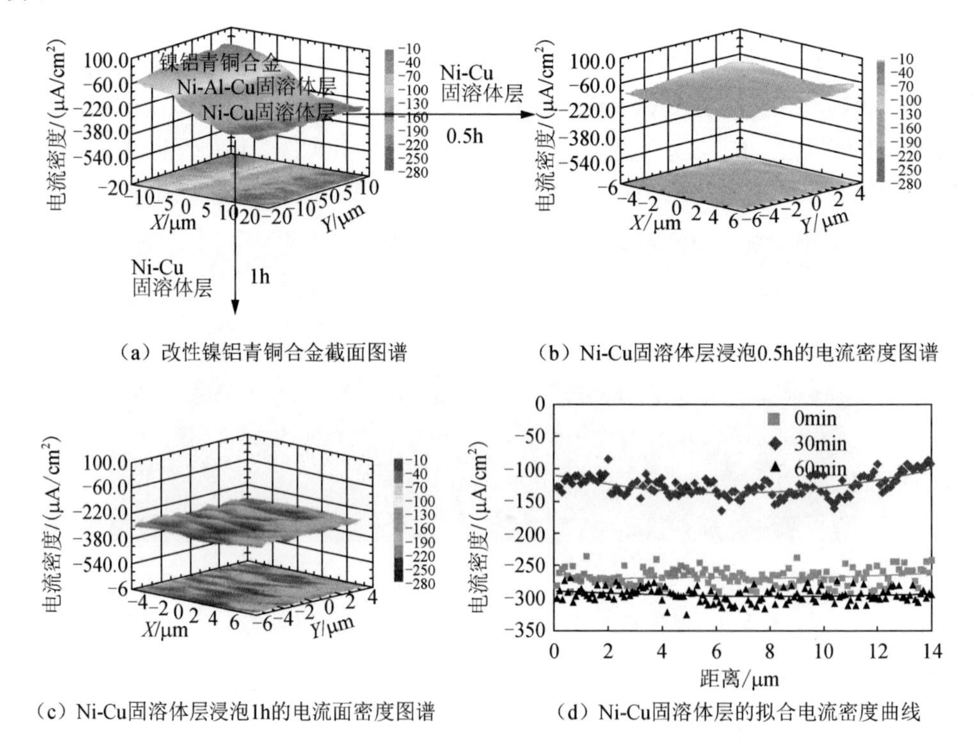

（a）改性镍铝青铜合金截面图谱

（b）Ni-Cu固溶体层浸泡0.5h的电流密度图谱

（c）Ni-Cu固溶体层浸泡1h的电流面密度图谱

（d）Ni-Cu固溶体层的拟合电流密度曲线

图 6.29　改性镍铝青铜合金截面在 3.5%NaCl 溶液中的 SVET 电流密度图谱

众所周知，电偶腐蚀的驱动力主要来自界面处的电势差，而局部元素分布是其重要原因[46]。Ni-Cu 固溶体层的电势分布由开尔文探针扫描可以得到，如图 6.30 所示。如图 6.30（a）所示，镍铝青铜合金基体有明显的κ相，Ni-Al-Cu 层在中间，其次是 Ni-Cu 固溶体层。对于镍铝青铜合金基体，明亮区域表示更高的电势，颜色越暗表明电势越低，即在α相和κ相之间有明显电势差ΔE，如图 6.30（b）中曲线 2 所示，这也解释了镍铝青铜合金基体发生选相腐蚀的原因[8]。而 Ni-Cu 固溶体层的电势呈梯度分布，表明 Ni-Cu 固溶体层没有发生选相腐蚀的驱动力，与前面所述符合，发生局部均匀腐蚀。为方便分析，本节假定钝化膜层能完全隔绝腐蚀介质，将腐蚀电位设为 0。因此，在点蚀过程中，Ni-Cu 固溶体层和单一成分

Ni-Cu 固溶体层的电势差即电偶腐蚀驱动力，如图 6.31 所示。单一成分 Ni-Cu 固溶体层在点蚀过程中，外层钝化膜与裸露的 Ni-Cu 固溶体层的电势差为 S_1+S_2，明显大于 Ni-Cu 固溶体层的电势差 S_1。这表明 Ni-Cu 固溶体层电偶腐蚀驱动力明显低于单一成分 Ni-Cu 固溶体层，即点蚀坑的纵向生长受到抑制。

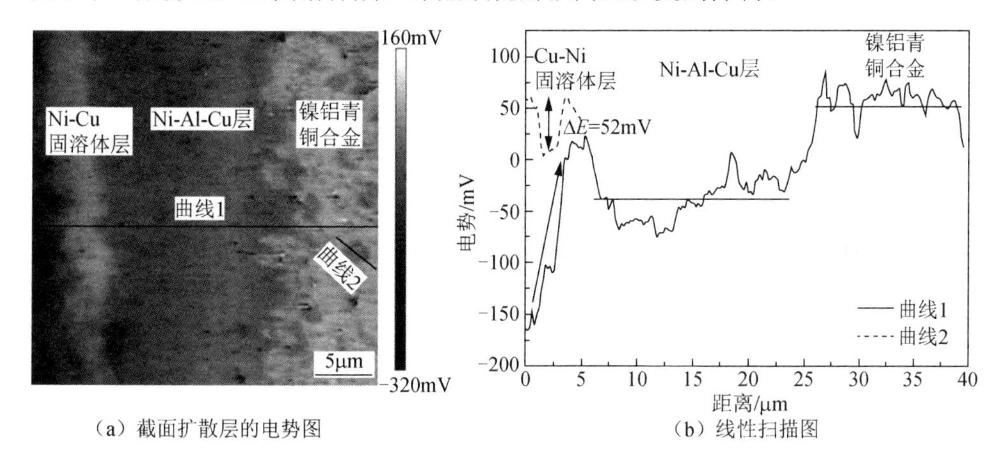

（a）截面扩散层的电势图　　（b）线性扫描图

图 6.30　截面扩散层的电势图和线性扫描图

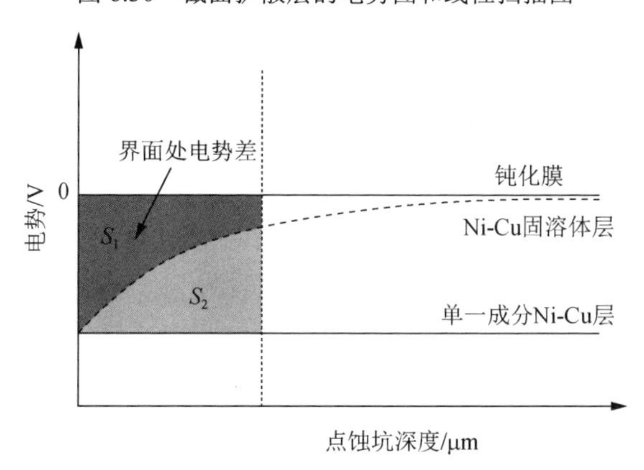

图 6.31　Ni-Cu 固溶体层和单一成分 Ni-Cu 层发生点蚀后界面处电势差

为进一步分析 Ni-Cu 固溶体层的腐蚀机制，Ni-Cu 固溶体层和单一成分 Ni-Cu 层腐蚀过程的示意图如图 6.32 所示。由前面的讨论可知，Ni-Cu 固溶体层的腐蚀过程为局部的均匀腐蚀和点蚀。Ni-Cu 固溶体层提高耐腐蚀性能的优势在于其表面元素成分的梯度变化能有效抑制点蚀坑的生长，从而促进均匀腐蚀，提高整体的耐腐蚀性能。由图 6.32（a）～（c）可知，Cl^-优先攻击 Ni-Cu 固溶体层表面钝化膜缺陷，形成点蚀坑。钝化膜与点蚀坑裸露出的 Ni-Cu 固溶体层发生电偶腐蚀，促进镍的选择性溶解，导致点蚀坑纵向生长。当点蚀坑穿透表层进入下一层均匀 Ni-Cu 固溶体层后，界面处的电势差增加，从而促进电偶腐蚀和点蚀坑的生长。

对于 Ni-Cu 固溶体层而言［图 6.32（d）～（f）］，外层钝化膜和点蚀坑裸露的 Ni-Cu 固溶体层的电势差沿着纵向逐渐降低，即电偶腐蚀驱动力降低。因此，当表面形成点蚀坑以后，点蚀坑的生长受到抑制，从而促进均匀腐蚀，提高整体耐腐蚀性能。

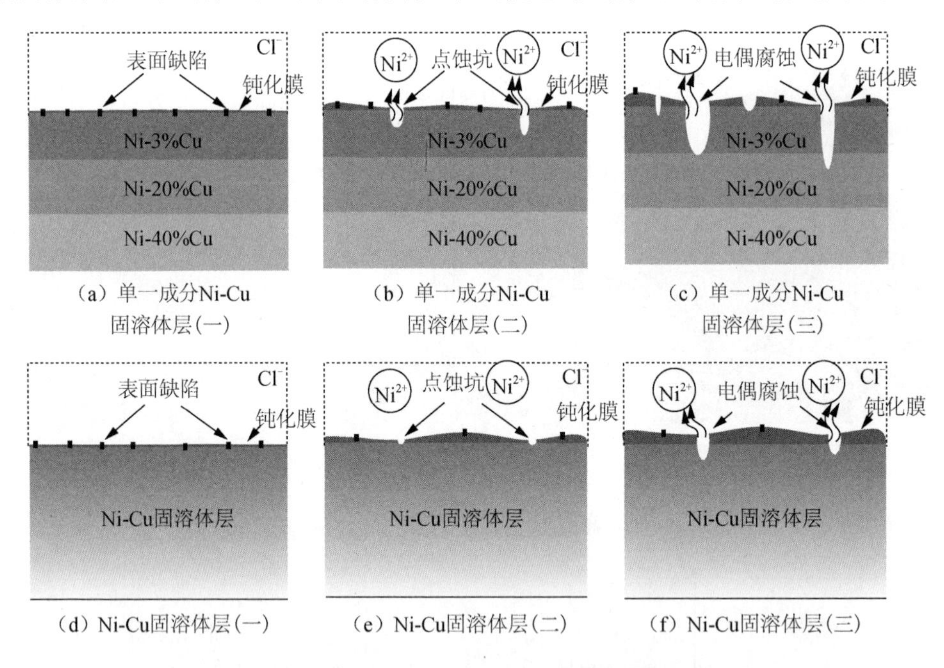

图 6.32　Ni-Cu 固溶体层和单一成分 Ni-Cu 固溶体层腐蚀过程的示意图

6.4　机械喷丸对镍铝青铜合金表面耐腐蚀性能的影响

镍铝青铜合金是一种复杂的多相合金，具有优异的力学性能和耐腐蚀性能，其制造加工成本低廉，广泛应用于海洋工程，尤其是螺旋桨的制造生产。但螺旋桨工作环境恶劣，表面易发生静态腐蚀和空蚀，形成微裂纹，进而发生严重的应力腐蚀和疲劳腐蚀破坏[47]。喷丸是一种工业领域常用的表面强化手段，喷丸处理过程中大量高能、硬质弹丸持续冲击材料表面，使表面发生剧烈的不均匀塑性变形，形成一定的残余压应力场，使组织得到细化，表面硬度提高，从而起到表面强化的作用。喷丸操作简便，适用范围广，具有很好的工程应用价值[48-50]。

喷丸处理所造成的材料表面性质的改变会对材料抗静态腐蚀、空蚀和应力腐蚀等产生影响，Azar 等[51]研究了喷丸对 316L 不锈钢疲劳腐蚀和静态腐蚀的影响，结果表明喷丸处理可以提高抗疲劳腐蚀和静态腐蚀的能力。杨福宝等[52]研究了表面喷丸处理对 SSM319s 铝合金耐盐雾腐蚀性能的影响，结果发现表面喷丸处理能够明显降低 SSM319s 铝合金在盐雾气氛中的平均腐蚀失重，经过表面喷丸处理的试样平均腐蚀失重量减小 50%以上。喷丸处理能强烈抑制点蚀坑缺陷的发生和扩展，其原因是喷丸表面形变效应对试样表层疏松、刮痕缺陷的弥合作用及残余压应力对抗腐蚀性能的有益影响。同样，在殷艳君等[53]的研究中也有相似的结论。这说明喷丸处理会对材料的腐蚀行为产生一定的影响，但是基于材料本身性质的不同，不同材料的腐蚀行为对喷丸处理的响应也有一定的差异，因此有必要针对具体的材料做具体的研究。本节系统地研究了喷丸强化对镍铝青铜合金腐蚀行为的影响，从而为镍铝青铜合金的表面防护提供了一定的理论依据。

镍铝青铜合金的喷丸处理采用气动式喷丸机，喷嘴直径为 15mm，喷嘴与材料表面相距 100mm，弹丸冲击方向与材料表面垂直，介质采用 B40 陶瓷弹丸，弹丸平均直径为 0.35mm，显微硬度为 700HV。喷丸工艺的喷丸强度（A 型 Almen 标准试片的弧高）分别为 0.15mmA、0.20mmA 和 0.25mmA，表面覆盖率均为 200%。为了保证被喷丸表面的残余应力分布均匀，表面覆盖率一般要求在 100%以上，200%表示喷丸时间为达到 100%覆盖率的时间的两倍。

6.4.1　镍铝青铜合金喷丸表面显微形貌观察

图 6.33 为喷丸前和三种喷丸强度下的表面形貌，直接反映了真实的表面轮廓，可以看出未喷丸试样表面比较平整，只存在一些机械的磨痕。而喷丸后，材料表面呈现出起伏的山脉状样貌，并且随着喷丸强度的增大，表面各处的亮暗对比度加大，起伏越发明显，凹坑更深，突起的部分更加尖锐。这说明由于弹丸冲击，使材料表面整体粗糙度增加[54]。

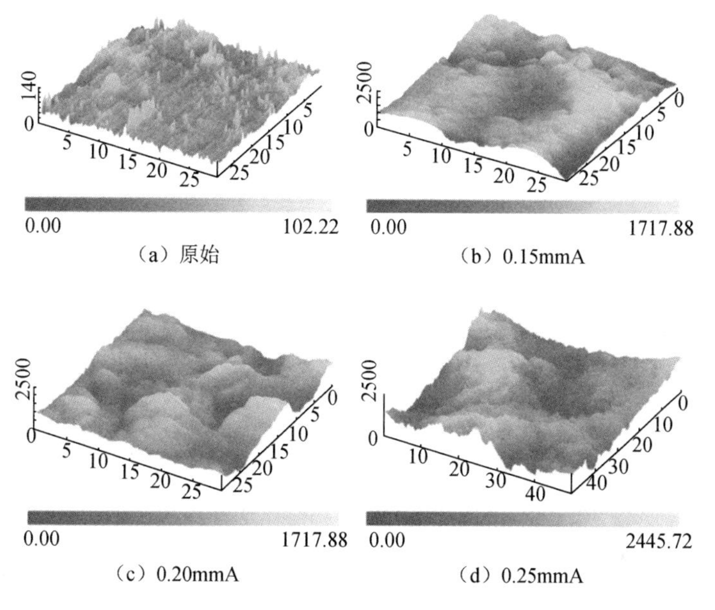

（a）原始　（b）0.15mmA

（c）0.20mmA　（d）0.25mmA

图 6.33　三维原子力表面形貌（单位：nm）

将喷丸前后试样表面粗糙度列于表 6.9 中，其中 Ra 为算术平均粗糙度，Rq 为均方根粗糙度，Rz 为最大极限粗糙度。由表 6.9 可知，喷丸后，材料表面粗糙度显著增大，且随着喷丸强度增大而增大。喷丸强度从 0.15mmA 提高到 0.20mmA 时，粗糙度增加幅度不大；但当喷丸强度从 0.20mmA 增大到 0.25mmA 时，粗糙度增加约两倍。

表 6.9 未喷丸试样和三种喷丸强度下的表面粗糙度

喷丸强度/mmA	Ra/nm	Rq/nm	Rz/nm
原始	9	12	142
0.15	177	222	1510
0.20	218	273	1836
0.25	348	421	2522

镍铝青铜合金沿喷丸方向的截面金相组织照片如图 6.34（a）～（c）所示。喷丸后材料的显微组织相组成与原始试样一致，但是表层能够观察到明显的塑性变形痕迹，并随着喷丸强度的增大，塑性变形程度增大。图 6.34（d）～（f）为截面 SEM 图像，可以清晰地看到在 0.15mmA 强度下，材料表面相对完整，只是存在一些起伏；在 0.20mmA 强度下，材料表面开始有一些显微裂纹，并且裂纹有剥离向上翘起的趋势；而在 0.25mmA 强度下，显微裂纹数目增多，大量材料被剥离表面。这种趋势与图 6.33 的结果相吻合[54]。

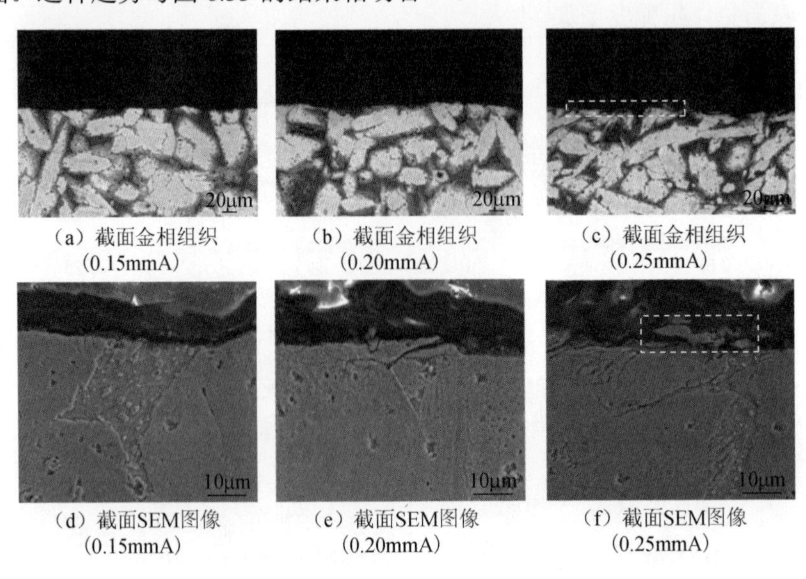

（a）截面金相组织（0.15mmA）　（b）截面金相组织（0.20mmA）　（c）截面金相组织（0.25mmA）

（d）截面SEM图像（0.15mmA）　（e）截面SEM图像（0.20mmA）　（f）截面SEM图像（0.25mmA）

图 6.34 镍铝青铜合金经过喷丸处理后的截面形貌

造成这种现象的物理过程可以用图 6.35 说明。当单个弹丸首次冲击材料表面时，由于撞击产生的作用力远大于材料的屈服极限，弹丸覆盖的区域发生塑性变形，且金属从弹丸覆盖区域的中心向边缘流动，如图中箭头所指，从而形成凹陷的波谷和隆起的波峰。当弹丸再次撞击材料表面时，有两种情况：一是撞击到波峰，波峰处的金属要向弹丸覆盖区域的边缘发生剪切变形，但由于在之前的撞击中已经发生加工硬化，容易裂开形成裂纹；第二种情况是撞击到波谷处，使之前弹坑处的金属进一步向波峰处流动，导致波峰金属锐化而变得更薄弱，在下一次撞击中更易产生裂纹。

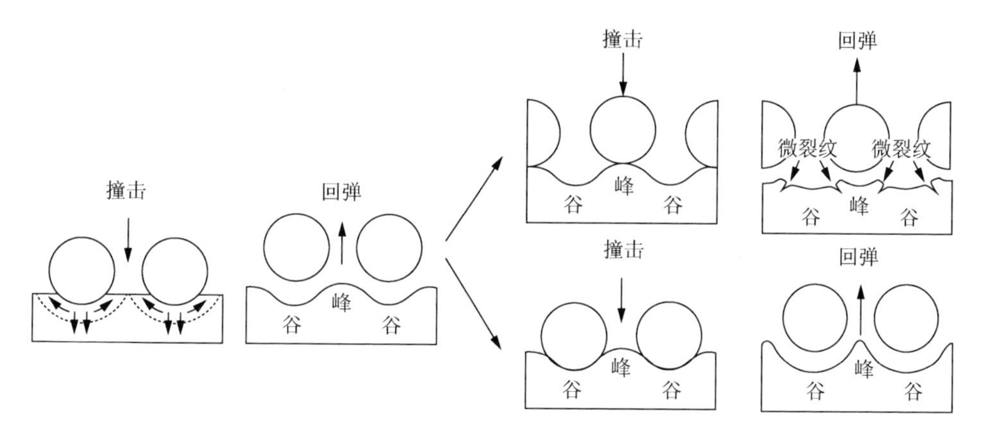

图 6.35　喷丸过程中材料表层微裂纹产生示意图

6.4.2　喷丸后镍铝青铜合金表面的残余压应力分布

喷丸在材料表面引入的残余压应力，是喷丸强化处理提高材料表面性能的关键因素。了解残余压应力场的深度、大小和形态等分布特征，有助于合理选择喷丸工艺参数，从而获得最佳的喷丸强化效果。结合 XRD 应力测定方法和电化学腐蚀剥层技术，得到了喷丸前后镍铝青铜合金表面的残余应力沿层深的分布趋势曲线，如图 6.36 所示。由图 6.36 可以看出，原始试样表层存在着一定的压应力，表面处有最大值 125MPa，其从表面向芯部逐渐减小，深约 100μm，这是由于机械抛光造成的影响[55]。喷丸后的材料表面压应力明显增大，表面最大残余应力值可达 450MPa，深度可达 250～350μm，且分布与喷丸前截然不同。但是在三种喷丸强度下，残余压应力场都呈现出相似的变化特征：随着深度的增加，残余压应力先增大至峰值，然后逐渐减小，当深度达到一定值时，应力状态变为拉应力[56, 57]。并且在同一层深处，随着喷丸强度的增大，残余压应力增大。

喷丸过程中剧烈的塑性变形会引起表面组织的强化，这种强化主要来源于位错密度的增大和亚晶尺寸的减小。喷丸后材料的亚晶细化和显微畸变可以引起 XRD 衍射峰的宽化，因此可以通过测定衍射峰的宽化程度来表征应变强化效果。图 6.37（a）和（b）分别为原始试样和三种喷丸强度下半高峰宽和亚晶尺寸沿层深的分布。由图 6.37 可以看出，喷丸过后，半高峰宽的大小在距离表面一定深度的范围内都明显增大，三种喷丸强度下都呈现出相似的变化规律：半高峰宽在材料表面具有最大值，然后随着深度的增加逐渐减小，最后稳定在基体的半高峰宽大小上下浮动；而亚晶尺寸呈现出相反的趋势，表明在越靠近表层处畸变越严重，晶粒越细化[54]。

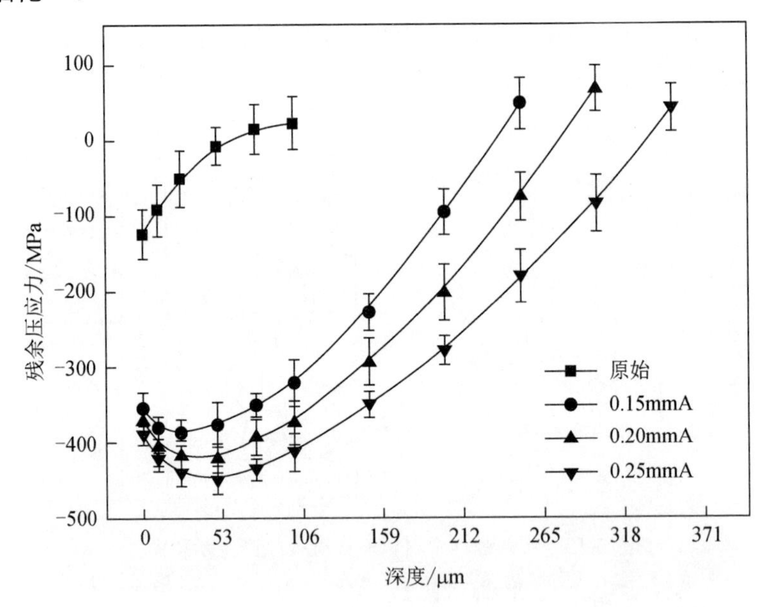

图 6.36　未喷丸试样和三种喷丸强度下表面残余压应力随层深的分布趋势曲线

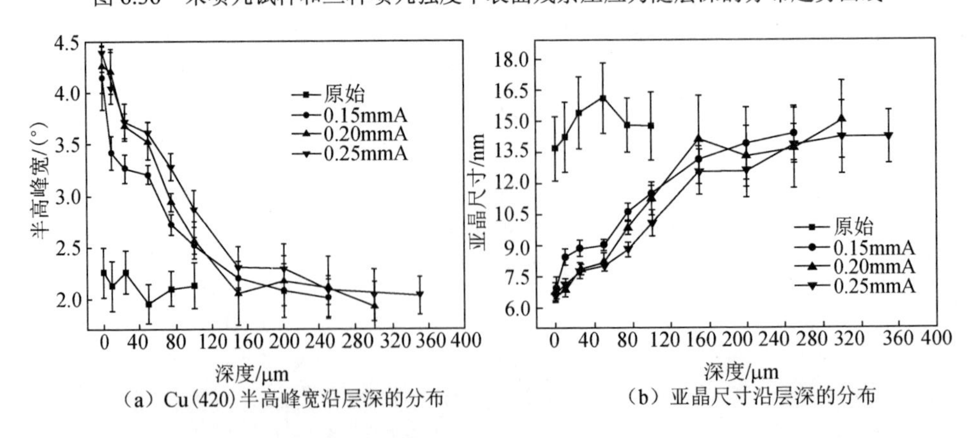

图 6.37　原始试样和三种不同喷丸强度下 Cu（420）半高峰宽和亚晶尺寸沿层深的分布

6.4.3　喷丸后镍铝青铜合金的显微硬度

未喷丸试样和三种喷丸强度下显微硬度随层深的分布如图 6.38 所示。原始试样由于经过了退火、打磨和抛光等过程，消除了线切割的影响，在没有经过喷丸强化的情况下，其表面和芯部的显微硬度基本相同；而在 0.15mmA、0.20mmA 和 0.25mmA 喷丸强度下，材料表面的显微硬度分别达到了 255HV、283HV 和 295HV，与喷丸前的平均值 170HV 相比，均提高了 50%以下。此外，在三种喷丸强度下，随着深度的加深，硬度值均逐渐减小；而喷丸强度越大，同一深度的硬度越高。以显微硬度减小至基体平均值的深度作为喷丸应变硬化层的深度，在 0.15mmA、0.20mmA 和 0.25mmA 喷丸强度下分别约为 200μm、250μm 和 300μm，比由半高峰宽所得数据大。这是由于显微硬度的数值除了受到表面应变硬化的影响外，还受到残余压应力的作用。残余压应力是在喷丸过程中由于不均匀变形所产生的。在显微硬度测试时，压头会受到表面发生应变硬化的材料的挤压，表面的残余压应力也会阻碍压头的下压，使得到的压痕变小，从而导致数值偏大。由此也可知，在其他条件相同的情况下，喷丸对试样表层显微硬度提高的作用随着喷丸强度的增大而加深。

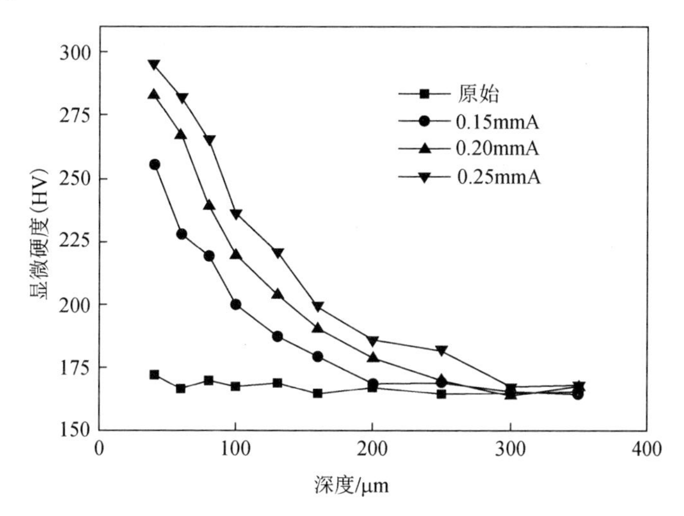

图 6.38　未喷丸试样和三种喷丸强度下显微硬度随层深的分布

同时，在喷丸过程中，弹丸长时间地反复锤击材料表面，使每一个镶嵌块都产生了一定的微观变形量。当变形量足够大时，就使材料表面的亚晶发生细化，从而优化材料的力学性能。当喷丸的能量足够大时，受喷材料表面的塑性变形会十分剧烈，从而获得表面细晶，因此高能喷丸也多用来制备表面纳米化层。镍铝青铜合金的主要组织α相和β相分别具有 fcc 和 bcc 结构，其晶粒的细化主要通过过程位错的运动来实现。镍铝青铜合金又是一种多相组织，各相变形能力不同，弹性系数不匹配，且具有大量的相界面，因此镍铝青铜合金增加了位错源的数量，从而促进了表层亚晶的细化。丰富的相界面对位错可以起到钉扎作用，从而提高材料表层的力学性能，即表现为显微硬度的显著提升。

6.4.4　镍铝青铜合金喷丸表面静态腐蚀行为

镍铝青铜合金可以广泛应用于海洋工程的原因是其在海水中有优良的耐腐蚀性能和耐生物污染性能。镍铝青铜合金的表面可以在腐蚀的海水环境中迅速钝化，生成的钝化膜可以阻挡海水对材料基体的腐蚀，因此镍铝青铜合金的抗腐蚀性能主要取决于钝化膜的性质。

图 6.39（a）为镍铝青铜合金原始试样和在三种喷丸强度下浸泡 15min 后的极化曲线，由图可知，喷丸后材料的自腐蚀电位负移，且随着喷丸强度的增大，负移的程度加大。0.15mmA 和 0.20mmA 喷丸强度的自腐蚀电位十分相近；但当喷丸强度提高到 0.25mmA 时，自腐蚀电位明显增大。自腐蚀电位负移，说明在腐蚀初期喷丸材料表面作为阳极，更容易发生阳极溶解反应。在图 6.39（b）的曲线中同样可以看出，初期（15min）喷丸材料表面的阻抗值比原始材料的阻抗值小，并且随着喷丸强度的增大而减小，这说明此时喷丸材料表面电荷转移速率高于原始试样，腐蚀速率大；然而随着腐蚀时间的增加，尤其是当腐蚀发生 2 天后［图 6.39（c)］，喷丸材料表面阻抗值已经超越原始材料表面阻抗值，说明喷丸试样表面电荷转移速率已经减慢，腐蚀速率已经低于了原始试样表面；当腐蚀发生 10 天后［图 6.39（d)］，喷丸材料表面的阻抗值远远超过原始材料的阻抗值，表现出优异的抗腐蚀性能，尤其以喷丸强度为 0.20mmA 的试样阻抗值最大，抗腐蚀性能最好。

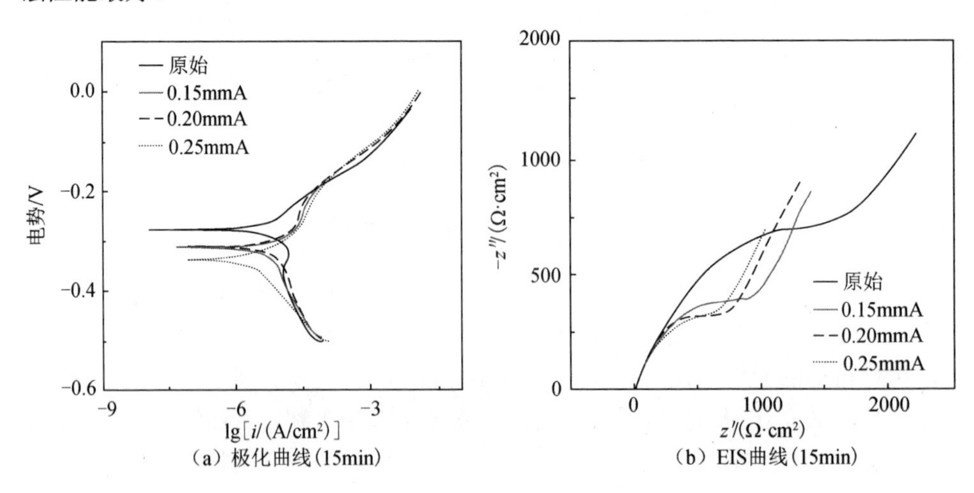

（a）极化曲线(15min)　　（b）EIS曲线(15min)

图 6.39　不同时间内原始试样和三种不同喷丸强度下的极化曲线和 EIS 曲线

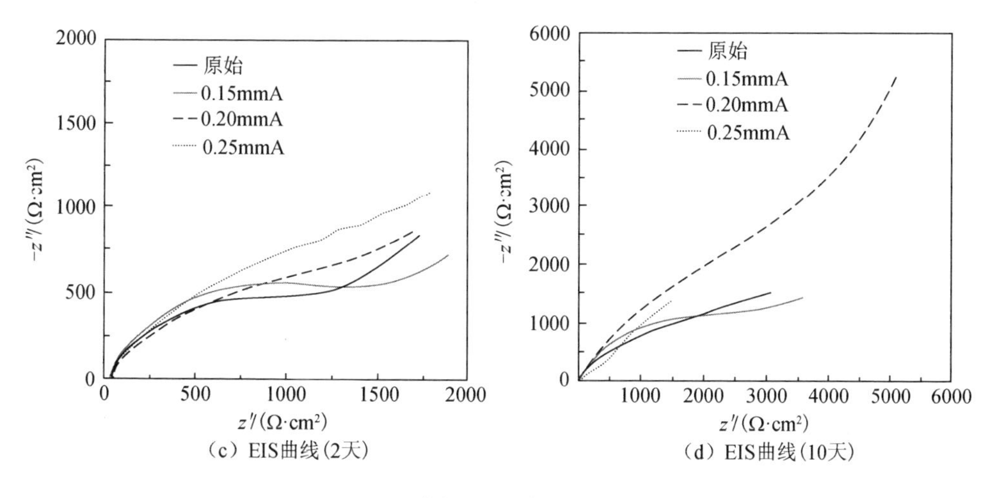

（c）EIS曲线(2天)　（d）EIS曲线(10天)

图 6.39（续）

为了进一步观察氧化膜的状态，将静态腐蚀 3 天后的试样进行显微观察，如图 6.40 所示。从图 6.40 中，我们可以明显看到腐蚀产物不均匀地分布在试样表面，其中圆圈内部为腐蚀产物所覆盖的地方，方框内部为裸露的新鲜试样。而在喷丸试样上，可以看到腐蚀相对均匀，试样表面整体被黑色腐蚀产物所覆盖，尤其以喷丸强度 0.20mmA 的试样颜色最深。

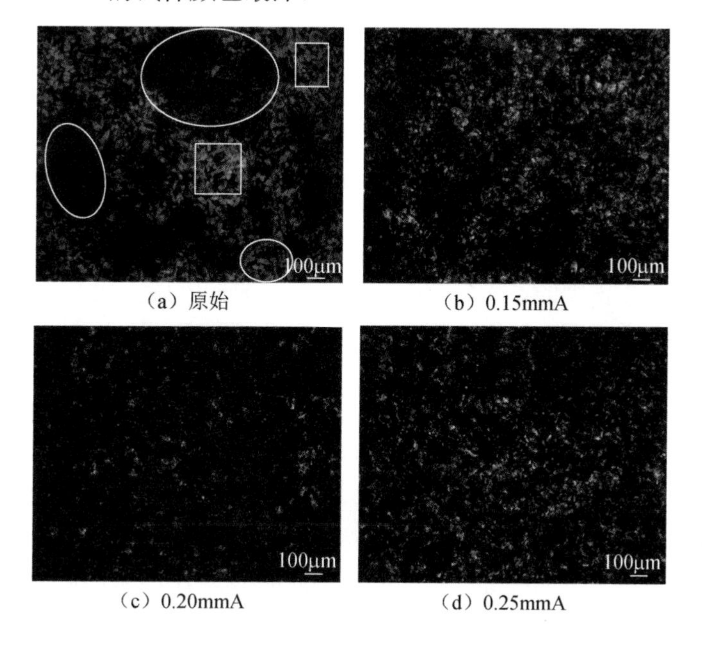

（a）原始　（b）0.15mmA

（c）0.20mmA　（d）0.25mmA

图 6.40　静态腐蚀 3 天后试样的表面形态

喷丸试样腐蚀速率先高于原始试样，后又远小于原始试样的原因主要是表面粗糙度、表面残余压应力及晶粒细化等共同作用。腐蚀初期，喷丸过后的表面发生塑性变形，表层位错密度增加，表面粗糙度的提升使得应力集中，整个表面总体上发生活化，吉布斯自由能升高，表现为腐蚀速率高于原始试样；材料发生腐蚀后，表面形成钝化膜，粗糙的表面有利于钝化膜的附着与生长，并且由于表层内部存在大量高能晶界，腐蚀反应逐渐由表层扩展到亚晶晶界处，在亚晶层的晶界处也生成相应的钝化层，形成更加致密的钝化层。当在喷丸试样表面均匀并且致密的钝化膜生长到一定厚度时，便会阻碍腐蚀反应的离子交换，从而降低了腐蚀反应的速率，提高了抗腐蚀性能[58]。除此之外，也有研究认为喷丸处理之后形成的残余压应力也会对钝化膜的稳定性产生一定的影响，这主要表现在残余压应力的存在可以减少钝化膜在拉应力作用下开裂[59]。

在三种喷丸强度中，尤其以喷丸强度为 0.20mmA 的抗腐蚀能力最强，这主要是因为喷丸强度过小时不能达到强化效果，喷丸强度过大时容易产生微裂纹，减弱强化效果，因此喷丸强度适中的 0.20mmA 为最佳喷丸强度。

6.4.5　镍铝青铜合金喷丸表面空蚀行为

螺旋桨在复杂的海洋工况下易发生多重腐蚀行为，除了静态腐蚀之外，空蚀是另外一种常见的失效形式。空蚀是由于螺旋桨在高速运转时，液体内部压力分布不均匀，从而导致气泡的形核、长大及溃灭，气泡的溃灭加上特殊的海水环境，造成螺旋桨的空蚀破坏。

关于空蚀的破坏机理，主要存在以下两种不同观点。

微射流机理：在液体中形成的气泡溃灭时气泡会发生形变，气泡的这种形变会随着压力梯度或因靠近边界而增大，这种增大会造成微型液体射流的产生，射流液体在气泡破灭前穿透气泡。如果气泡溃灭恰好发生在材料附近，那么微射流就会对材料造成冲击，导致材料发生部分变形，从而形成破坏性的蚀坑。

冲击波机理：压力的不均匀首先会造成气泡的形核与长大，当气泡长大到一定程度时就会发生溃灭，气泡溃灭时，在气泡中心会产生冲击波，这种冲击波会作用于气泡附近的材料，从而造成气泡的破裂。

当材料发生空蚀破坏后，会使材料表面的平整性遭到破坏，蚀坑附近容易引起应力集中，再加上周围腐蚀环境的影响，蚀坑区域会优先遭到破坏，最终造成材料的失效。为了减少空蚀对材料的破坏，除了设计与制造具有良好流体力学性能的部件以外，具有较好抗空蚀性能的材料也是必不可少的。实验表明，材料的抗空蚀能力与材料本身的硬度、抗静态腐蚀的能力、加工硬化能力和晶粒大小等密切相关。喷丸处理可以提高材料的硬度、细化晶粒和提高抗腐蚀能力等，因此其对材料的抗空蚀性能也有所作用。

空泡 12h 后，原始试样和喷丸试样的微观形貌如图 6.41 所示。由图 6.41 可以发现，喷丸试样空蚀后，表面粗糙度小，空蚀坑少且浅；未喷涂表面空蚀后表面粗糙度大，空蚀坑大且深；喷丸强度为 0.20mmA 试样抗空蚀性能最好，其次为 0.25mmA。这主要是因为喷丸强度为 0.25mmA 时，会在材料表面形成细小的微裂纹，从而减弱了抗空蚀能力。

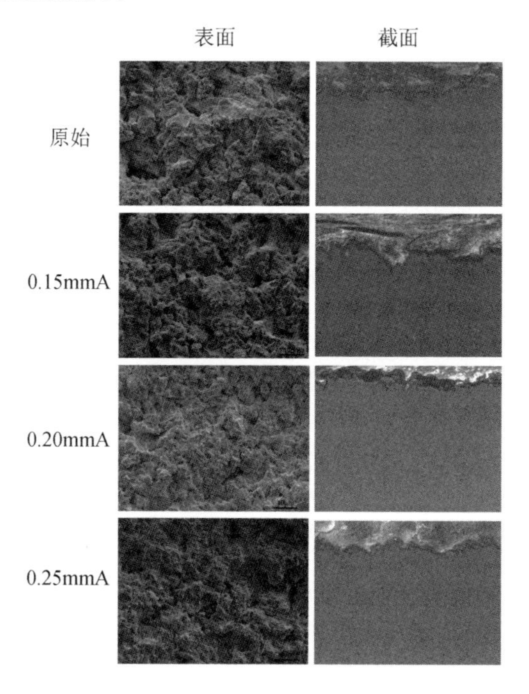

图 6.41　空泡 12h 后，原始试样和喷丸试样的微观形貌

参 考 文 献

[1] CHANG G, SON J, KIM S, et al. Electronic structures and nitride formation on ion-implanted AISI 304L austenitic stainless steel[J]. Surface and Coatings Technology, 1991, 1 (112): 291-294.

[2] FENG K, WANG Y, LI Z, et al. Characterization of carbon ion implantation induced graded microstructure and phase transformation in stainless steel[J]. Materials Characterization, 2015, 106: 11-19.

[3] ISMAIL K M, FATHI A M, BADAWY W A. The influence of Ni content on the stability of copper-nickel alloys in alkaline sulphate solutions[J]. Journal of Applied Electrochemistry, 2004, 8 (34): 823-831.

[4] YUAN S, PEHKONEN S. Surface characterization and corrosion behavior of 70/30 Cu-Ni alloy in pristine and sulfide-containing simulated seawater[J]. Corrosion Science, 2007, 3 (49): 1276-1304.

[5] XIAO Z, LI Z, ZHU A, et al. Surface characterization and corrosion behavior of a novel gold-imitation copper alloy with high tarnish resistance in salt spray environment[J]. Corrosion Science, 2013, 76: 42-51.

[6] SABBAGHZADEH B, PARVIZI R, DAVOODI A, et al. Corrosion evaluation of multi-pass welded nickel-aluminum bronze alloy in 3.5% sodium chloride solution: a restorative application of gas tungsten arc welding process[J]. Materials & Design, 2014, 58: 346-356.

[7] AMIN M A, KHALED K. Copper corrosion inhibition in O_2-saturated H_2SO_4 solutions[J]. Corrosion Science, 2010, 4 (52): 1194-1204.

[8] NAKHAIE D, DAVOODI A, IMANI A. The role of constituent phases on corrosion initiation of NiAl bronze in acidic media studied by SEM-EDS, AFM and SKPFM[J]. Corrosion Science, 2014, 80: 104-110.

[9] SONG Q N. Characterization of the corrosion product films formed on the as-cast and friction-stir processed Ni-Al bronze in a 3.5 wt% NaCl solution[J]. Corrosion-Houston Tx-, 2015, 5 (71): 606-614.

[10] YUAN S J, CHOONG A M F, PEHKONEN S O. The influence of the marine aerobic pseudomonas strain on the corrosion of 70/30 Cu-Ni alloy[J]. Corrosion Science, 2007, 12 (49): 4352-4385.

[11] PLATZMAN I, BRENER R, HAICK H, et al. Oxidation of polycrystalline copper thin films at ambient conditions[J]. The Journal of Physical Chemistry C, 2008, 4 (112): 1101-1108.

[12] NORTH R, PRYOR M. The influence of corrosion product structure on the corrosion rate of Cu-Ni alloys[J]. Corrosion Science, 1970, 5 (10): 297-311.

[13] BADAWY W A, ISMAIL K M, FATHI A M. Effect of Ni content on the corrosion behavior of Cu-Ni alloys in neutral chloride solutions[J]. Electrochimica Acta, 2005, 18 (50): 3603-3608.

[14] TROMANS D, SILVA J C. Anodic behavior of copper in iodide solutions comparison with chloride and effect of benzotriazole-type inhibitors[J]. Journal of The Electrochemical Society, 1996, 2 (143): 458-465.

[15] METIKOŠ-HUKOVIC M, BABIC R, ŠKUGOR R I, et al. Corrosion behavior of the filmed copper surface in saline water under static and jet impingement conditions[J]. Corrosion-Houston Tx-, 2012, 2 (68): 025002-1-025002-8.

[16] de SANCHEZ S R, BERLOUIS L E, SCHIFFRIN D J. Difference reflectance spectroscopy of anodic films on copper and copper base alloys[J]. Journal of Electroanalytical Chemistry and Interfacial Electrochemistry, 1991, 1 (307): 73-86.

[17] GAO Y, JIE J, ZHANG P, et al. Corrosion behavior of new tin-brass alloys with slightly different Zn content in salt spray environment[J]. Corrosion-Houston Tx-, 2015, 8 (71): 961-976.

[18] SCHÜSSLER A, EXNER H. The corrosion of nickel-aluminium bronzes in seawater: I. protective layer formation and the passivation mechanism[J]. Corrosion Science, 1993, 11 (34): 1793-1802.

[19] POPPLEWELL J, HART R, FORD J. The effect of iron on the corrosion characteristics of 90-10 cupro nickel in quiescent 3. 4% NaCl solution[J]. Corrosion Science, 1973, 4 (13): 295-309.

[20] WHARTON J A, BARIK R C, KEAR G, et al. The corrosion of nickel-aluminium bronze in seawater[J]. Corrosion Science, 2005, 12 (47): 3336-3367.

[21] AL-HASHEM A, CACERES P, RIAD W, et al. Cavitation corrosion behavior of cast nickel-aluminum bronze in seawater[J]. Corrosion, 1995, 5 (51): 331-342.

[22] CULPAN E, ROSE G. Microstructural characterization of cast nickel aluminium bronze[J]. Journal of Materials Science, 1978, 8 (13): 1647-1657.

[23] WU Z, CHENG Y F, LIU L, et al. Effect of heat treatment on microstructure evolution and erosion-corrosion behavior of a nickel-aluminum bronze alloy in chloride solution[J]. Corrosion Science, 2015, 98: 260-270.

[24] CHENG K, LIU D, ZHANG L, et al. Interdiffusion and atomic mobility studies in Ni-rich fcc Ni-Al-Mn alloys[J]. Journal of Alloys and Compounds, 2013, 579: 124-131.

[25] SHU B P, LIU L, DENG Y D, et al. An investigation of grain boundary diffusion and segregation of Ni in Cu in an electrodeposited Cu/Ni micro-multilayer system[J]. Materials Letters, 2012, (89): 223-225.

[26] YAMAMOTO Y, YOSHIDA K, KAJIHARA M. Kinetic features of diffusion induced recrystallization in the Cu(Ni) system at 873 K[J]. Materials Science and Engineering: A, 2002, 1-2 (333): 262-269.

[27] CHEN C Y, HWANG W S. Effect of annealing on the interfacial structure of aluminum-copper joints[J]. Materials Transactions, 2007, 48 (7): 1938-1947.

[28] BRUNELLI K, PERUZZO L, DABALA M. The effect of prolonged heat treatments on the microstructural evolution of Al/Ni intermetallic compounds in multi layered composites[J]. Materials Chemistry and Physics, 2015, (149-150): 350-358.

[29] WANG S, GUO X, YANG H, et al. Electrodeposition mechanism and characterization of Ni-Cu alloy coatings from a eutectic-based ionic liquid[J]. Applied Surface Science, 2014, 288: 530-536.

[30] CAMPISANO S U, COSTANZO E, SCACCIANOCE F. Growth kinetics of the θ-phase in Al-Cu thin-film bilayers[J]. Thin Solid Films, 1978, 1 (52): 97-101.

[31] JIANG S Y, LI S C. Valence electron structure calculation and interface reaction prediction of phases in Ni-Al system, rare[J]. Rome Metal Material and Engineering, 2011, 40: 1335-1360.

[32] ZHU X L, LEI T Q. Characteristics and formation of corrosion product films of 70Cu-30Ni alloy in seawater[J]. Corrosion Science, 2002 (44): 67-79.

[33] SAUD S N, HAMZAH E, ABUBAKAR T, et al. Correlation of microstructural and corrosion characteristics of quaternary shape memory alloys Cu-Al-Ni-X (X=Mn or Ti)[J]. Transactions of Nonferrous Metals Society of China, 2015, 4 (25): 1158-1170.

[34] YUAN S J, PEHKONEN S O. Surface characterization and corrosion behavior of 70/30 Cu-Ni alloy in pristine and sulfide-containing simulated seawater[J]. Corrosion Science, 2007, 3 (49): 1276-1304.

[35] SHERIF E-SM. Effects of exposure time on the anodic dissolution of Monel-400 in aerated stagnant sodium chloride solutions[J]. Journal of Solid State Electrochemistry, 2011, 3 (16): 891-899.

[36] WU H, WANG Y, ZHONG Q, et al. The semi-conductor property and corrosion resistance of passive film on electroplated Ni and Cu-Ni alloys[J]. Journal of Electroanalytical Chemistry, 2011, 2 (663): 59-66.

[37] SHERIF E M, ALMAJID A A BAIRAMOV A K, et al. A comparative study on the corrosion of monel-400 in aerated and deaerated arabian gulf water and 3.5% sodium chloride solutions[J]. International Journal of Electrochemical Science, 2012, 7 (4): 2796-2810.

[38] METIKOŠ-HUKOVIĆ M, BABIĆ R, ŠKUGOR I, et al. Copper-nickel alloys modified with thin surface films: corrosion behaviour in the presence of chloride ions[J]. Corrosion Science, 2011, 1 (53): 347-352.

[39] SHERIF E M, ALMAJID A A BAIRAMOV A K, et al. Corrosion of monel-400 in aerated stagnant arabian gulf seawater after different exposure intervals[J]. International Journal of Electrochemical Science, 2011, 6(11): 5430-5444.

[40] GOJIĆ M, VRSALOVIĆ L, KOŽUH S, et al. Electrochemical and microstructural study of Cu-Al-Ni shape memory alloy[J]. Journal of Alloys and Compounds, 2011, 41 (509): 9782-9790.

[41] GOUDA V K, KHEDR A A, FATHI A M. Pitting corrosion behavior of Monel-400 alloy in chloride solution[J]. Journal of Materials Science and Technology, 1999, (15): 208-212.

[42] GUO X, WANG S, GONG J, et al. Characterization of highly corrosion-resistant nanocrystalline Ni coating electrodeposited on Mg-Nd-Zn-Zr alloy from a eutectic-based ionic liquid[J]. Applied Surface Science, 2014, 313: 711-719.

[43] YAN M, GELLING V J, HINDERLITER B R, et al. SVET method for characterizing anti-corrosion performance of metal-rich coatings[J]. Corrosion Science, 2010, 8 (52): 2636-2642.

[44] COELHO L B, MOUANGA M, DRUART M E, et al. A SVET study of the inhibitive effects of benzotriazole and cerium chloride solely and combined on an aluminium/copper galvanic coupling model[J]. Corrosion Science, 2016, (110): 143-156.

[45] GNEDENKOV A S, SINEBRYUKHOV S L, MASHTALYAR D V, et al. Localized corrosion of the Mg alloys with inhibitor-containing coatings: SVET and SIET studies[J]. Corrosion Science, 2016, 102: 269-278.

[46] UMEDA J, NAKANISHI N, KONDOH K, et al. Surface potential analysis on initial galvanic corrosion of Ti/Mg-Al dissimilar material[J]. Materials Chemistry and Physics, 2016, 179: 5-9.

[47] LV Y T, WANG L Q, MAO J W, et al. Recent advances of nickel-aluminum bronze (NAB) [J]. Rare Metal Materials and Engineering, 2016, 3 (45): 815-820.

[48] WANG S P, LI Y J, YAO M, et al. Compressive residual stress introduced by shot peening[J]. Journal of Materials Processing Technology, 1998, 1-3 (73): 64-73.

[49] CHILD D J, WEST G D, THOMSON R C. Assessment of surface hardening effects from shot peening on a Ni-based alloy using electron backscatter diffraction techniques[J]. Acta Materialia, 2011, 12 (59): 4825-4834.

[50] WU X, TAO N, HONG Y, et al. Microstructure and evolution of mechanically-induced ultrafine grain in surface

layer of Al-alloy subjected to USSP[J]. Acta Materialia, 2002, 8 (50): 2075-2084.

[51] AZAR V, HASHEMI B, REZAEE YAZDI M. The effect of shot peening on fatigue and corrosion behavior of 316L stainless steel in Ringer's solution[J]. Surface and Coatings Technology, 2010, 21-22 (204): 3546-3551.

[52] 杨福宝，何优锋，李大全，等. 表面喷丸处理对 SSM319s 铝合金耐盐雾腐蚀性能的影响[J]. 稀有金属，2014，38（6）：941-947.

[53] 殷艳君，肖峰，任学冲. 表面喷丸处理对车轮辐板腐蚀行为的影响[J]. 腐蚀与防护，2015，36（1）：31-35.

[54] 熊谛，王立强，徐小严，等. 不同喷丸强度下镍铝青铜的表面喷丸强化效果[J]. 机械工程材料，2017，41（4）：15-19.

[55] FENG B X, MAO X N, YANG G J. Residual stress field and thermal relaxation behavior of shot-peened TC4-DT titanium alloy[J]. Materials Science and Engineering a-Structural Materials Properties Microstructure and Processing, 2009, 1-2 (512): 105-108.

[56] FENG Q, JIANG C H, XU Z. Effect of shot peening on the residual stress and microstructure of duplex stainless steel[J]. Surface & Coatings Technology, 2013, 226: 140-144.

[57] FENG Q, JIANG C H, XU Z. Surface layer investigation of duplex stainless steel S32205 after stress peening utilizing X-ray diffraction[J]. Materials & Design, 2013, 47: 68-73.

[58] LIU L, LI Y, WANG F. Influence of grain size on the corrosion behavior of a Ni-based superalloy nanocrystalline coating in NaCl acidic solution[J]. Electrochimica Acta, 2008, 5 (53): 2453-2462.

[59] TAKAKUWA O, SOYAMA H. Effect of residual stress on the corrosion behavior of Austenitic stainless steel[J]. Advances in Chemical Engineering and Science, 2015, 1 (05): 62-71.

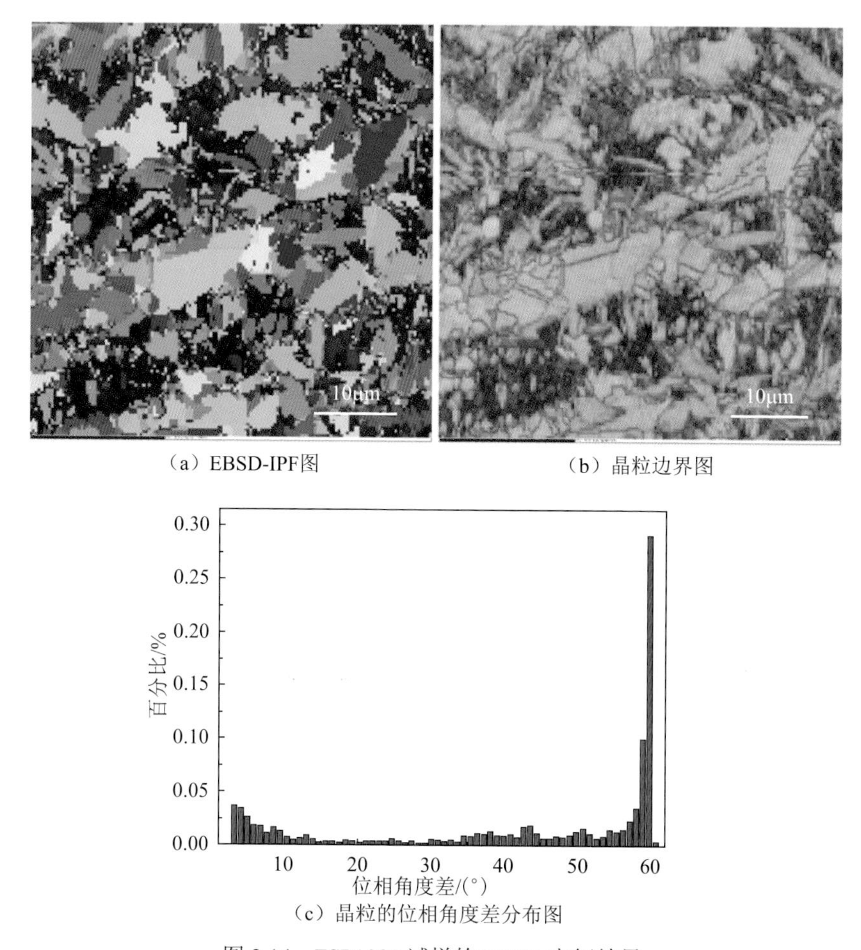

（a）EBSD-IPF图

（b）晶粒边界图

（c）晶粒的位相角度差分布图

图 2.14　FSP1000 试样的 EBSD 表征结果

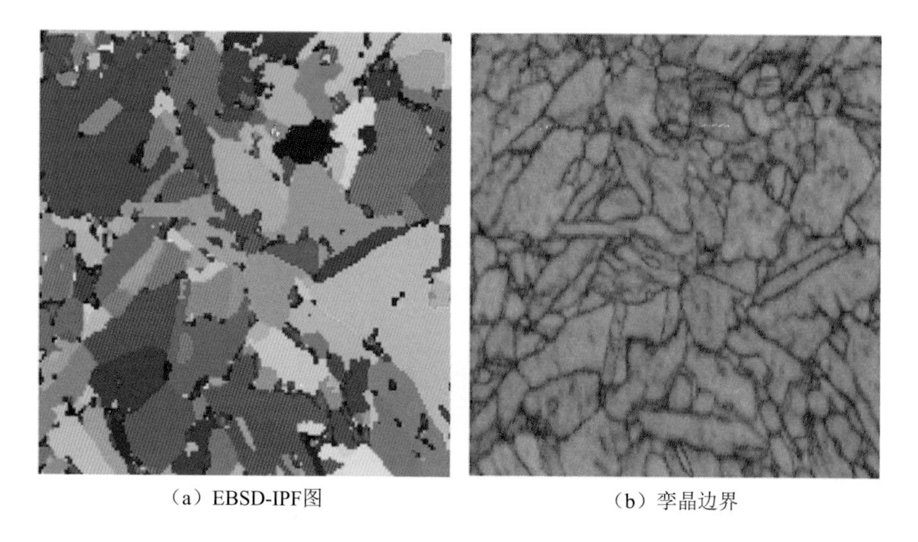
（a）EBSD-IPF图

（b）孪晶边界

图 2.19　搅拌摩擦加工后热处理镍铝青铜合金的 EBSD 结果

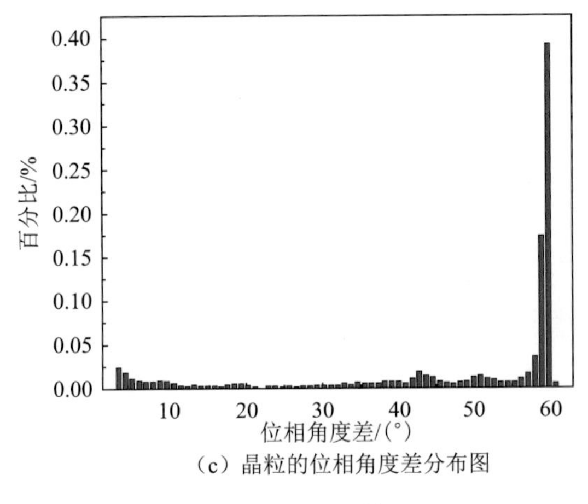

（c）晶粒的位相角度差分布图

图 2.19（续）

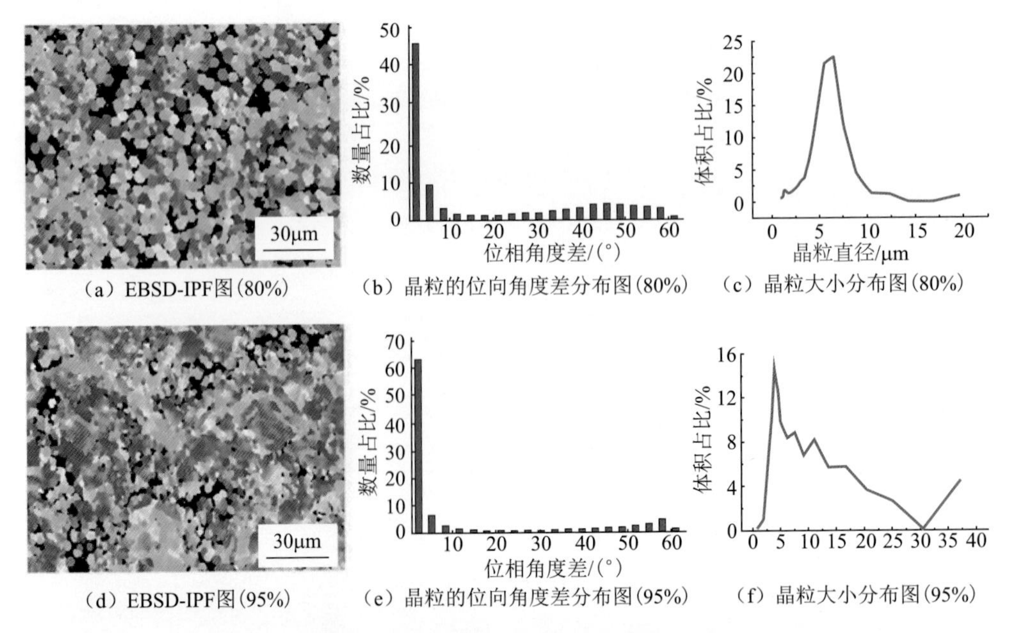

（a）EBSD-IPF图(80%)　（b）晶粒的位向角度差分布图(80%)　（c）晶粒大小分布图(80%)

（d）EBSD-IPF图(95%)　（e）晶粒的位向角度差分布图(95%)　（f）晶粒大小分布图(95%)

图 2.22　轧制合金轧制面的 EBSD 结果

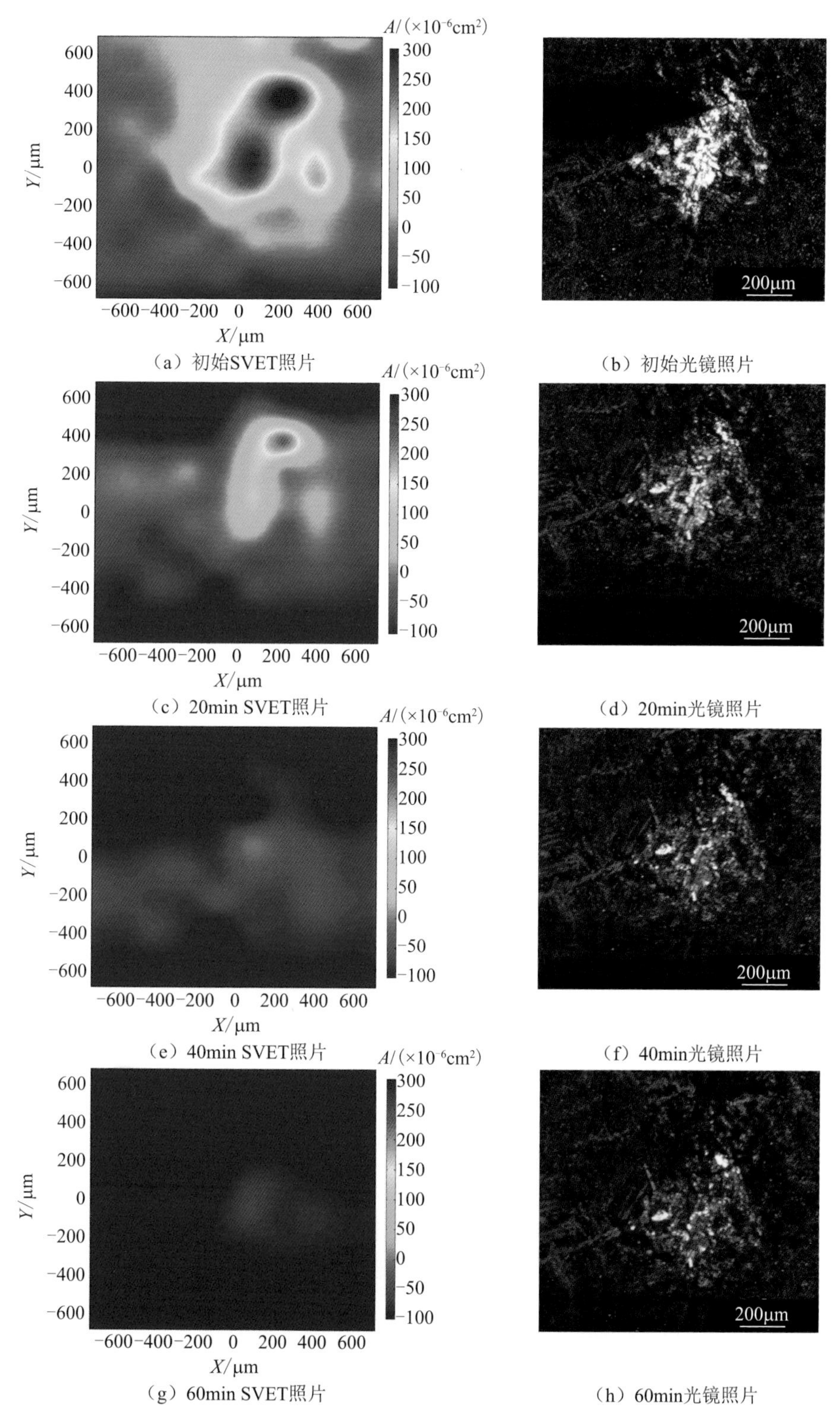

（a）初始SVET照片

（b）初始光镜照片

（c）20min SVET照片

（d）20min光镜照片

（e）40min SVET照片

（f）40min光镜照片

（g）60min SVET照片

（h）60min光镜照片

图 3.8 镍铝青铜合金膜层自修复的 SVET 与光镜照片

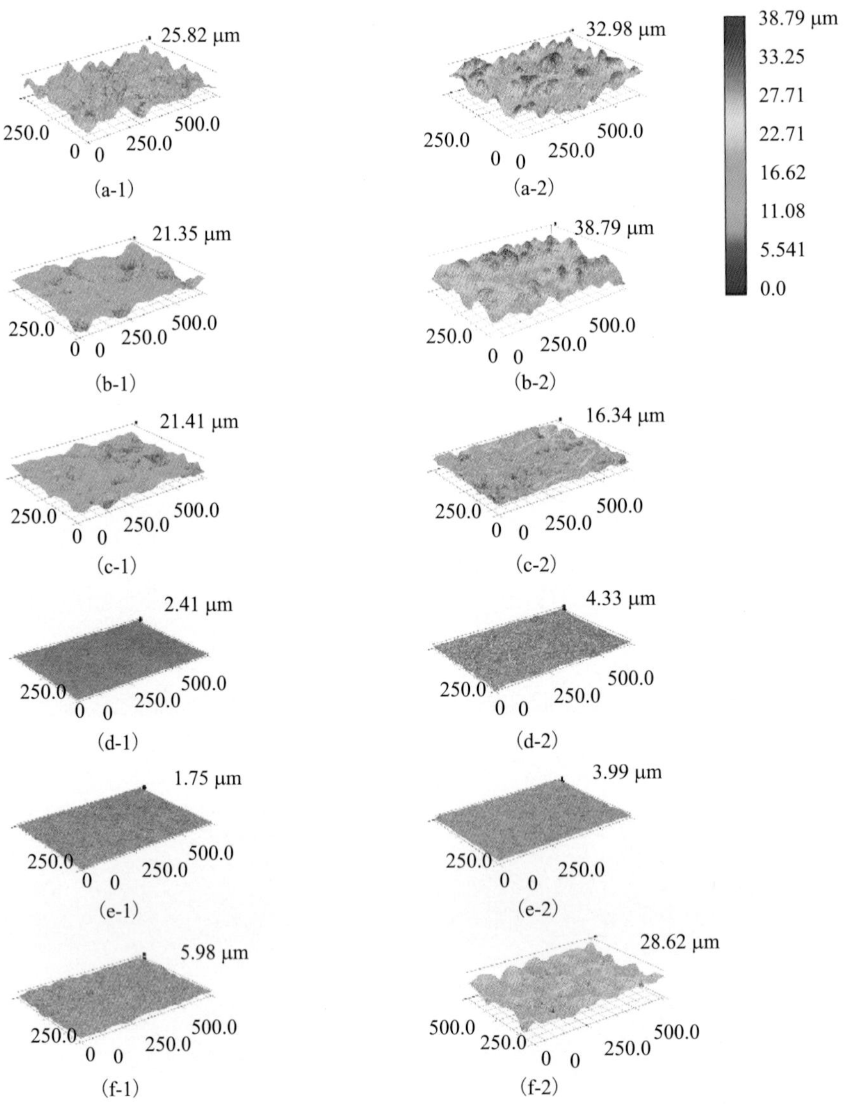

图 3.16　空蚀 10h 后材料表面三维超景深图

a：铸态；b：退火；c：正火；d：淬火；e：淬火 +450℃；f：淬火 +550℃

其中 *i*-1：清水介质中的空蚀形貌；*i*-2：盐水介质中的空蚀形貌；*i*=a ～ f

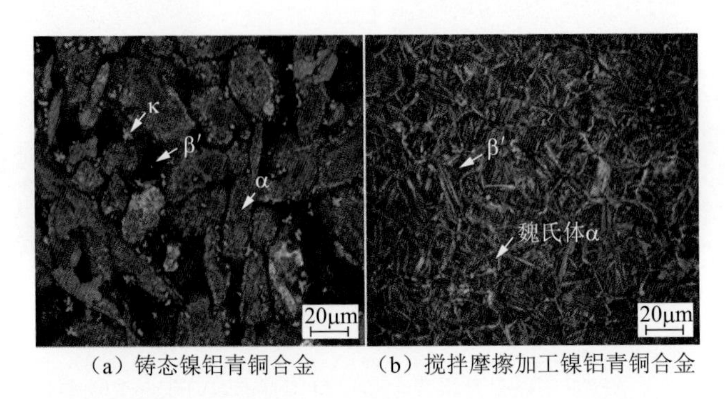

（a）铸态镍铝青铜合金　　（b）搅拌摩擦加工镍铝青铜合金

图 3.22　铸态和搅拌摩擦加工镍铝青铜合金在 5% NaCl 盐雾腐蚀 480h 后的表面显微组织

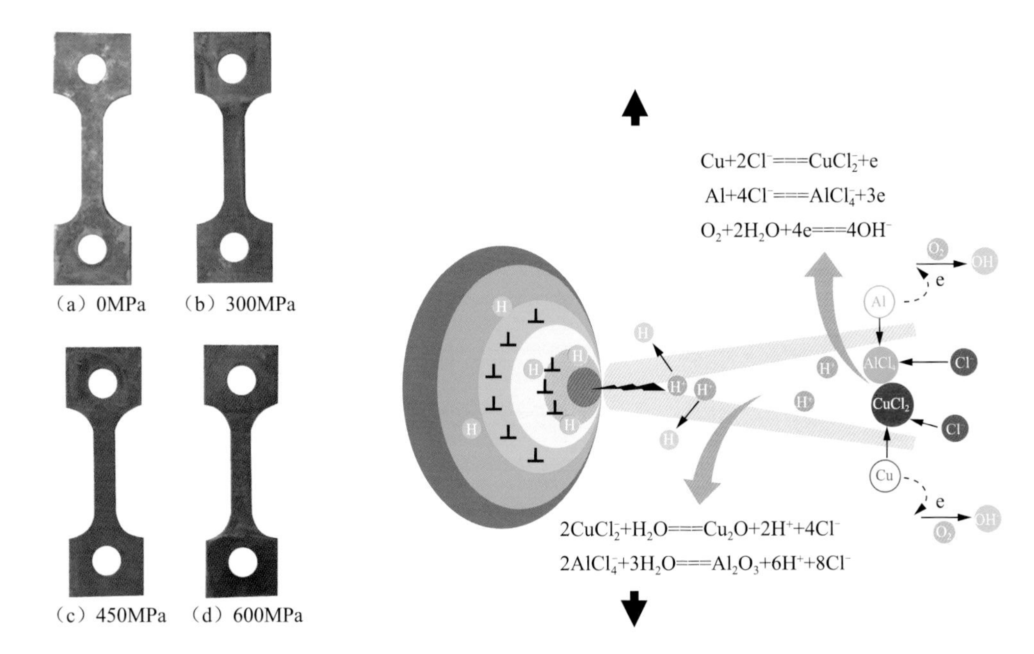

（a）0MPa　（b）300MPa

（c）450MPa　（d）600MPa

图 4.16　镍铝青铜合金在不同拉伸变形应力条件下浸泡 20 天后的宏观图

图 4.31　镍铝青铜合金应力腐蚀行为氢脆机理示意图

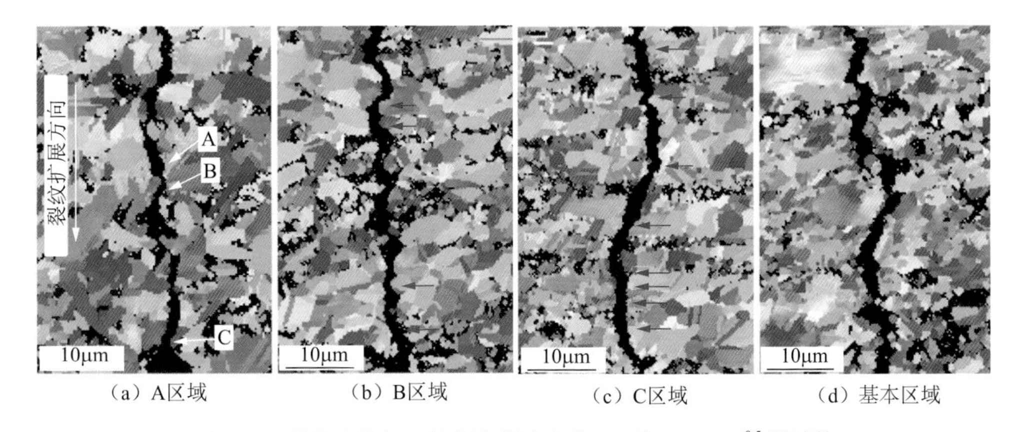

（a）A区域　（b）B区域　（c）C区域　（d）基本区域

图 5.13　搅拌摩擦加工镍铝青铜合金在 ΔK 为 7MPa·m$^{0.5}$ 测试的各个区域的裂纹扩展路径 EBSD-IPF 图

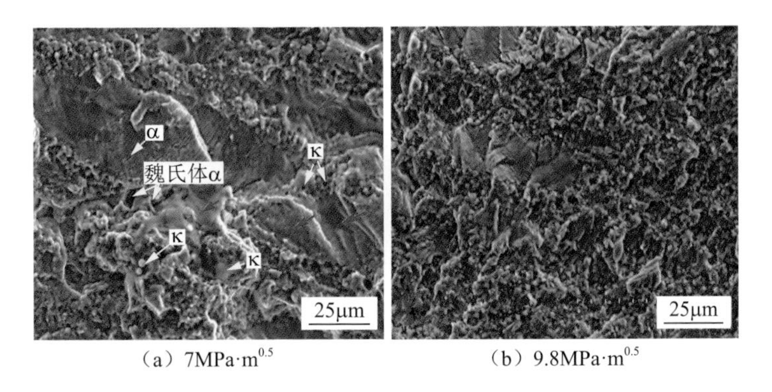

（a）7MPa·m$^{0.5}$　（b）9.8MPa·m$^{0.5}$

图 5.16　基体在 7MPa·m$^{0.5}$ 和 9.8MPa·m$^{0.5}$ 测试的断口形貌

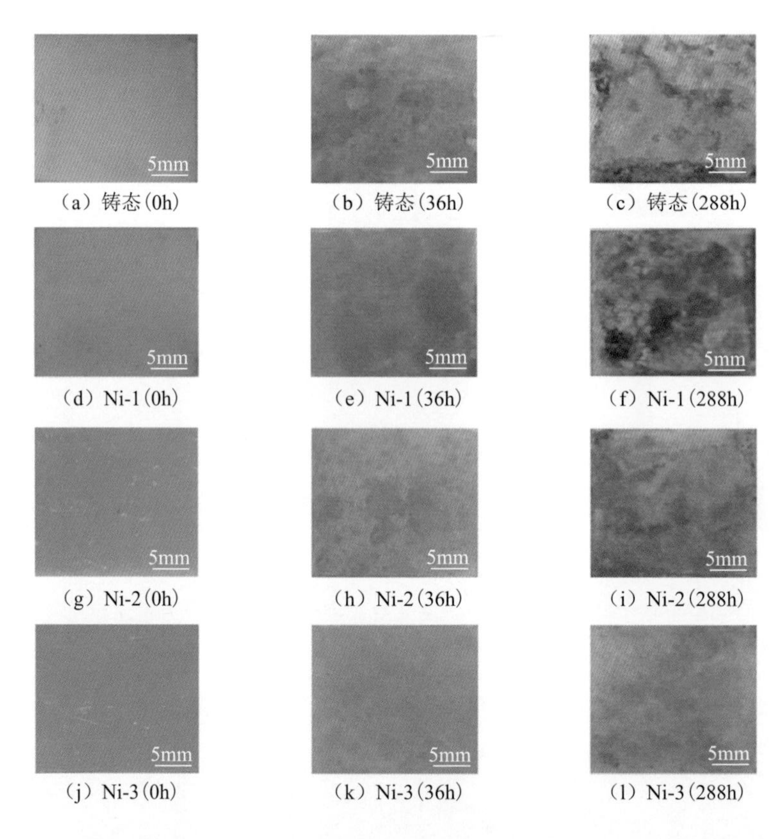

图 6.7　铸态及注入不同剂量镍的镍铝青铜合金盐雾腐蚀过程中表面宏观形貌变化

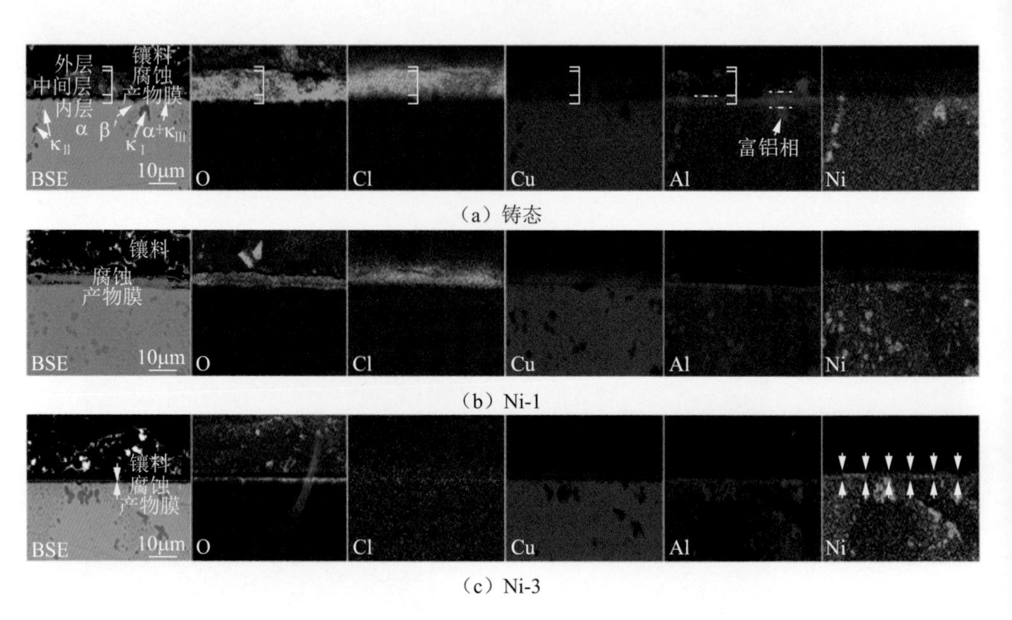

图 6.9　铸态及注入不同剂量镍的镍铝青铜合金盐雾腐蚀 288h 后的截面背散射图片

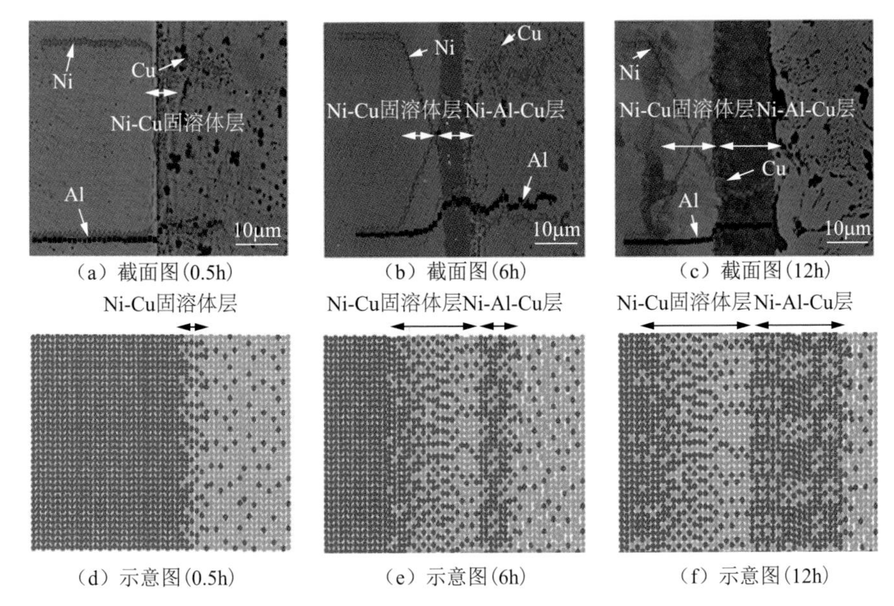

（a）截面图(0.5h)　（b）截面图(6h)　（c）截面图(12h)

（d）示意图(0.5h)　（e）示意图(6h)　（f）示意图(12h)

图 6.13　不同热处理扩散时间的截面图及示意图

● Ni　● Al　● Cu

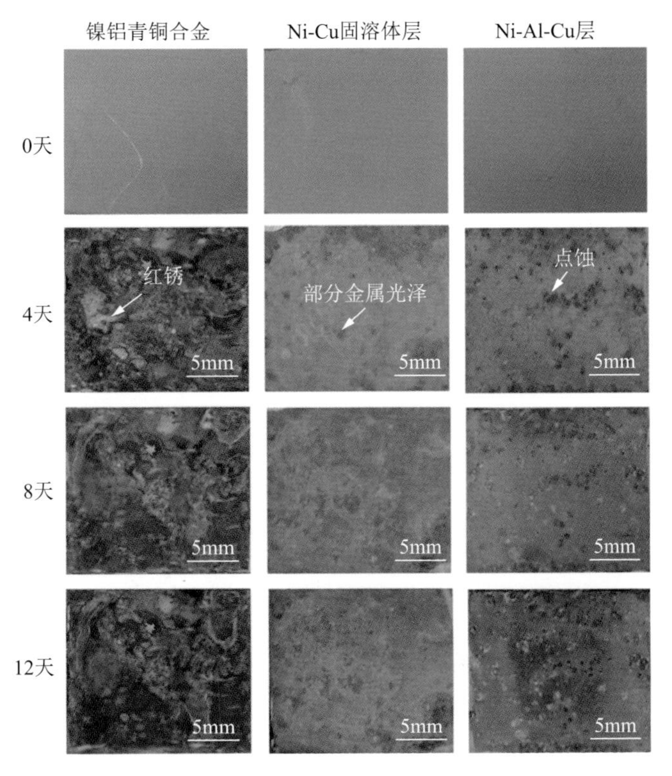

图 6.16　镍铝青铜合金、Ni-Cu 固溶体层和 Ni-Al-Cu 层在盐雾实验箱中
0 天、4 天、8 天和 12 天的宏观形貌

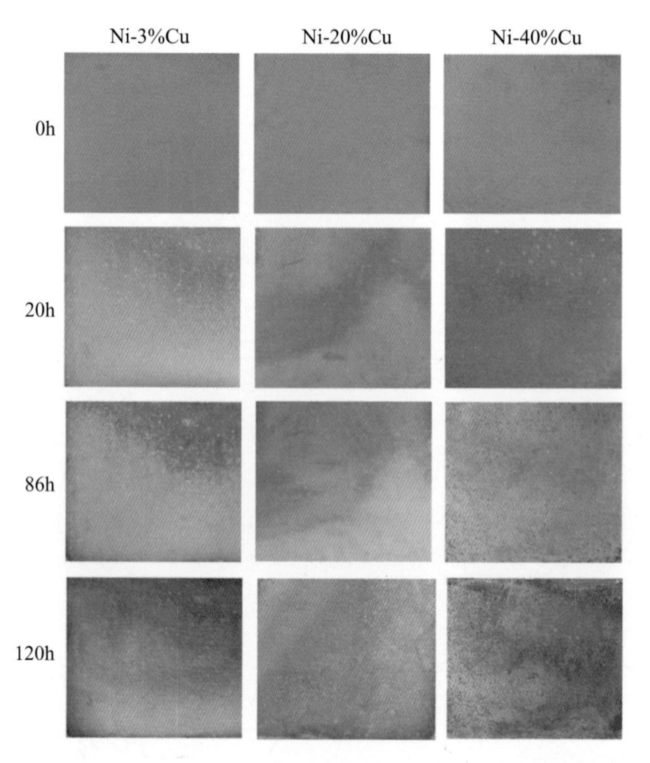

图 6.21 不同 Ni-Cu 固溶体层浸泡不同时间的宏观形貌

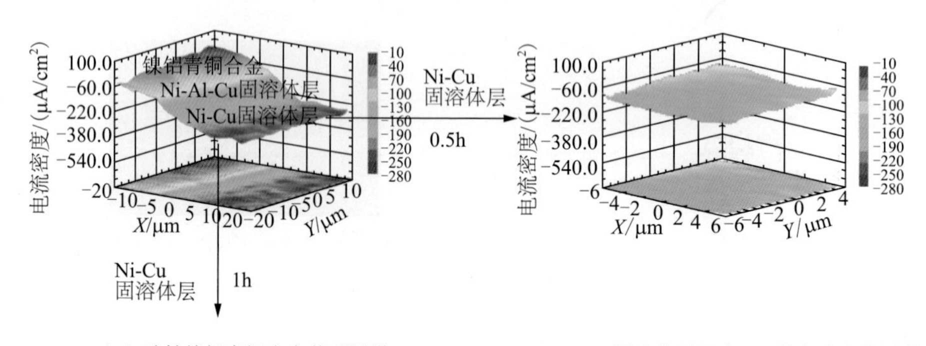

（a）改性镍铝青铜合金截面图谱

（b）Ni-Cu固溶体层浸泡0.5h的电流密度图谱

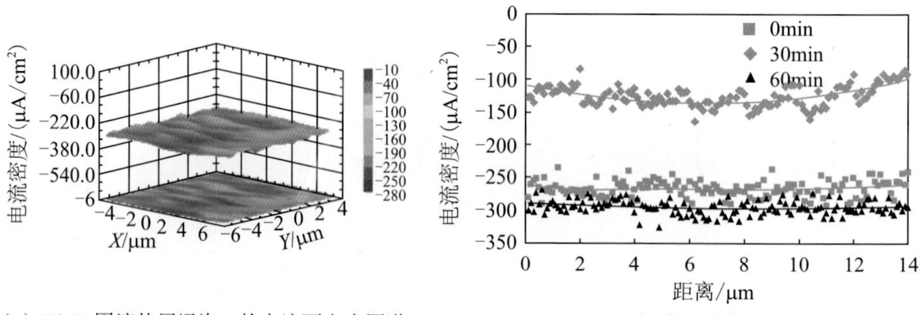

（c）Ni-Cu固溶体层浸泡1h的电流面密度图谱

（d）Ni-Cu固溶体层的拟合电流密度曲线

图 6.29 改性镍铝青铜合金截面在 3.5%NaCl 溶液中的 SVET 电流密度图谱